建筑与装饰工程计量与计价

踪万振　黄新颜　主编

清华大学出版社
北京

内 容 简 介

"建筑与装饰工程计量与计价"是工程造价、土木工程及相关专业的专业课。本书依据《建设工程工程量清单计价规范》(GB 50500—2013)和《江苏省建筑与装饰工程计价定额》(2014 版)等最新规范编写,系统地介绍了建筑工程工程量定额计价及清单计价的基本知识和方法。

本书分为建设工程造价概述、定额原理及相关知识、建筑工程造价的构成、建筑面积计算、《计价定额》下建筑工程工程量的计算、《计价定额》下装饰工程工程量的计算、措施项目费用的计算、工程量清单计价概述、《清单计价》下建筑与装饰工程费用的计算、清单计价其他相关规定 10 个项目,从理论联系实际的角度讲述建筑与装饰工程计量与计价的知识体系,内容翔实,图文并茂,讲解详细,贴近实际,便于初学者理解和掌握。在内容安排上,主要介绍工程造价最基本的方法和对计算规则的理解,为后续的学习和工作打好基础。

本书可作为普通高等本、专科院校建筑工程类专业工程造价类课程教材,也可作为成教、高职、函大、自考及培训班教学用书,同时可供相关从业人员参考使用。

图书在版编目(CIP)数据

建筑与装饰工程计量与计价/踪万振,黄新颜主编.--北京:清华大学出版社,2016
ISBN 978-7-302-42578-6

Ⅰ.①建… Ⅱ.①踪…②黄… Ⅲ.①建筑工程-工程造价②建筑装饰-工程造价
Ⅳ.①TU723.3

中国版本图书馆 CIP 数据核字(2016)第 005325 号

责任编辑:刘士平
封面设计:田晓媛
责任校对:袁　芳
责任印制:宋　林

出版发行:清华大学出版社

　　　　网　　　址:http://www.tup.com.cn,http://www.wqbook.com
　　　　地　　　址:北京清华大学学研大厦 A 座　　　　　邮　　编:100084
　　　　社　总　机:010-62770175　　　　　　　　　　　邮　　购:010-62786544
　　　　投稿与读者服务:010-62776969,c-service@tup.tsinghua.edu.cn
　　　　质量反馈:010-62772015,zhiliang@tup.tsinghua.edu.cn
　　　　课件下载:http://www.tup.com.cn,010-62770175-4278

印　装　者:北京密云胶印厂
经　　　销:全国新华书店
开　　　本:185mm×260mm　　　印　张:19　　　字　数:431 千字
版　　　次:2016 年 8 月第 1 版　　　　　　　　印　次:2016 年 8 月第 1 次印刷
印　　　数:1~2000
定　　　价:38.00 元

产品编号:066588-01

前 言

"建筑与装饰工程计量与计价"是建设工程造价的组成部分之一,是工程造价专业的一门专业核心课程,也是建筑工程专业的一门重要的专业基础课程,对培养学生的职业技能具有关键作用。本书以国家标准《建设工程工程量清单计价规范》(GB 50500—2013)、《房屋建筑与装饰工程工程量计算规范》(GB 50854—2013)、《建筑工程建筑面积计算规范》(GB/T 50353—2013)、《江苏省建筑与装饰工程计价定额》(2014 版)等最新规范、规章、政策文件为依据来编写,供工程造价专业教学和工程造价相关工作人员学习使用。

本书与其他教材相比,有以下特点。

1. 采用现行行业标准,与时俱进

本书内容全部参照国家及地方现行的最新规范来编写,对新规范、新政策、新法规进行了详细解读。

2. 理论性与知识性相结合

本书通过对规范详细讲解,使读者达到知晓"是什么"和"为什么"的目的。

3. 依据明确,内容新颖

本书的内容和论点符合国家现行工程造价有关管理制度的规定。

4. 深入浅出,通俗易懂

本书叙述语言大众化,以满足教学和自学的需要。

5. 图文并茂,示例多样

为使读者加深对某些内容的理解,本书结合相关内容绘制了示意性图样,达到以图代言的目的。同时,书中从不同方面列举了多个计算示例,帮助初学者掌握有关问题的计算方法。

本书在编写过程中参考了大量的文献资料,在此向原作者表示衷心的感谢,同时特别感谢顾荣华、季林飞两位副教授为本书编写提出的宝贵意见和建议。

由于编者水平有限,书中难免存在不足之处,敬请各位同行和广大读者批评、指正。

编 者
2015 年 12 月

目　录

Contents

建设工程造价概述

任务一　　工程建设相关知识

建筑业是国民经济中一个独立的生产部门,建筑工程是建筑业生产的产品,是人类有组织、有目的、大规模的经济活动,是固定资产再生产过程中形成综合生产能力或发挥工程效益的工程项目。其经济形态包括建筑、安装工程建设、购置固定资产以及与此相关的一切其他工作。

建设工程是指建造新的或改造原有的固定资产。固定资产是指在社会再生产过程中,可供较长时间使用,并在使用过程中基本不改变原有实物形态的劳动资料和其他物质资料。它是人类物质财富的积累,是人们从事生产和物质消费的基础。

固定资产在使用过程中总是不断被消耗,又通过建设不断地得到补偿。如果建设在原有的规模上进行,所建成的固定资产只能补偿已消耗的固定资产,此时的社会产品生产也只能在同一规模上进行,如一家新工厂代替了报废的旧工厂,一台新设备代替了一台报废的旧设备,只是对已丧失生产能力的补缺,就整个社会来讲,实现的是社会产品的简单再生产。如果建设在扩大了的规模上进行,所建成的固定资产多于被消耗的固定资产,此时社会产品生产能在扩大的规模上进行,实现了社会产品的扩大再生产。

固定资产在生产或被使用过程中逐渐被损耗,但还没达到完全报废而仍有使用价值的阶段,需要定期大修理,以使原有的固定资产保持原有的性能并继续发挥作用。例如,更换已损坏的设备零部件,对房屋翻修等。这种对固定资产损耗部分的补偿,并不替换原有的固定资产,也不增加新的固定资产。经常进行的生产大修理,它不属于建设工程投资。

建设工程的特定含义是通过"建设"来形成新的固定资产,单纯的固定资产购置,如购进商品房屋,购进施工机械,购进车辆、船舶等,虽然新增了固定资产,但一般不视为建设工程。建设工程是建设项目从预备、筹建、勘察设计、设备购置、建筑安装、试车调试、竣工投产,直到形成新的固定资产的全部工作。

一、建设项目的概念

建设项目是指按一个总体设计进行建设施工的一个或几个单项工程的总体。

在我国,通常以建设一个企业单位或一个独立工程作为一个建设项目。凡属于一个总体设计中分期分批建设的主体工程和附属配套工程、综合利用工程、供水供电工程都作为一个建设项目。不能把不属于一个总体设计的工程按各种方式结算作为一个建设项目，也不能把同一个总体设计内的工程按地区或施工单位分为几个建设项目。

二、建设工程项目的划分

一个建设项目是由许多部分组成的庞大综合体，如欲知道它的建设费用，就整个工程进行估价是非常困难的，也是办不到的。因此，需要借助某种方法把庞大、复杂的建筑及安装工程，按构成性质、组织形式、用途、作用等，分门别类地、由大到小地分解为许多简单的、便于计算的基本组成部分，分别计算其价值，再经过由小到大、由单个到综合、由局部到总体，逐项综合，层层汇总，最后计算出一个建设项目——一家工厂、一所学校、一幢住宅的全部建设费用——建筑工程预（概）算造价。

就一个完整的新建工程而言，可逐步分解，如图 1.1 所示。

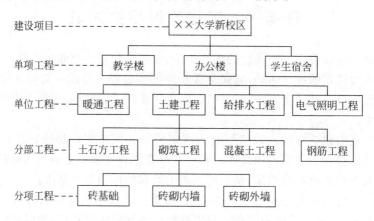

图 1.1　建设工程项目的划分

1. 建设项目

建设项目是指按照总体设计范围进行建设的一切工程项目的总称。通常包括在厂区总图布置上表示的所有拟建工程，也包括与厂区外各协作点相连接的所有相关工程，如输电线路、给排水工程、铁路、公路专用线、通信线路等。

建设项目和建设单位是两个含义不同的概念。一般来说，建设项目是指总体建设工程的物质内容，而建设单位是指该总体建设工程的组织者代表。新建项目及其建设单位一般都是同一个名称，例如工业建设中的××化工厂、××机械厂、××造纸厂，民用建设中的××工业大学、××商业大厦、××住宅小区等；对于扩建、改建、技术改造项目，常常以老企业名称作为建设单位，以××扩建工程、××改建工程作为建设项目的名称，如上海××化工厂氟制冷剂扩建工程等。

一个建设项目的工程造价（投资）在初步设计或技术设计阶段，通常由承担设计任务的设计单位编制设计总概算或修正概算来确定。

2. 单项工程

具有独立的设计文件，竣工后可以独立发挥生产能力、使用效益的工程，叫作单项工程,也称作工程项目。单项工程是建设项目的组成部分,如工业建设中的各种生产车间、仓库、各种构筑物等;民用建设中的综合办公楼、住宅楼、影剧院等,都是能够发挥设计规定效益的单项工程。单项工程造价是通过编制综合概预算确定的。

单项工程是具有独立存在意义的一个完整工程,也是一个极为复杂的综合组成体,一般由多个单位工程构成。

3. 单位工程

具有独立设计,可以单独组织施工,但竣工后不能独立发挥效益的工程,称为单位工程。

建筑工程中的一般土建工程、室内给排水工程、室内采暖工程、通风空调工程、电气照明工程等,均是单位工程。单位工程造价通过编制单位工程概预算书来确定,它是编制单项工程综合概预算和考核建筑工程成本的依据。

4. 分部工程

单位工程仍然是由许多结构构件、部件或更小的部分组成的。在单位工程中,按部位、材料和工种进一步分解出来的工程,称作分部工程。例如,建筑工程中的一般土建工程,按照部位、材料结构和工种的不同,大体划分为土石方工程、桩基工程、砖石工程、混凝土及钢筋混凝土工程、金属结构工程、木作工程、楼地面工程、屋面工程、装饰工程等,其中的每一部分,均称为一个分部工程。分部工程是由许许多多的分项工程构成的。

5. 分项工程

从对建筑产品估价的要求来看,分部工程仍然很大,不能满足估价的需要,因为每一个分部工程中,影响工料消耗大小的因素仍然很多。例如,同样都是砌砖工程,由于所处的部位不同——砖基础、砖墙;厚度不同——半砖、一砖、一砖半厚等,每一单位砌砖工程消耗的砂浆、砖、人工、机械等数量有较大的差别。因此,必须把分部工程按照不同的施工方法(如土方工程中的人工或机械施工)、不同的构造(如实砌墙或空斗墙)、不同的规格等,更细致地分解,划分为通过简单的施工过程就能生产出来,并且可以用适当的计量单位计算工料消耗的基本构造要素,如砖基础等,称之为分项工程。

综上所述,通过对一个庞大的建筑工程由大到小逐步分解,找出最容易计算工程造价的计量单位,然后分别计算其工程量及价值。

任务二　工程造价相关知识

一、建筑工程造价的概念

建筑工程造价是建筑工程的建造价格的简称。建筑工程造价是建筑工程价值的货币表现,是以货币形式反映的建筑工程施工活动中耗费的各种费用总和。建筑工程造价是建设工程造价的组成部分,所以建筑工程造价具有下述两种不同含义。

第一种含义,建筑工程造价就是建设工程的建造价格,即指建设一项工程预期开支或实际开支的全部固定资产投资费用,也就是一项工程通过建设而形成相应的固定资产、无形资产、流动资产、递延资产和其他资产所需一次性费用的总和。显然,这一含义是从投资者——业主的角度来定义的。投资者选定一个建设项目,为了获得预期效益,需要通过项目策划、评估、决策、立项,然后进行勘察设计、设备材料供应招标订货、工程施工招标、施工建造,直至竣工验收等一系列投资活动,在这一系列投资活动中耗费的全部费用总和,就构成了建筑工程造价或建设工程造价(简称工程造价)。从这个意义上讲,建筑工程造价就是建设工程项目固定资产投资。

第二种含义,建筑工程造价是指工程价格,即指为建成一项工程,预计或实际在土地市场、设备市场、技术劳务市场以及承发包市场等交易活动中所形成的建筑安装工程价格和建设工程总价格,即建筑安装工程造价+设备、工器具造价+其他造价+建设期贷款利息+铺底流动资金等。上式中的其他造价是指土地使用费、勘察设计费、研究试验费、工程保险费、工程建设监理费、总承包管理费、引进技术和进口设备费……显然,工程造价的第二种含义是以社会主义商品经济和市场经济为前提的,它通过招标或承发包等交易方式,在多次估价的基础上,最终由竞争形成市场价格。

分清工程造价的两种含义和两个主题,一是为了保持概念在内涵和外延上的清晰,遵守同一律,避免人们在相互沟通上的矛盾;二是为了明确在工程造价管理的总体工作上必须着眼于两个主题,不能单一化。

二、建筑工程造价的特点

建筑工程自身的技术经济特点决定了其价格计价的特征。

1. 计价的单件性

由于建筑产品(工程)一般都是按照规定的地点、特定的设计内容施工建造的,所以建筑产品(工程)的生产价格只能按照设计图纸规定的内容、规模、结构特征以及建设地点的地形、地质、水文等自然条件,通过编制工程概预算的方式单个核算,单个计价。

2. 计价的多次性

建筑产品(工程)的施工建造生产活动是一个周期长、环节多、程序要求严格和生产耗费数量大的过程。国家制度规定,任何一个建设项目都要经过酝酿规划、决策立项、勘察设计、施工建造、试车验收、交付使用等几个大的阶段,每个阶段又包含许多环节。为了适应项目建设各有关方面的要求,国家工程建设管理制度规定:

(1)在编制项目建议书及可行性研究报告书阶段要进行投资估算。

(2)在初步设计或扩大初步设计阶段要有概算(实行"三段设计"的技术设计阶段还应编制修正概算)。

(3)在施工图设计阶段,设计部门要编制施工图预算。

(4)在施工建造阶段,施工单位应编制施工预算。

(5)在工程竣工验收阶段,由建设单位、施工单位共同编制竣工结(决)算。

综上所述,从投资控制估算、设计概算、施工图预算、施工预算到竣工结(决)算,是一个由粗到细、由预先到事后的造价信息的展开和反馈过程,是一个造价信息的动态过程。及时掌握上述过程中发生的一切造价变化因素,并做出合理的调整和控制,才能加强对建筑产品造价的管理,才能提高工程造价管理水平,才能使有限的建设资金获得最理想的经济效果。

3. 计价的组合性

建筑工程造价的确定是由分部分项合价组合而成的。一个建设项目是由许多工程项目组成的庞大综合体,它可以分解为许多有内在联系的工程。从计价和管理的角度来说,建设项目的组合性决定了建筑工程造价确定的过程是一个逐步组合的过程。这一过程在概预算造价确定的过程中尤为明显,即分部分项工程造价—单位工程造价—单项工程造价—建设项目总造价,逐项计算,层层汇总。上述计价过程是一个由小到大,由局部到总体的计价过程。

4. 计价方法的多样性

建筑工程的多次性计价各有不同的计价依据,每次计价的精确程度也各不相同,这就决定了计价方法有多样性特征。例如,建设项目前期工作的投资估算造价确定的方法有单位生产能力估算法、生产能力指标法、系数估算法和比例估算法等;初步设计概算造价确定方法有概算指标法、定额法;施工图预算造价确定有工料单价法和综合单价法两种。不同的方法有不同的适应条件,精确程度也就不同,但它们没有实质的不同,仅是按工程建设程序的要求,由粗到细、由浅到深的一种计价方法。

5. 计价方法的动态性

我国基本建设管理制度规定,决算不能超过预算,预算不能超过概算,概算不能突破投资控制额。但是,在现实工作中,"二算三超"普遍存在,屡见不鲜。造成这种状况的原因是多方面的,但形成"三超"的主要因素是建筑材料、设备价格常有变化。为适应我国改革开放的纵深发展和社会主义市场经济的建立,目前,各省、自治区、直辖市基本建设主管部门对工程建设造价普遍实行动态管理。动态管理就是依据各自现行的预算定额价格水平,结合时下设备、材料、人工工资、机械台班单价上涨或下降的幅度,以及有关应取费用项目的增加或取消、某种费用标准的提高或降低等,采用加权法计算出一定时期(如2014年上半年或下半年)工程综合或单项(如机械费或施工流动津贴费)价格指数,定期发布,并规定本地区所有的在建项目都要贯彻执行的一种计价方法,称之为动态计价。

项目二 Chapter 2

定额原理及相关知识

任务一 概　　述

一、定额的概念

"定"就是规定，"额"就是数量，即规定在生产中各种社会必要劳动的消耗量（活劳动和物化劳动）的标准尺度。

生产任何一种合格产品都必须消耗一定数量的人工、材料、机械台班，而生产同一产品消耗的劳动量常随着生产因素和生产条件的变化而不同。一般来说，在生产同一产品时，消耗的劳动量越大，则产品的成本越高，企业盈利减少，对社会贡献就会减少；反之，消耗的劳动量越小，产品的成本越低，企业盈利增加，对社会贡献就会增加。但这时消耗的劳动量不可能无限地降低或增加，它在一定的生产因素和生产条件下，在相同的质量与安全要求下，必有一个合理的数额作为衡量标准；同时，这种数额标准还受到不同社会制度的制约。因此，定额的定义表述如下：

定额就是在一定的社会制度、生产技术和组织条件下规定完成单位合格产品所需人工、材料、机械台班的消耗标准。

建筑工程定额是指在正常的施工条件、先进合理的施工工艺和施工组织的条件下，采用科学的方法，制定每完成一定计量单位的质量合格的建筑工程产品所必须消耗的人工、材料、机械设备及其价值的数量标准。它除了规定各种资源和资金的消耗量外，还规定了应完成的工作内容、达到的质量标准和安全要求，也反映了一定时期的生产力水平。

二、工程定额的性质

1. 工程定额的法令性与指导性

定额是由国家各级主管部门按照一定的科学程序，组织编制和颁布的。在定额计价时期，它是一种具有法令性的指标。在执行和使用过程中，任何单位都必须严格遵守和执行，不得随意更改定额的内容和水平；如需调整、修改和补充，必须经授权部门批准。在清单计价时期，定额用于标底的编制，用于投资额度的预算，定额对园林施工仅具有指导意义。

2. 工程定额的科学性与群众性

定额的各种参数是在遵循客观的经济规律、价值规律的基础上,以实事求是的态度,运用科学的方法,经过长期、严密的观察、测定,广泛收集和总结生产实践经验及有关资料,对工时消耗、操作动作、现场布置、工具设备改革以及生产技术与劳动组织的合理配合等各方面进行科学的综合分析、研究后制定的。因此,它具有一定的科学性。定额具有广泛的群众基础,当定额颁发以后,就成为广大群众共同奋斗的目标。定额的制定和执行离不开群众,只有得到群众的协助,定额才能定得合理,并能为群众接受。

3. 工程定额的可变性与相对稳定性

定额的科学性和法令性表现出定额的相对稳定性。定额中规定的各种活劳动与消耗量的多少,是由一定时期的社会生产力水平确定的。随着科技水平的提高,各种消耗量必然改变,需要制定符合新的生产技术水平的定额或补充定额。

4. 工程定额的针对性

在生产领域,由于所生产的产品形形色色,成千上万,并且每种产品的质量要求、安全要求、操作方法及完成该产品的工作内容各不相同,因此,针对每种不同产品或工序为对象的资源消耗量标准,一般是不能互相袭用的。

5. 工程定额的地域性

我国幅员辽阔,地域复杂,各地的自然资源条件和社会经济条件差异悬殊,因此必须采用不同的定额。我国各省在 1986 年国家计委编制的《全国统一定额修订版》的基础上编制了各省的预算定额。

三、工程定额的作用

定额是企业管理科学化的产物,也是科学管理企业的基础和必备条件,在企业的现代化管理中一直占有十分重要的地位。无论是在研究工作还是在实际工作中,都应重视工作时间和操作方法的研究,重视定额制度。

定额既不是计划经济的产物,也不是中国的特产和专利,定额与市场经济的共融性是与生俱来的。可以这样说,工程建设定额在不同社会制度的国家都需要,都将永远存在,并将在社会和经济发展中不断地发展和完善,使之更适应生产力发展的需要,进一步推动社会和经济进步。定额管理的双重性决定了它在市场经济中具有重要的地位和作用。

1. 定额对提高劳动生产率起保证作用

在工程建设中,定额通过对工时消耗的研究、机械设备的选择、劳动组织的优化、材料合理节约使用等方面的分析和研究,使各生产要素得到最合理的配合,最大限度地节约劳动力和减少材料消耗,不断地挖掘潜力,从而提高劳动生产率和降低成本。通过工程建设定额的使用,把提高劳动生产率的任务落实到各项工作和每个劳动者,使每个工人都能明确各自的目标,加快工作进度,更合理、有效地利用和节约社会劳动。

2. 定额是国家对工程建设进行宏观调控和管理的手段

市场经济并不排斥宏观调控,利用定额对工程建设进行宏观调控和管理主要表现在以下三个方面。

第一,对工程造价进行宏观管理和调控。

第二,对资源进行合理配置。

第三,对经济结构进行合理的调控,包括对企业结构、技术结构和产品结构的合理调控。

3. 定额有利于市场公平竞争

在市场经济规律作用下的商品交易中,特别强调等价交换的原则。等价交换就是要求商品按价值量进行交换。建筑产品的价值量是由社会必要劳动时间决定的,定额消耗量标准是建筑产品形成市场公平竞争、等价交换的基础。

4. 定额有利于规范市场行为

建筑产品的生产过程是以消耗大量的生产资料和生活资料等物质资源为基础的。由于工程建设定额制定出以资源消耗量的合理配置为基础的定额消耗量标准,一方面,制约了建筑产品的价格;另一方面,企业的投标报价中必须要充分考虑定额的要求。可见,定额在上述两方面规范了市场主体的经济行为,所以定额对完善我国建筑招投标市场起到十分重要的作用。

5. 定额有利于完善市场的信息系统

信息是建筑市场体系中不可缺少的要素,信息的可靠性、完备性和灵敏性是市场成熟和市场效率的标志。在建筑产品交易过程中,定额能为市场需求主体和供给主体提供较准确的信息,并能反映出不同时期生产力水平与市场实际的适应程度。所以说,由定额形成建立与完善建筑市场信息系统,是我国社会主义市场经济体制的一大特色。

四、工程定额的分类

工程建设定额是根据国家一定时期的管理体制和管理制度,根据不同定额的用途和适用范围,由指定机构按照一定程序和规则来制定的。工程建设定额反映了工程建设产品和各种资源消耗之间的客观规律。工程建设定额是一个综合概念,它是多种类、多层次单位产品生产消耗数量标准的总和。为了对工程建设定额有一个全面的了解,可以按照不同原则和方法对它科学分类。

1. 按照定额构成的生产要素分类

生产要素包括劳动者、劳动手段和劳动对象,反映其消耗的定额分为人工消耗定额、材料消耗定额和机械台班消耗定额三种,如图 2.1 所示。

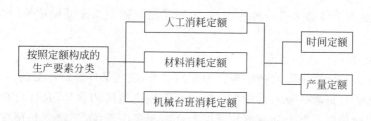

图 2.1 按照定额构成的生产要素分类

1) 人工消耗定额

人工消耗定额简称劳动定额。在施工定额、预算定额、概算定额等各类定额中，人工消耗定额都是其中重要的组成部分。人工消耗定额是完成一定的合格产品规定活劳动消耗的数量标准。为了便于综合和核算，劳动定额大多采用工作时间消耗量来计算劳动消耗的数量，所以劳动定额主要的表现形式是时间定额。但为了便于组织施工和任务分配，也同时采用产量定额的形式来表示劳动定额。

2) 材料消耗定额

材料消耗定额简称材料定额，是指完成一定合格产品所需消耗原材料、半成品、成品、构配件、燃料以及水电等的数量标准。材料作为劳动对象，是构成工程的实体物资，需用数量较大，种类较多，所以材料消耗定额也是各类定额的重要组成部分。

3) 机械台班消耗定额

机械台班消耗定额简称机械定额。它和人工消耗定额一样，在施工定额、预算定额、概算定额等多种定额中，都是其中的组成部分。机械台班消耗定额是指为完成一定合格产品所规定的施工机械消耗的数量标准。机械台班消耗定额的表现形式有机械时间定额和机械产量定额。

2. 按照定额的编制程序和用途分类

根据定额的编制程序和用途，把工程建设定额分为施工定额、预算定额、概算定额、概算指标和投资估算指标五种，如图 2.2 所示。

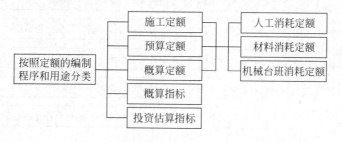

图 2.2 按照定额的编制程序和用途分类

1) 施工定额

施工定额以同一性质的施工过程（工序）为编制对象，规定某种建筑产品的劳动消耗量、材料消耗量和机械台班消耗量。施工定额是施工企业组织生产和加强管理的企业内部使用的一种定额，属于企业生产定额性质。施工定额的项目划分很细，是工程建设定额中分项最细、定额子目最多的一种定额,是工程建设定额中的最基础定额,也是编制预算定额的基础。

2)预算定额

预算定额以各分项工程或结构构件为编制对象,规定某种建筑产品的劳动消耗量、材料消耗量和机械台班消耗量。一般在定额中列有相应地区的单价,是计价性的定额。预算定额在工程建设中占有十分重要的地位。从编制程序看,施工定额是预算定额的编制基础,而预算定额是概算定额、概算指标或投资估算指标的编制基础。可以说,预算定额在计价定额中是基础性定额。

3)概算定额

概算定额以扩大分项工程或扩大结构构件为编制对象,规定某种建筑产品的劳动消耗量、材料消耗量和机械台班消耗量,并列有工程费用,也属于计价性定额。其项目划分的粗细,与扩大初步设计的深度相适应。它是预算定额的综合和扩大,是控制项目投资的重要依据。

4)概算指标

概算指标以整个房屋或构筑物为编制对象,规定每 $100 m^2$ 建筑面积(或每座构筑物体积)为计量单位所需要的人工、材料、机械台班消耗量的标准。它比概算定额更进一步综合扩大,更具有综合性。

5)投资估算指标

投资估算指标以独立单项工程或完整的工程项目为计算对象,是在计算项目投资需要量时使用的定额。它的综合性与概括性极强,其综合概略程度与可行性研究阶段相适应。投资估算指标是以预算定额、概算定额、概算指标为基础编制的。

3. 按照编制单位和执行范围不同分类

根据不同的编制单位和执行范围,工程建设定额分为全国统一定额、行业统一定额、地区统一定额、企业定额和补充定额五种,如图 2.3 所示。

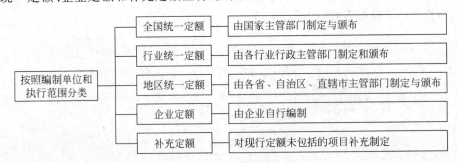

图 2.3　按编制单位和执行范围分类

1)全国统一定额

全国统一定额是由国家建设行政主管部门综合我国工程建设中技术和施工组织技术条件的情况编制的,在全国范围内执行的定额。例如,全国统一的劳动定额、全国统一的市政工程定额、全国统一的安装工程定额、全国统一的建筑工程基础定额、全国统一的建筑装饰装修工程消耗量定额等。

2）行业统一定额

行业统一定额是由各行业行政主管部门充分考虑本行业专业技术特点、施工生产和管理水平而编制的，一般只在本行业和相同专业性质的范围内使用的定额。这种定额往往是为专业性较强的工业建筑安装工程制定的。例如，铁路建设工程定额、水利建筑工程定额、矿井建设工程定额等。

3）地区统一定额

地区统一定额是由各省、自治区、直辖市在考虑地区特点和统一定额水平的条件下编制的，只在规定的地区范围内使用的定额。例如，一般地区适用的建筑工程预算定额、概算定额、园林定额等。

4）企业定额

企业定额是由施工企业根据本企业具体情况，参照国家、部门和地区定额编制方法制定的定额。企业定额只在本企业内部执行，是衡量企业生产力水平的一个标志。企业定额水平一般应高于国家现行定额，才能满足生产技术发展、企业管理和市场竞争的需要。

5）补充定额

补充定额是指随着设计、施工技术的发展，在现行定额不能满足需要的情况下，为补充现行定额中漏项或缺项而制定的。补充定额是只能在指定范围内使用的指标。

4. 按照专业分类

根据不同的专业，工程建设定额分为建筑工程定额、安装工程定额、仿古建筑及园林工程定额、装饰工程定额、公路工程定额、铁路工程定额、井巷工程定额、水利工程定额等，如图2.4所示。

5. 按照投资费用分类

按照投资费用分类，工程建设定额分为直接工程费定额、措施费定额、间接费定额、利润和税金定额、设备及工器具定额、工程建设其他费用定额，如图2.5所示。

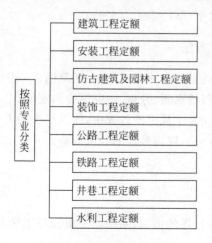

图2.4 定额按照专业分类

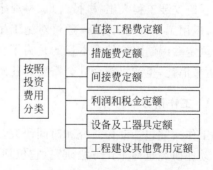

图2.5 定额按照投资费用分类

任务二　施　工　定　额

一、概述

1．施工定额的概念

施工定额是具有合理劳动组织的建筑安装工人小组在正常施工条件下完成单位合格产品所需人工、机械、材料消耗的数量标准。它根据专业施工的作业对象和工艺制定。工序是基本的施工过程，是编制施工定额时的主要研究对象。

施工定额反映企业的施工水平，是企业定额。

2．施工定额的作用

（1）施工定额是企业计划管理的依据。

（2）施工定额是组织和指挥施工生产的有效工具。

（3）施工定额是计算工人劳动报酬的依据。

（4）施工定额有利于推广先进技术。

（5）施工定额是编制施工预算，加强企业成本管理的基础。

3．施工定额的水平

定额水平是规定在单位产品上消耗的劳动、机械和材料数量的多少，指按照一定施工程序和工艺条件下规定的施工生产中活劳动和物化劳动的消耗水平。

施工定额的水平直接反映劳动生产率水平，反映劳动和物质消耗水平。施工定额水平和劳动生产率水平变动方向一致，与劳动和物质消耗水平变动方向相反。

劳动生产率水平越高，施工定额水平也越高；而劳动和物质消耗数量越多，施工定额水平越低。

平均先进水平是施工定额的理想水平，是在正常的施工条件下大多数施工队组织工人经过努力能够达到和超过的水平，低于先进水平，略高于平均水平。

二、人工、机械台班、材料定额消耗量确定方法

建筑安装工程人工、机械台班、材料定额消耗量是在一定时期、一定范围、一定生产条件下，运用工作研究的方法，通过对施工生产过程的观测、分析、研究综合测定的。

测定并编制定额的根本目的是为了在建筑安装工程生产过程中，能以最少的人工、材料、机械消耗，生产出符合社会需要的建筑安装产品，取得最佳的经济效益。

1．工作研究

工作研究包括动作研究和时间研究。

动作研究也称工作方法研究，它包括对多种过程的描写、系统的分析和对工作方法的改进，目的在于制定出一种最可取的工作方法。

时间研究也称为时间衡量,它是在一定的标准测定的条件下,确定人们作业活动所需时间总量的一套程序。时间研究的直接结果是制定时间定额。

制定和贯彻工时定额和机械台班定额是工作研究的内容,是工作研究在建筑生产和管理中的具体应用。

2. 工作时间的分类

工作时间即工作班的延续时间。

工作时间的分类是将劳动者在整个生产过程中所消耗的工作时间,根据性质、范围和具体情况加以科学地划分、归纳,明确哪些属于定额时间,哪些属于非定额时间,找出造成非定额时间的原因,以便采取技术和组织措施,消除产生非定额时间的因素,达到充分利用工作时间,提高劳动效率。

研究工作时间消耗量及其性质,是技术测定的基本步骤和内容之一,也是编制劳动定额的基础工作。

1) 工人工作时间的分类

工人在工作班内消耗的工作时间按其消耗的性质分为两大类:必须消耗的时间和损失时间,如图 2.6 所示。

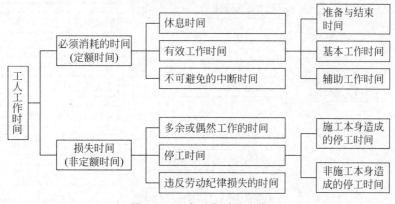

图 2.6　工人工作时间分类

必须消耗的时间是工人在正常施工条件下,为完成一定数量合格产品所必须消耗的时间。它是制定定额的主要根据,包括有效工作时间、不可避免的中断时间和休息时间。有效工作时间是从生产效果来看,与产品生产直接有关的时间消耗。不可避免的中断时间是由于施工工艺特点引起的工作中断所消耗的时间。休息时间是工人在施工过程中为恢复体力所必需的短暂休息和生理需要的时间消耗。

损失时间是与产品生产无关,但与施工组织和技术上的缺点有关,与工人在施工过程中的个人过失或某些偶然因素有关的时间消耗。损失时间包括多余和偶然工作、停工、违背劳动纪律所引起的时间损失。多余和偶然工作的时间损失包括多余工作引起的时间损失和偶然工作引起的时间损失两种情况。停工时间是工作班内停止工作造成的时间损失。停工时间按其性质分为施工本身造成的停工时间和非施工本身造成的停工时间两种。违背劳动纪律造成的工作时间损失是指工人在工作班内迟到早退、擅自离开工作岗位、工作时间内聊天或办私事等造成的时间损失。

2）机械工作时间的分类

机械工作时间的消耗和工人工作时间的消耗虽然有许多共同点,但也有其自身的特点。机械工作时间的消耗,按其性质分类如图 2.7 所示。

必须消耗的工作时间,包括有效工作、不可避免的无负荷工作和不可避免的中断三项时间消耗。有效工作时间包括正常负荷下、有根据地降低负荷下和低负荷下工作的工时消耗。不可避免的无负荷工作时间,是由施工过程的特点和机械结构的特点造成的机械无负荷工作时间。不可避免的中断工作时间,是与工艺过程的特点、机械的使用和保养、工人休息有关的不可避免的中断时间。

损失的工作时间,包括多余工作、停工和违反劳动纪律所消耗的工作时间。机械的多余工作时间,是机械进行任务内和工艺过程内未包括的工作而延续的时间。机械的停工时间,按其性质分为施工本身造成和非施工本身造成的停工。前者是由于施工组织得不好而引起的停工现象,如由于未及时供给机器水、电、燃料而引起的停工;后者是由于气候条件引起的停工现象,如暴雨时压路机停工。违反劳动纪律引起的机械的时间损失,是指由于工人迟到早退或擅离岗位等原因引起的机械停工时间。

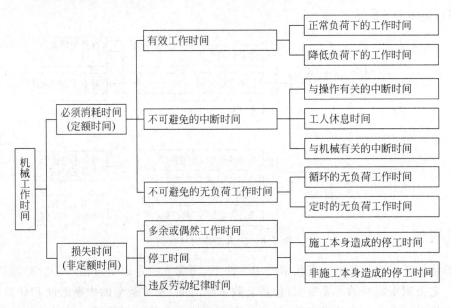

图 2.7　机械工作时间分类

三、人工、机械台班、材料消耗量定额的确定

1. 人工消耗量定额的确定

1）人工消耗量定额的表示方法

（1）时间定额是指在一定的生产技术和生产组织条件下,某工种和某种技术等级的工人小组或个人完成单位合格产品所必须消耗的工作时间。时间定额中的时间是在拟定

基本工作时间、辅助工作时间、必要的休息时间、生理需要时间、不可避免的工作中断时间、工作的准备和结束时间的基础上制定的。时间定额的计量单位,通常以生产每单位产品(如 $1m^2$、$10m^2$、$100m^2$、$1m^3$、$10m^3$、$100m^3$、$1t$、$10t$)所消耗的工日来表示。工日是指人工与天数的乘积。每个工日的工作时间按现行制度规定为 8 小时。

时间定额的计算公式规定如下:

$$单位产品的时间定额(工日) = \frac{1}{每工日产量}$$

或

$$单位产品的时间定额(工日) = \frac{小组成员工日数总和}{小组的工作班产量}$$

【案例 2.1】　对一名工人挖土的工作进行定额测定。该工人经过 3 天的工作(其中 4h 为损失的时间),挖了 $25m^3$ 土方。计算该工人的时间定额。

【解】

$$消耗总工日数 = (3×8-4)h ÷ 8h/工日 = 2.5\ 工日$$
$$完成产量数 = 25m^3$$
$$时间定额 = 2.5\ 工日 ÷ 25m^3 = 0.10\ 工日/m^3$$

答:该工人的时间定额为 0.10 工日$/m^3$。

【案例 2.2】　对一个 3 人小组进行砌墙施工过程的定额测定,3 人经过 3 天的工作,砌筑完成 $8m^3$ 的合格墙体。计算该组工人的时间定额。

【解】

$$消耗总工日数 = 3\ 人 × 3\ 工日/人 = 9\ 工日$$
$$完成产量数 = 8m^3$$
$$时间定额 = 9\ 工日 ÷ 8m^3 = 1.125\ 工日/m^3$$

答:该组工人的时间定额为 1.125 工日$/m^3$。

(2) 产量定额是指在一定的生产技术和生产组织条件下,某工种和某种技术等级的工人小组或个人,在单位时间(工日)内完成合格产品的数量。

产量定额的计算方法如下:

$$每工日的产量定额 = \frac{1}{单位产品的时间定额(工日)}$$

或

$$工作班产量 = \frac{小组成员工日数总和}{单位产品的时间定额(工日)}$$

从以上两个定额的计算公式可以看出,时间定额与产量定额互为倒数关系,即

$$时间定额 = \frac{1}{产量定额}$$

【案例 2.3】　对一名工人挖土的工作进行定额测定。该工人经过 3 天的工作(其中 4h 为损失的时间),挖了 $25m^3$ 土方。计算该工人的产量定额。

【解】

$$消耗总工日数 = (3×8-4)h ÷ 8h/工日 = 2.5\ 工日$$

$$完成产量数 = 25m^3$$
$$产量定额 = 25m^3 \div 2.5 工日 = 10m^3/工日$$

答：该工人的产量定额为 $10m^3/工日$。

2）人工消耗量定额的确定方法

人工消耗量定额的确定方法主要有技术测定法、经验估工法、统计分析法、比较类推法等几种。

（1）技术测定法是指应用计时观察法所得的工时消耗量数据确定人工消耗量定额的方法。这种方法具有较高的准确性和科学性，是制定新定额和典型定额的主要方法。

（2）经验估工法是由定额人员、工序技术人员和工人三方相结合，根据个人或集体的实践经验，经过图纸分析和现场观察，了解施工工艺，分析施工（生产）的生产技术组织条件和操作方法的繁简难易情况，进行座谈讨论，从而制定定额的方法。

这种方法的优点是方法简单，速度快；缺点是容易受到参加制定人员的主观因素和局限性的影响，使制定的定额出现偏高或偏低的现象。因此，经验估工法只适用于企业内部，作为某些局部项目的补充定额。

（3）统计分析法是把过去施工中同类工程和同类产品的工时消耗的统计资料，与当前生产技术组织条件的变化因素结合起来进行分析研究以制定定额的方法。由于统计分析资料反映的是工人过去已经达到的水平，在统计时没有，也不可能剔除施工（生产）中不合理的因素，因而这个水平一般偏于保守。为了克服统计分析资料的这个缺陷，使取定的定额水平保持平均先进水平的性质，可采用二次平均法计算平均先进值，作为确定定额水平的依据。

（4）比较类推法又称典型定额法，它是以同类型或相似类型产品（或工序）的典型定额项目的定额水平为标准，经过分析比较，类推出同一组定额各相邻项目的定额水平的方法。

比较类推法的特点是计算简便，工作量小，只要典型定额选择恰当，切合实际，又具有代表性，则类推出的定额一般都比较合理。

2. 材料消耗定额

材料消耗定额是指在合理和节约使用材料的条件下，完成单位合格产品所需消耗材料的数量标准，是企业推行经济承包、编制材料计划、进行单位工程核算不可缺少的基础，是促进企业合理使用材料，实行限额领料和材料核算，正确核定材料需要量和储备量，考核、分析材料消耗，反映建筑安装生产技术管理水平的重要依据。

材料消耗定额由两个部分组成：一是合格产品上的消耗量，就是用于合格产品上的实际数量；二是生产合格产品的过程中合理的损耗量。

因此，单位合格产品中某种材料的消耗数量等于该材料的净耗量和损耗量之和，即

$$材料消耗量 = 材料净用量 + 材料损耗量$$

材料净用量是指在不计废料和损耗的前提下，直接构成工程实体的用量；材料损耗量是指不可避免的施工废料和施工操作损耗。计入材料消耗定额内的损耗量，应是在采用规定材料规格、采用先进操作方法和正确选用材料品种的情况下的不可避免的损耗量。

某种产品使用某种材料的损耗量的多少,常常采用损耗率表示,即

$$损耗率 = \frac{损耗量}{消耗量} \times 100\%$$

材料的消耗量可用下式表示:

$$材料消耗量 = \frac{净用量}{1 - 损耗率}$$

根据施工生产材料消耗工艺要求,建筑安装材料分为非周转性材料和周转性材料两大类。非周转性材料也称直接性材料,是指在建筑工程施工中,一次性消耗并直接构成工程实体的材料,如砖、砂、石、钢筋等。周转性材料是指在施工过程中能多次使用、周转的工具型材料,如各种模板、活动支架、脚手架等。

1) 非周转性材料消耗定额的制定方法

制定材料消耗定额最基本的方法有:观察法、试验法、统计法和计算法。

(1) 观察法也称为施工实验法,就是在施工现场,对生产某一产品的材料消耗量进行测算。通过产品数量、材料消耗量和材料的净消耗量的计算,确定该单位产品的材料消耗量或损耗率。

【案例 2.4】　一个施工班组砌筑一砖内墙。经现场观测,共使用砖 2660 块,M5 水泥砂 1.175m³,水 0.5m³,最终获得 5m³ 的砖墙。请计算该砖墙的材料消耗量。

【解】

$$砖消耗量 = 2660 块 \div 5m^3 = 532 块/m^3$$
$$M5 水泥砂浆消耗量 = 1.175m^3/5m^3 = 0.235m^3/m^3$$
$$水消耗量 = 0.5m^3/5m^3 = 0.1m^3/m^3$$

答:该砖墙消耗砖 532 块/m³,M5 水泥砂浆 0.235m³/m³,水 0.1m³/m³。

(2) 试验法也称实验室试验法,它是通过专门的设备和仪器,确定材料消耗定额的一种方法,如混凝土、沥青、砂浆和油漆等,适于在实验室条件下进行试验。当然,也有一些材料是不适合在实验室里试验的,就不能应用这种方法。

(3) 统计法也称统计分析法,它是根据作业开始时拨给分部分项工程的材料数量和完工后退回的数量计算材料损耗的一种方法。此法简单易行,不需要组织专门的人去测定或试验;但是运用统计法得出的数字,准确程度差,应该结合施工过程的记录,经过分析、研究后,确定材料消耗指标。

(4) 计算法也称理论计算法,它是根据施工图纸和建筑构造的要求,用理论公式算出产品的净消耗材料数量,从而制定材料的消耗数量,如红砖(或青砖)、型钢、玻璃和钢筋混凝土预制构件等,都可以通过计算求出消耗量。

① 每立方米砖砌体材料消耗量的计算:

$$砖净耗量 = \frac{墙厚砖数 \times 2}{墙厚 \times (砖长 + 灰缝) \times (砖厚 + 灰缝)}$$

$$砖消耗量 = \frac{砖净耗量}{1 - 砖损耗率}$$

$$砂浆净耗量 = 1 - 砖净耗量 \times 每块砖体积$$

$$砂浆消耗量 = \frac{砂浆净耗量}{1 - 砂浆损耗率}$$

墙厚砖数是指墙厚对应于砖长的比例关系。以黏土实心砖（240mm×115mm×53mm）为例，墙厚砖数如表2.1所示。

表2.1　墙厚对应砖数表

墙厚砖数	$\dfrac{1}{2}$	$\dfrac{3}{4}$	1	$1\dfrac{1}{2}$	2
墙厚/m	0.115	0.178	0.24	0.365	0.49

【案例2.5】　计算用黏土实心砖（240mm×115mm×53mm）砌筑1m³砖内墙（灰缝10mm）所需砖、砂浆定额用量（砖、砂浆损耗率按1‰计算）。

【解】

$$砖净用量 = \frac{1 \times 2}{0.24 \times (0.24 + 0.01) \times (0.053 + 0.01)} = 529.1（块）$$

$$砂浆净用量 = 1 - 0.24 \times 0.115 \times 0.053 \times 529.1 = 0.226（m^3）$$

$$砖消耗量 = \frac{529.1}{1 - 1\%} = 534（块）$$

$$砂浆用量 = \frac{0.226}{1 - 1\%} = 0.228（m^3）$$

答：砌筑1m³砖墙的定额用量为砖534块，砂浆0.228m³。

② 100m²材料面层材料消耗量计算：

$$面层材料净耗量 = \frac{100}{（块料长 + 灰缝）\times（块料宽 + 灰缝）}$$

$$面层材料消耗量 = \frac{面层材料净耗量}{1 - 面层材料损耗率}$$

【案例2.6】　某房间地面净面积100m²，拟粘贴300mm×300mm的地砖（灰缝2mm）。计算地砖定额消耗量（地砖损耗率按2%计算）。

【解】

$$地砖净耗量 = \frac{100}{(0.3 + 0.002) \times (0.3 + 0.002)} = 1096.4（块）$$

$$地砖定额消耗量 = \frac{1096.4}{1 - 2\%} = 1119（块）$$

答：地砖定额消耗量为1119块。

2）周转性材料消耗定额的制定方法

周转性材料是指在施工过程中能多次使用、周转的工具型材料，如各种模板、活动支架、脚手架、支撑等。

周转性材料按摊销量计算。按照周转材料的不同，摊销量的计算方法不一样，主要分为周转摊销和平均摊销两种。对于易损耗材料（现浇构件木模板），采用周转摊销；对损耗小的材料（定型模板、钢材等），采用平均摊销。

（1）现浇构件木模板消耗量计算。

① 材料一次使用量是指周转性材料在不重复使用条件下的第一次投入量，相当于非周转性消耗材料中的材料用量。通常根据选定的结构设计图纸计算，公式如下：

$$一次使用量 = \frac{混凝土和模板接触面积 \times 每平方米接触面积模板用量}{1 - 模板制作安装损耗率}$$

② 投入使用总量。由于现浇构件木模板的易耗性,在第一次投入使用结束后(拆模),就会产生损耗,还能用于第二次的材料量小于第一次的材料量。为了便于计算,考虑每一次周转的量都与第一次量相同,这就需要在每一次周转时补损,补损的量为损耗掉的量,一直补损到第一次投入的材料消耗完为止。补损的次数与周转次数有关,应等于周转次数-1。

周转次数是指周转材料从第一次使用起可重复使用的次数。计算公式如下:

投入使用总量 = 一次使用量 + 一次使用量 × (周转次数 - 1) × 补损率

③ 周转使用量。不考虑其他因素,按投入使用总量计算每一次周转使用量,计算公式如下:

$$\begin{aligned}
周转使用量 &= \frac{投入使用总量}{周转次数} \\
&= \frac{一次使用量 + 一次使用量 \times (周转次数 - 1) \times 补损率}{周转次数} \\
&= 一次使用量 \times \frac{1 + (周转次数 - 1) \times 补损率}{周转次数}
\end{aligned}$$

④ 材料回收量是指在一定周转次数下,每周转使用一次平均可以回收材料的数量,计算公式如下:

$$\begin{aligned}
回收量 &= \frac{一次使用量 - 一次使用量 \times 补损率}{周转次数} \\
&= 一次使用量 \times \frac{1 - 补损率}{周转次数}
\end{aligned}$$

⑤ 摊销量是指周转性材料在重复使用的条件下,一次消耗的材料数量,计算公式如下:

$$摊销量 = 周转使用量 - 回收量$$

【案例 2.7】　按某施工图计算一层现浇混凝土柱接触面积为 $160m^2$,混凝土构件体积为 $20m^3$。采用木模板,每平方米接触面积需模量 $1.1m^2$,模板施工制作损耗率为 5%,周转损耗率为 10%,周转次数 8 次。计算所需模板单位面积、单位体积摊销量。

【解】

$$一次使用量 = \frac{160 \times 1.1}{1 - 5\%} = 185.26(m^2)$$

$$投入使用总量 = 185.26 + 185.26 \times (8 - 1) \times 10\% = 314.94(m^2)$$

$$周转使用量 = 314.94 \div 8 = 39.37(m^2)$$

$$回收量 = 185.26 \times \frac{1 - 10\%}{8} = 20.84(m^2)$$

$$摊销量 = 39.37 - 20.84 = 18.53(m^2)$$

$$模板单位面积摊销量 = 18.53 \div 160 = 0.116(m^2/m^2)$$

$$模板单位体积摊销量 = 18.53 \div 20 = 0.927(m^2/m^3)$$

答:所需模板单位面积摊销量为 $0.116m^2$,单位体积摊销量为 $0.927m^2$。

（2）预制构件模板及其他定型构件模板计算。

预制构件的模板摊销量与现浇构件模板摊销量的计算方法不同。在预制构件中,不计算每次周转的损耗率,只要确定了模板的周转次数,知道了一次使用量,就可以计算其摊销量,即

$$摊销量 = \frac{一次使用量}{周转次数}$$

【案例 2.8】 按某施工图计算一层现浇混凝土柱接触面积为 160m^2。采用组合钢模板,每平方米接触面积需模量 1.1m^2,模板施工制作损耗率为 5%,周转次数 50 次。请计算所需模板单位面积摊销量。

【解】

$$一次使用量 = \frac{160 \times 1.1}{1 - 5\%} = 185.26(\text{m}^2)$$

$$摊销量 = 185.26 \div 50 = 3.71(\text{m}^2)$$

$$模板单位面积摊销量 = 3.71 \div 160 = 0.023(\text{m}^2/\text{m}^2)$$

答:所需模板单位面积摊销量为 0.023m^2。

3. 机械台班定额

1) 概念

施工机械台班消耗定额是指在正常的技术条件、合理的劳动组织下,生产单位合格产品消耗的合理的机械工作时间,或者是机械工作一定的时间所生产的合理产品数量。同样,施工机械台班消耗定额也分为时间定额和产量定额两种形式。

（1）时间定额是指生产单位产品消耗的机械台班数。对于机械而言,台班代表 1 天（以 8h 计）。

（2）产量定额是指在正常的技术条件、合理的劳动组织下,每一个机械台班时间所生产的合格产品的数量。

2) 施工机械台班消耗定额的编制方法

施工机械台班消耗定额的编制方法只有一个,即技术测定法。根据机械是循环动作还是非循环动作,其测定的思路是不同的。

（1）循环动作机械台班消耗定额

① 选择合理的施工单位、工人班组、工作地点及施工组织。

② 确定机械纯工作 1h 的正常生产率。

机械纯工作 1h 正常循环次数 = 3600s ÷ 一次循环的正常延续时间

$$\frac{机械纯工作\ 1h}{正常生产率} = \frac{机械纯工作\ 1h}{正常循环次数} \times \frac{一次循环生产}{的产品数量}$$

③ 确定施工机械的正常利用系数。机械工作与工人工作相似,除了正常负荷下的工作时间（纯工作时间）,还有不可避免的中断时间、不可避免的无负荷时间等定额包含的时间。考虑机械正常利用系数,是将机械的纯工作时间转化为定额时间。

机械正常利用系数 = 机械在一个工作班内纯工作时间 ÷ 一个工作班延续时间（8h）

④ 确定施工机械台班消耗定额。

$$施工机械台班消耗定额 = 机械纯工作 1h 正常生产率 \times 工作班纯工作时间$$
$$= 机械纯工作 1h 正常生产率 \times 工作班延续时间$$
$$\times 机械正常利用系数$$

【案例 2.9】 一台斗容量为 $1m^3$ 的单斗正铲挖土机挖土一次延续时间为 48s(包括土斗挖土并提升斗臂、回转斗壁、土斗卸土、返转斗壁并落下土斗),一个工作班的纯工作时间为 7h。请计算该搅拌机的正常利用系数和产量定额。

【解】

$$机械纯工作 1h 正常循环次数 = 3600s \div 48s/ 次 = 75 次$$
$$机械纯工作 1h 正常生产率 = 75 次 \times 1m^3/ 次 = 75m^3$$
$$机械正常利用系数 = 7h \div 8h = 0.875$$
$$搅拌机的产量定额 = 75m^3/h \times 8h/台班 \times 0.875 = 525m^3/ 台班$$

答:该搅拌机的正常利用系数为 0.875,产量定额为 $525m^3/$ 台班。

(2)非循环动作机械台班消耗定额

① 选择合理的施工单位、工人班组、工作地点及施工组织。

② 确定机械纯工作 1h 的正常生产率。

$$机械纯工作 1h 正常生产率 = 工作时间内完成的产品数量 \div 工作时间(h)$$

③ 确定施工机械的正常利用系数。

$$机械正常利用系数 = 机械在一个工作班内纯工作时间 \div 一个工作班延续时间(8h)$$

④ 确定施工机械台班消耗定额。

$$施工机械台班消耗定额 = 机械纯工作 1h 正常生产率 \times 工作班纯工作时间$$
$$= 机械纯工作 1h 正常生产率 \times 工作班延续时间$$
$$\times 机械正常利用系数$$

【案例 2.10】 采用一台液压岩石破碎机破碎混凝土。现场观测机器工作 2h,完成了 $56m^3$ 混凝土的破碎工作。一个工作班的纯工作时间为 7h。请计算该液压岩石破碎机的正常利用系数和产量定额。

【解】

$$机械纯工作 1h 正常生产率 = 56m^3 \div 2h = 28m^3/h$$
$$机械正常利用系数 = 7h \div 8h = 0.875$$
$$液压岩石破碎机的产量定额 = 28m^3/h \times 8h/台班 \times 0.875 = 196m^3/ 台班$$

答:该搅拌机的正常利用系数为 0.875,产量定额为 $196m^3/$ 台班。

任务三 预 算 定 额

一、概述

1. 预算定额的概念

预算定额是指在正常、合理的施工条件下,采用科学的以及与群众智慧相结合的方法，制定出完成一定计量单位的合格的分项工程或结构构件所必需的人工、材料、机械台班的消耗量标准及货币价值数量标准。

2．预算定额的性质

（1）预算定额是由国家主管机关或被授权单位组织编制并颁布的一种法令性指标。

（2）编制预算定额的目的在于确定工程中每一个单位分项工程的预算基价，其活劳动与物化劳动的消耗指标体现了社会平均先进水平。

（3）预算定额是一种综合性定额，既考虑了施工定额中未包含的多种因素，又包括完成该分项工程或结构构件的全部工序的内容和质量要求。

3．预算定额的组成

预算定额的组成如图2.8所示。

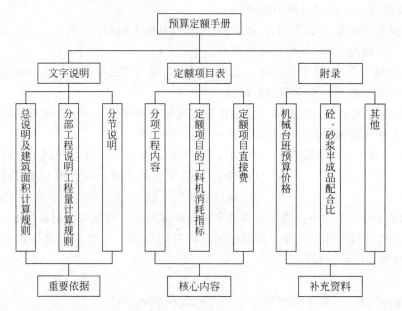

图 2.8　预算定额的组成

1）定额总说明的主要内容
（1）预算定额的适用范围、指导思想及目的和作用。
（2）预算定额的编制原则、主要依据及上级下达的有关定额汇编文件精神。
（3）使用本定额必须遵守的规则及本定额适用范围。
（4）定额采用的材料规格、材质标准、允许换算的原则。
（5）定额在编制过程中已经考虑和未考虑的因素及未包括的内容。
（6）各分部工程定额的共性问题和有关的统一规定及使用方法。
2）分部工程说明的主要内容
（1）说明分部工程所包括的定额项目内容和子目数量。

（2）分部工程各定额项目工程量计算方法。

（3）分部工程定额内综合的内容和允许换算、不允许换算的界限及特殊规定。

（4）使用本分部工程允许增减系数范围的规定。

3）定额项目表

定额项目表由分项工程定额组成，是预算表的主要构成部分，如表 2.2 所示，包括以下内容。

（1）分项工程定额编号及项目名称。

（2）预算定额基价，包括人工、材料、机械、综合费（管理费及利润）。

（3）人工、机械、材料表现形式。

（4）文字说明：本定额包括的工作内容。

4）定额附录或附表

（1）各种砂浆、特种混凝土配合比。

（2）现场搅拌混凝土基价。

（3）材料价格。

（4）机械台班价格。

（5）其他。

4．预算定额项目排列及编号

预算定额项目按分部分项顺序排列。分部工程是将单位工程中某些性质相近、材料大致相同的施工对象归在一起；分部工程以下，又按工程结构、工程内容、施工方法、材料类别等，分成若干分项工程；分项工程以下，再按构造、规格、不同材料等分为若干子目。

在编制施工图预算时，为检查定额项目套用是否正确，对所列工程项目必须填写定额编号。通常，预算定额采用两个号码的方法编制。第一个号码表示分部工程编号；第二个号码是指具体工程项目，即子目的顺序号。如表 2.2 中，"4-39" 为 1/2 砖内墙，"4-42" 为 1 砖弧形内墙。

5．预算定额的作用

（1）预算定额是编制工程设计概算、施工图预算、招标控制价（标底）、竣工结算，调解、处理工程造价纠纷，鉴定及控制工程造价的依据。

（2）预算定额是招标人组合综合单价，衡量投标报价合理性的基础，是投标人组合综合单价的参考。

（3）预算定额是施工单位编制人工、材料、机械台班需要量计划，统计完成工程量，考核工程成本，实行经济核算的依据。

（4）预算定额是编制概算定额和概算指标的基础材料。

（5）预算定额是施工单位贯彻经济核算，进行经济活动分析的依据。

（6）预算定额是设计部门对设计方案进行经济分析的依据。

工作内容：1. 清理地槽、地砖、调制砂浆、砌砖。
2. 砌筑过梁、砌平拱、模板制作、安装、拆除。
3. 安放预制过梁垫板、垫块、木砖。

表 2.2　《江苏省建筑与装饰工程计价定额》(2014 版) 砖砌内墙

计量单位：m³

| | 定额编号 | | | 4-39 | | 4-40 | | 4-41 | | 4-42 | |
| | 项目 | 单位 | 单价 | 1/2 砖内墙 | | 3/4 砖内墙 | | 1 砖内墙 | | 1 砖弧形内墙 | |
				数量	合价	数量	合价	数量	合价	数量	合价
	综合单价	元			461.14		456.30		426.57		460.38
其中	人工费	元	82.00	1.61	132.02	1.58	129.56	1.32	108.24	1.52	124.64
	材料费	元	42.00	5.58	234.36	5.44	228.48	5.32	223.44	5.59	234.78
	机械费	元	0.31		4.78		5.27		5.76		5.76
	管理费	元			34.20		33.71		28.50		32.60
	利润	元			16.42		16.18		13.68		15.65
	二类工	工日	82.00	1.61	132.02	1.58	129.56	1.32	108.24	1.52	124.64
材料	04135500 标准砖 240×115×53	百块	42.00	5.58	234.36	5.44	228.48	5.32	223.44	5.59	234.78
	04010611 水泥 32.5 级	kg	0.31	0.30	0.09	0.30	0.09	0.30	0.09	0.30	0.09
	80010104 水泥砂浆 M5	m³	180.37	(0.196)	(35.35)	(0.215)	(38.78)	(0.235)	(42.39)	(0.235)	(42.39)
	80010105 水泥砂浆 M7.5	m³	182.23	(0.196)	(35.72)	(0.215)	(39.18)	(0.235)	(42.82)	(0.235)	(42.82)
	80010106 水泥砂浆 M10	m³	191.53	(0.196)	(37.54)	(0.215)	(41.18)	(0.235)	(45.01)	(0.235)	(45.01)
	80050104 混合砂浆 M5	m³	193.00	0.196	37.83	0.215	41.50	0.235	45.36	0.235	45.36
	80050105 混合砂浆 M7.5	m³	195.20	(0.196)	(38.26)	(0.215)	(41.97)	(0.235)	(45.87)	(0.235)	(45.87)
	80050106 混合砂浆 M10	m³	199.56	(0.196)	(39.11)	(0.215)	(42.91)	(0.235)	(46.90)	(0.235)	(46.90)
	31150101 水	m³	4.70	0.112	0.53	0.109	0.51	0.106	0.50	0.106	0.50
	其他材料费	元			1.00		1.00		1.00		1.00
机械	99050503 灰浆搅拌机拌筒容量 200L	台班	122.64	0.039	4.78	0.043	5.27	0.047	5.76	0.047	5.76

6. 预算定额的编制

1）预算定额的编制原则

为保证预算定额的质量,编制时应遵循以下原则。

（1）技术先进、经济合理。

（2）简明适用、项目齐全。

（3）统一性和差别性相结合。

2）预算定额编制的依据

（1）国家或地区现行的预算定额及编制过程中的基础资料。

（2）现行设计规范、施工及验收规范、质量评定标准和安全操作规程。

（3）现行全国统一劳动定额、机械台班消耗量定额。

（4）具有代表性的典型工程施工图及有关标准图。

（5）有关科学实验、技术测定的统计、经验资料。

（6）新技术、新结构、新材料和先进的施工方法等。

（7）现行的人工工资标准、材料预算价格、机械台班预算价格及有关文件规定等。

3）单位估价表的编制

（1）单位估价表（工料单价）。

传统单位估价表（单价为工料单价）的内容由两部分组成:一是预算定额规定的工、料、机数量;二是地区预算价格,即与上述三种"量"相适应的人工工资单价、材料预算价格和机械台班预算价格。编制地区单位估价表就是把三种"量"与"价"分别结合起来,得出分项工程的人工费、材料费和施工机械使用费,三者汇总即为工程预算单价,如图 2.9 所示。

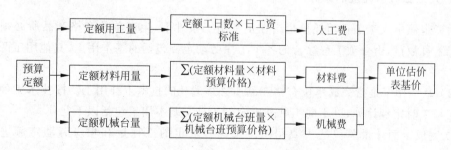

图 2.9　单位估价表基价的组成

（2）单位估价表（综合单价）。

采用综合单价编制工程预算单价表（单位估价表或称计价表）时,在分部分项工程基价确定后,还需根据地区典型工程项目和典型施工企业资料规定管理费和利润计算基数,测算管理费率和利润率,计算单位分部分项工程应计的管理费和利润,组成分部分项工程综合单价,即

分部分项工程综合单价 ＝ 人工费＋材料费＋机械费＋管理费＋利润

4）单位估价表示例

下面以江苏省现行的《江苏省建筑与装饰工程计价定额》(2014版)为例,介绍单位估价表。

《江苏省建筑与装饰工程计价定额》共设置了24章、9个附录、3755个子目。其中,第一章至第十九章为分部分项项目,第二十章至第二十四章为措施项目。另有部分难以列出定额项目的措施费用,按照《江苏省建筑与装饰工程费用计算规则》中的规定进行计算。

24章分别为:土石方工程;地基处理及边坡支护工程;桩基工程;砌筑工程;钢筋工程;混凝土工程;金属结构工程;构件运输及安装工程;木结构工程;屋面及防水工程;保温、隔热、防腐工程;厂区道路及排水工程;楼地面工程;墙柱面工程;天棚工程;门窗工程;油漆、涂料、裱糊工程;其他零星工程;建筑物超高增加费用;脚手架工程;模板工程;施工排水、降水;建筑工程垂直运输;场内二次搬运。

9个附录分别为:混凝土及钢筋混凝土构件模板、钢筋含量表;机械台班预算单价取定表;混凝土、特种混凝土配合比表;砌筑砂浆、抹灰砂浆、其他砂浆配合比表;防腐耐酸砂浆配合比表;主要建筑材料预算价格取定表;抹灰分层厚度及砂浆种类表;主要材料、半成品损耗率取定表;常用钢材理论重量及形体公式计算表。

计价表适用于江苏省行政区域范围内一般工业与民用建筑的新建、扩建、改建工程及其单独装饰工程。国有资金投资的建筑与装饰工程应执行本定额;非国有资金投资的建筑与装饰工程可以参照使用本定额;当工程施工合同约定按本定额规定计价时,应遵守本定额的相关规定。

二、预算定额人、材、机消耗量的计算

1. 人工工日消耗量的计算

预算定额中人工工日消耗量是指在正常施工条件下,生产单位合格产品所必须消耗的人工工日数量,由分项工程综合的各个工序劳动定额包括的基本用工、其他用工两部分组成。

(1)基本用工是指完成单位合格产品所必须消耗的技术工种用工。按技术工种相应劳动定额工时定额计算,以不同工种列出定额工日。基本用工包括以下几项。

① 完成定额计量单位的主要用工。按综合取定的工程量和相应劳动定额进行计算,即

$$基本用工 = \sum(综合取定的工程量 \times 劳动定额)$$

例如,工程实际中的砖基础,有1砖厚、1砖半厚、2砖厚等之分,用工各不相同。在预算定额中,由于不区分厚度,需要按照统计的比例加权平均,即利用公式中的综合取定的工程量得出用工。

② 按劳动定额规定应增加计算的用工量。例如,砖基础埋深超过1.5m,超过部分要增加用工。预算定额中应按一定比例给予增加。

③ 由于预算定额是以施工定额子目综合扩大的,包括的工作内容较多,施工的效果

视具体部位而不一样,需要另外增加用工,列入基本用工。

(2) 其他用工,通常包括以下各项。

① 超运距用工。超运距是指劳动定额中已包括的材料、半成品场内水平搬运距离与预算定额所考虑的现场材料、半成品堆放地点到操作地点的水平运输距离之差。

$$超运距 = 预算定额取定运距 - 劳动定额已包括的运距$$

需要指出,实际工程现场运距超过预算定额取定运距时,可另行计算现场二次搬运费。

② 辅助用工。辅助用工是指技术工种劳动定额内不包括,而在预算定额内必须考虑的用工。

$$辅助用工 = \sum(材料加工数量 \times 相应的加工劳动定额)$$

③ 人工幅度差。人工幅度差即预算定额与劳动定额的差额,主要是指在劳动定额中未包括,而在正常施工情况下不可避免,但很难准确计量的用工和各种工时损失。

$$人工幅度差 = (基本用工 + 辅助用工 + 超运距用工) \times 人工幅度差系数$$

人工幅度差系数一般为 $10\% \sim 15\%$。在预算定额中,人工幅度差的用工量列入其他用工量。

2. 材料消耗量的计算

材料消耗量是指完成单位合格产品所必须消耗的材料数量,由材料净用量加损耗量组成。其中,材料损耗量是指在正常条件下不可避免的材料损耗,如现场内材料运输及施工操作过程中的损耗等。

材料消耗量的计算方法主要有以下几种。

(1) 凡有标准规格的材料,按规范要求计算定额计量单位的耗用量,如砖、防水卷材、块料面层等。

(2) 凡有设计图纸标注尺寸及下料要求的,按设计图纸尺寸计算材料净用量,如门窗制作用材料,方、板料等。

(3) 换算法。各种胶结、涂料等材料的配合比用料,可以根据要求条件换算,得出材料用量。

(4) 测定法,包括实验室试验法和现场观察法。

3. 机械台班消耗量的计算

预算定额中的机械台班消耗量是指在正常施工条件下,生产单位合格产品(分部分项工程或结构构件)必须消耗的某种型号施工机械的台班数量。

(1) 确定预算定额机械台班消耗数量应考虑如下因素。

① 工程质量检查影响机械工作损失的时间。

② 在工作班内,机械变换位置引起的难以避免的停歇时间和配套机械互相影响损耗的时间。

③ 机械临时维修和小修引起的停歇时间。

④ 机械偶然性停歇，如临时停电、停水引起的工作停歇时间。

（2）计算机械台班消耗数量的方法有两类。

① 根据施工定额确定机械台班消耗量。这种方法是指以现行全国统一施工定额或劳动定额中机械台班产量加机械幅度差计算预算定额的机械台班消耗量。大型机械幅度差系数一般为：土方机械25%，打桩机械33%，吊装机械30%。其他分部工程中，如钢筋加工、木材、水磨石等各项专用机械的幅度差为10%。综上所述，预算定额机械台班消耗量按下式计算：

预算定额机械台班消耗量 ＝ 施工定额机械台班消耗量 ×（1 ＋ 机械幅度差系数）

② 以现场测定资料为基础确定机械台班消耗量。编制预算定额时，如遇到施工定额（劳动定额）缺项者，需要依据单位时间完成的产量测定。

三、预算定额人、材、机价格的计算

1. 人工单价的确定

人工单价是指一名建筑安装生产工人一个工作日在计价时应计入的全部人工费用，主要由以下几部分组成。

（1）生产工人基本工资由岗位工资、技能工资、工龄工资等组成。

（2）生产工人辅助工资是指非作业工日发放的工资和工资性补贴，如外出学习期间的工资、休年假期间的工资等。

（3）生产工人工资性补贴是指物价补贴、燃气补贴、交通补贴、住房补贴、流动施工补贴等。

（4）职工福利费是指书报费、洗理费、取暖费等。

（5）生产工人劳动保护费是指劳工用品购置费及修理费、徒工服装补贴、防暑降温费、保健费用等。

人工单价均采用综合人工单价形式，即

人工单价 ＝（月基本工资 ＋ 月工资性补贴 ＋ 月辅助工资 ＋ 其他费用）÷ 月平均工作天数

2. 材料预算价格的确定

材料预算价格一般由材料原价、包装费、运杂费、运输损耗费、采购及保管费、检验试验费组成。

（1）材料原价（或供应价格）是指材料的出厂价格、进口材料抵岸价或销售部门的批发价和市场采购价（或信息价）。在确定材料原价时，对于同一种材料，因来源地、供应单位或生产厂家不同，有几种价格时，要根据不同来源地的供应数量比例，采取加权平均的方法计算其材料的原价。

（2）包装费是为了便于材料运输和保护材料而进行包装所需的一切费用，包括包装品的价值和包装费用。凡由生产厂家负责包装的产品，其包装费已计入材料原价，不再另行计算，但应扣回包装品的回收价值。包装器材如有回收价值，应考虑回收价值。地区有规定者，按地区规定计算；地区无规定者，可根据实际情况确定。

（3）运杂费是指材料由其来源地（交货地点）起（包括经中间仓库转运）运至施工地仓库或堆放场地，全部运输过程中所支出的一切费用，包括车船等的运输费、调车费、出入仓库费、装卸费等。

（4）运输损耗费是指材料在运输和装卸搬运过程中不可避免的损耗。一般通过损耗率来规定损耗标准，即

$$材料运输损耗 = （材料原价 + 材料运杂费）× 运输损耗率$$

（5）采购及保管费是指为组织采购、供应和保管材料过程中所需的各项费用，包括采购费、仓储费、工地保管费、仓储损耗。

$$材料采购及保管费 = （材料原价 + 运杂费 + 运输损耗费）× 采购及保管费率$$

（6）检验试验费是指对建筑材料、构件和建筑安装物进行一般鉴定、检查所发生的费用，包括自设实验室进行试验所耗用的材料和化学药品等费用；不包括新结构、新材料的试验费和建设单位对具有出厂合格证明的材料进行的检验，对构件做破坏性试验及其他特殊要求检验试验的费用。

$$检验试验费 = \sum（单位材料量检验试验费 × 材料消耗量）$$

当发生检验试验费时，材料费中应加上此项费用属于建筑安装工程费用中的其他直接费。

上述费用的计算可以综合成一个计算式：

$$材料预算价格 = \left[（材料原价 + 运杂费）× （1 + 运输损耗费）\right] × （1 + 采购及保管费率）$$

【案例 2.11】 某施工队为某工程施工购买水泥，从甲单位购买水泥 200t，单价 280 元/t；从乙单位购买水泥 300t，单价 260 元/t。从丙单位第一次购买水泥 500t，单价 240 元/t；第二次购买水泥 500t，单价 235 元/t（这里的单价均指材料原价）。采用汽车运输，甲地距工地 40km，乙地距工地 60km，丙地距工地 80km。根据该地区公路运价标准：汽运货物运费为 0.4 元/（t·km），装、卸费各为 10 元/t。求此水泥的预算价格。

【解】

$$材料原价总值 = \sum（各次购买量 × 各次购买价）$$
$$= 200 × 280 + 300 × 260 + 500 × 240 + 500 × 235$$
$$= 371500（元）$$

$$材料总量 = 200 + 300 + 500 + 500$$
$$= 1500（t）$$

$$加权平均原价 = 材料原价总值 ÷ 材料总量$$
$$= 371500 ÷ 1500$$
$$= 247.67（元/t）$$

手续费：不发生供销部门手续费。

包装费：水泥的包装属于一次性投入，包装费已包含在材料原价中。

$$运杂费 = \left[0.4 × （200 × 40 + 300 × 60 + 1000 × 80） + 10 × 2 × 1500\right] ÷ 1500$$
$$= 48.27（元/t）$$

$$采购及保管费 = （247.67 + 48.27） × 2\%$$
$$= 5.92（元/t）$$

$$水泥预算价格 = 247.67 + 48.27 + 5.92$$
$$= 301.86(元/t)$$

答：此水泥的预算价格为 301.86 元/t。

3. 施工机械台班单价的确定

施工机械台班单价一般由以下几部分组成。

(1) 折旧费是指施工机械在规定的使用年限内，陆续收回其原值及购置资金的时间价值。

(2) 大修理费是指施工机械按规定的大修理间隔台班进行必要的大修理，以恢复其正常功能所需的费用。

(3) 经常修理费是指施工机械除大修理以外的各级保养和临时故障排除所需的费用。包括为保障机械正常运转所需替换设备与随机配备工具附具的摊销和维护费用，机械运转中日常保养所需润滑与擦拭的材料费用，以及机械停滞期间的维护和保养费用等。

(4) 安拆费及场外运费。安拆费是指施工机械在现场进行安装与拆卸所需的人工、材料、机械和试运转费用，以及机械辅助设施的折旧、搭设、拆除等费用；场外运费是指施工机械整体或分体自停放地点运至施工现场，或由一处施工地点运至另一处施工地点的运输、装卸、辅助材料及架线等费用。

(5) 人工费是指机上司机(司炉)和其他操作人员的工作日人工费，以及上述人员在施工机械规定的年工作台班以外的人工费。

(6) 燃料动力费是指施工机械在运转作业中所消耗的固体燃料(煤、木柴)、液体燃料(汽油、柴油)及水、电等。

(7) 其他费用是指施工机械按照国家规定和有关部门规定应缴纳的养路费、车船使用税、保险费及年检费等。

施工机械台班单价是根据施工机械台班定额来取定的，如表 2.3 和表 2.4 所示。

【案例 2.12】 由于甲方出现变更，造成施工方两台斗容量为 $1m^3$ 的履带式单斗挖掘机各停置 3 天。计算由此产生的停置机械费用。

【解】

$$停置台班量 = 3 \times 1 \times 2 = 6(台班)$$
$$停置台班价 = 机械折旧费 + 人工费 + 其他费用$$
$$= 165.87 + 92.50 + 0.00$$
$$= 258.37(元/台班)$$
$$停置机械费用 = 停置台班量 \times 停置台班价$$
$$= 6 \times 258.37$$
$$= 1550.22(元)$$

答：由此产生的停置机械费用为 1550.22 元。

表 2.3 《江苏省施工机械台班费用定额》（2007 年）单价表示例（一）

编码	机械名称	规格型号	机型	台班单价 元	费用组成						
					折旧费 元	大修理费 元	经常修理费 元	按拆费及场外运费 元	人工费 元	燃料动力费 元	其他费用 元
01048	履带式单斗挖掘机	斗容量/m³ 1	大	744.16	165.87	59.77	166.16		92.50	259.86	
01049		1.5	大	898.47	178.09	64.17	178.40		92.50	385.31	
01013	自卸汽车	装载质量/t 2	中	243.57	34.40	5.51	24.45		46.25	98.44	34.52
01014		5	中	398.64	52.65	8.43	37.42		46.25	178.64	75.25
06016	灰浆搅拌机	拌筒容量/L 200	小	65.19	2.88	0.83	3.30	5.47	46.25	6.46	
06017		400	小	68.87	3.57	0.44	1.76	5.47	46.25	11.38	

表 2.4 《江苏省施工机械台班费用定额》（2007 年）单价表示例（二）

编码	机械名称	规格型号	机型	台班单价 元	人工及燃料动力用量						
					人工 工日	汽油 kg	柴油 kg	电 kW·h	煤 kg	木炭 kg	水 m³
01048	履带式单斗挖掘机	斗容量/m³ 1	大	744.16	2.5		49.03				
01049		1.5	大	898.47	2.5		72.70				
01013	自卸汽车	装载质量/t 2	中	243.57	1.25	17.27					
01014		5	中	398.64	1.25	31.34					
06016	灰浆搅拌机	拌筒容量/L 200	小	65.19	1.25			8.61			
06017		400	小	68.87	1.25			15.17			

注：① 定额中单价，人工 37 元/工日；汽油 5.70 元/kg；柴油 5.30 元/kg；煤 580.00 元/t；电 0.75 元/(kW·h)；水 4.10 元/m³；木炭 0.35 元/kg。

② 实际单价与定额单价不同，可按实际取定单价调整价差。

任务四 预算定额的使用

预算定额是计算工程造价和主要人工、材料、机械台班消耗数量的经济依据。定额应用正确与否,直接影响工程造价和实物量消耗的准确性。在应用预算定额时,要认真地阅读,掌握定额的总说明、各册说明、分部工程说明、附注说明以及定额的适用范围。在实际工程预算定额应用时,通常会遇到以下三种情况:预算定额的直接套用、预算定额的调整与换算、补充定额。

1. 定额的使用

1) 完全套用

只有实际施工做法、人工、材料、机械价格与定额水平完全一致,或虽有不同但不允许换算的情况下,才采用完全套用,也就是直接使用定额中的所有信息。套用时应注意以下几点。

(1) 根据施工图纸、设计说明、做法说明、分项工程施工过程划分来选择合适的定额项目。

(2) 要从工程内容、技术特征和施工方法及材料机械规格与型号上仔细核对与定额规定的一致性,才能较正确地确定相应的定额项目。

(3) 分项工程的名称、计量单位必须要与预算定额相一致。计量口径不一致的,不能直接套用定额。

(4) 要注意定额表上的工作内容。其中列出的工、料、机消耗已包括在定额内,否则需另列项目计取。

(5) 查阅时,应特别注意定额表下附注。附注作为定额表的一种补充与完善,套用时必须严格执行。

2) 换算套用

当施工图纸设计的分部分项工程与预算定额所选套的定额项目内容不完全一致时,如定额规定允许换算,则应在定额范围内换算,套用换算后的定额基价。

当采用换算后定额基价时,应在原定额编号右下角注明"换"字,以示区别。

预算定额调整与换算的常见类型有以下几种。

(1) 砂浆、混凝土配合比换算,即当设计砂浆、混凝土配合比与定额规定不同时,应按定额规定的换算范围进行换算,公式如下:

换算后定额基价 = 原定额基价 + [设计砂浆(或混凝土)单价
－ 定额砂浆(或混凝土)单价] × 定额砂浆(或混凝土)用量

换算后相应定额消耗量 = 原定额消耗量 + [设计砂浆(或混凝土)单位用量
－ 定额砂浆(或混凝土)单位用量] × 定额砂浆(或混凝土)用量

【案例 2.13】 某工程砌筑一砖内墙,砌筑砂浆采用水泥砂浆 M5,其余与定额规定相同,求其综合单价。

【解】

查定额,子目编号为 4-41。

$$换算后综合单价 = 426.57 + (180.37 - 193) \times 0.235$$
$$= 423.60(元 / m^3)$$

答:换算后的综合单价为 423.60 元/m³。

(2) 系数增减换算。当设计的工程项目内容与定额规定的相应内容不完全相符时,按定额规定对定额中的人工、材料、机械台班消耗量乘以大于(或小于)1 的系数进行换算,公式如下:

调整后的定额基价 = 原定额基价 ± [定额人工费(或材料、机械台班) × 相应调整系数]

调整后的相应消耗量 = 定额人工消耗量(或材料、机械台班) × 相应调整系数

【案例 2.14】　某二类工程砌一砖内墙,其他因素与定额完全相同,计算该子目的综合单价。

【解】

$$换算综合单价 = 426.57 - 28.05 + (108.24 + 5.76) \times 30\%$$
$$= 432.72(元 / m^3)$$

答:该子目的综合单价为 432.72 元/m³。

(3) 材料或机械台班单价换算。当设计材料(或机械)由于品种、规格、型号等与定额规定不相符时,在定额规定允许范围内,对其单价进行换算,公式如下:

换算后基价 = 原定额基价 + [设计材料(或机械台班)单价 - 定额材料(或机械台班)单价]
　　　　　× 定额相应用量

(4) 材料用量的调整与换算。当设计图纸的分项项目或结构构件的主材由于施工方法、材料断面、规格等与定额规定不同而引起的用量调整,以及数量不同引起相应基价的换算。调整与换算公式如下:

调整后主材用量 = 原定额消耗量 + (设计材料用量 - 定额材料用量)

换算后基价 = 原定额基价 + 材料量差 × 相应材料单价

(5) 用量与单价同时调整与换算。当设计图纸分项项目或结构构件与定额规定相比较,某些不同因素同时出现时,不仅要进行用量调整,还要进行价格换算,即量与价同时调整与换算,公式如下:

换算后基价 = 原定额基价 + 设计材料(或机械台班)用量 × 相应单价
　　　　　- 定额材料(或机械台班)用量 × 相应单价

【案例 2.15】　某三类工程砌一砖内墙,市场材料预算价格:标准砖 0.50 元/块,每立方米砖的用量为 530 块,其他材料单价与定额完全相同。计算该子目的综合单价。

【解】

查定额子目 4-41 可得:

$$换算综合单价 = 426.57 - 223.44 + 530 \times 0.50$$
$$= 468.13(元 / m^3)$$

答:该子目的综合单价为 468.13 元/m³。

3）补充定额

补充定额是指随着设计、施工技术的发展，在现行定额不能满足需要的情况下，为了补充缺项所编制的定额。补充定额只能在指定的范围内使用，一般由施工企业提出测定资料，与建设单位或设计部门协商议定，只作为一次使用，同时报主管部门备查。以后遇到同类项目时，经过总结和分析，成为补充或修订正式统一定额的基本资料。

补充定额编制有两类情况：一类是地区性补充定额。这类定额项目在全国或省（市）统一预算定额中没有包括，但此类项目在本地区经常遇到，可由当地（市）造价管理机构按预算定额编制原则、方法和统一口径与水平编制地区性补充定额，报上级造价管理机构批准颁布。另一类是一次性使用的临时定额。此类定额项目由预（结）算编制单位根据设计要求，按照预算定额编制原则并结合工程实际情况，编制一次性补充定额，在预（结）算审核中审定。

2. 综合单价中费用的计算

（1）人工费：

$$人工费 = 人工消耗量 \times 人工工日单价$$

（2）材料费：

$$材料费 = \sum（材料消耗量 \times 材料预算价格）$$

（3）机械费：

$$机械费 = \sum（机械台班消耗量 \times 机械台班单价）$$

（4）管理费和利润。

建筑工程造价的构成与计算程序

任务一　建筑工程造价的构成

建筑工程造价由分部分项工程费、措施项目费、其他项目费、规费和税金五大部分组成。具体介绍如下。

一、分部分项工程费

分部分项工程费是指各专业工程的分部分项工程应予列支的各项费用,由人工费、材料费、施工机具使用费、企业管理费和利润构成。

1. 人工费

人工费是指按工资总额构成规定,支付给从事建筑安装工程施工的生产工人和附属生产单位工人的各项费用,内容包括以下几点。

(1)计时工资或计件工资:是指按计时工资标准和工作时间,或对已做工作按计件单价支付给个人的劳动报酬。

(2)奖金是指对超额劳动和增收节支支付给个人的劳动报酬,如节约奖、劳动竞赛奖等。

(3)津贴补贴是指为了补偿职工特殊或额外的劳动消耗和因其他特殊原因支付给个人的津贴,以及为了保证职工工资水平不受物价影响支付给个人的物价补贴,如流动施工津贴、特殊地区施工津贴、高温(寒)作业临时津贴、高空津贴等。

(4)加班加点工资是指按规定支付的在法定节假日工作的加班工资和在法定日工作时间外延时工作的加点工资。

(5)特殊情况下支付的工资是指根据国家法律、法规和政策规定,因病、工伤、产假、计划生育假、婚丧假、事假、探亲假、定期休假、停工学习、执行国家或社会义务等原因按计时工资标准或计时工资标准的一定比例支付的工资。

2. 材料费

材料费是指施工过程中耗费的原材料、辅助材料、构配件、零件、半成品或成品、工程设备的费用,内容包括以下几点。

(1)材料原价是指材料、工程设备的出厂价格或商家供应价格。

(2)运杂费是指材料、工程设备自来源地运至工地仓库或指定堆放地点所发生的全部费用。

(3)运输损耗费是指材料在运输装卸过程中不可避免的损耗。

(4)采购及保管费是指为组织采购、供应和保管材料、工程设备的过程中所需要的各项费用,包括采购费、仓储费、工地保管费、仓储损耗。

工程设备是指房屋建筑及其配套的构成或计划构成永久工程一部分的机电设备、金属结构设备、仪器装置等建筑设备,包括附属工程中电气、采暖、通风空调、给排水、通信及建筑智能等为房屋功能服务的设备,不包括工艺设备。具体划分标准见《建设工程计价设备材料划分标准》(GB/T 50531—2009)。明确由建设单位提供的建筑设备,其设备费用不作为计取税金的基数。

3. 施工机具使用费

施工机具使用费是指施工作业所发生的施工机械、仪器仪表使用费或其租赁费,包含以下内容。

(1)施工机械使用费是以施工机械台班耗用量乘以施工机械台班单价表示。施工机械台班单价应由下列七项费用组成。

① 折旧费是指施工机械在规定的使用年限内,陆续收回其原值的费用。

② 大修理费是指施工机械按规定的大修理间隔台班进行必要的大修理,以恢复其正常功能所需的费用。

③ 经常修理费是指施工机械除大修理以外的各级保养和临时故障排除所需的费用,包括为保障机械正常运转所需替换设备与随机配备工具附具的摊销和维护费用,机械运转中日常保养所需润滑与擦拭的材料费用及机械停滞期间的维护和保养费用等。

④ 安拆费及场外运费。安拆费是指施工机械(大型机械除外)在现场安装与拆卸所需的人工、材料、机械和试运转费用,以及机械辅助设施的折旧、搭设、拆除等费用;场外运费是指施工机械整体或分体自停放地点运至施工现场,或由一处施工地点运至另一处施工地点的运输、装卸、辅助材料及架线等费用。

⑤ 人工费是指机上司机(司炉)和其他操作人员的人工费。

⑥ 燃料动力费是指施工机械在运转作业中所消耗的各种燃料及水、电等。

⑦ 税费是指施工机械按照国家规定应缴纳的车船使用税、保险费及年检费等。

(2)仪器仪表使用费是指工程施工所需使用的仪器仪表的摊销及维修费用。

4. 企业管理费

企业管理费是指施工企业组织施工生产和经营管理所需的费用,内容包括以下几点。

(1)管理人员工资是指按规定支付给管理人员的计时工资、奖金、津贴补贴、加班加点工资及特殊情况下支付的工资等。

(2)办公费是指企业管理办公用的文具、纸张、账表、印刷、邮电、书报、办公软件、监控、会议、水电、燃气、采暖、降温等费用。

（3）差旅交通费是指职工因公出差、调动工作的差旅费、住勤补助费、市内交通费和误餐补助费，职工探亲路费，劳动力招募费，职工退休、退职一次性路费，工伤人员就医路费，工地转移费以及管理部门使用的交通工具的油料、燃料等费用。

（4）固定资产使用费是指企业及其附属单位使用的属于固定资产的房屋、设备、仪器等的折旧、大修、维修或租赁费。

（5）工具用具使用费是指企业施工生产和管理使用的不属于固定资产的工具、器具、家具、交通工具和检验、试验、测绘、消防用具等的购置、维修和摊销费，以及支付给工人自备工具的补贴费。

（6）劳动保险和职工福利费是指由企业支付的职工退休金，按规定支付给离休干部的经费，集体福利费、夏季防暑降温、冬季取暖补贴、上下班交通补贴等。

（7）劳动保护费是企业按规定发放的劳动保护用品的支出，如工作服、手套、防暑降温饮料、高危险工作工种施工作业防护补贴以及在有碍身体健康的环境中施工的保健费用等。

（8）工会经费是指企业按《工会法》规定的全部职工工资总额比例计提的工会经费。

（9）职工教育经费是指按职工工资总额的规定比例计提，企业为职工提供专业技术和职业技能培训，专业技术人员继续教育、职工职业技能鉴定、职业资格认定以及根据需要对职工进行各类文化教育所发生的费用。

（10）财产保险费是指企业管理用财产、车辆的保险费用。

（11）财务费是指企业为施工生产筹集资金或提供预付款担保、履约担保、职工工资支付担保等所发生的各种费用。

（12）税金是指企业按规定缴纳的房产税、车船使用税、土地使用税、印花税等。

（13）意外伤害保险费是指企业为从事危险作业的建筑安装施工人员支付的意外伤害保险费。

（14）工程定位复测费是指工程施工过程中进行全部施工测量放线和复测工作的费用。建筑物沉降观测由建设单位直接委托有资质的检测机构完成，费用由建设单位承担，不包含在工程定位复测费中。

（15）检验试验费是施工企业按规定进行建筑材料、构配件等试样的制作、封样、送达和其他为保证工程质量进行的材料检验试验工作所发生的费用。

不包括新结构、新材料的试验费，对构件（如幕墙、预制桩、门窗）做破坏性试验所发生的试验费用，以及根据国家标准和施工验收规范要求对材料、构配件和建筑物工程质量检测检验发生的第三方检测费用。对此类检测发生的费用，由建设单位承担，在工程建设其他费用中列支。但对施工企业提供的具有合格证明的材料检测后发现不合格的，该检测费用由施工企业支付。

（16）非建设单位四小时以内的临时停水停电费用。

（17）企业技术研发费是指建筑企业为转型升级、提高管理水平所进行的技术转让、科技研发、信息化建设等发生的费用。

（18）其他是指业务招待费、远地施工增加费、劳务培训费、绿化费、广告费、公证费、法律顾问费、审计费、咨询费、投标费、保险费、联防费、施工现场生活用水电费,等等。

5. 利润

利润是指施工企业完成所承包工程获得的盈利。

企业管理费和利润的取费标准以江苏省建设工程费用定额(2014 年)取定,如表 3.1 和表 3.2 所示。

表 3.1   建筑工程企业管理费和利润取费标准表

序号	工 程 名 称	计算基础	企业管理费率/%			利润率/%
			一类工程	二类工程	三类工程	
一	建筑工程	人工费+机械费	31	28	25	12
二	单独预制构件制作	人工费+机械费	15	13	11	6
三	打预制桩、单独构件吊装	人工费+机械费	11	9	7	5
四	制作兼打桩	人工费+机械费	15	13	11	7
五	大型土石方工程	人工费+机械费	6			4

表 3.2   单独装饰工程企业管理费和利润取费标准表

序号	项 目 名 称	计算基础	企业管理费率/%	利润率/%
一	单独装饰工程	人工费+施工机具使用费	42	15

二、措施项目费

措施项目费是指为完成建设工程施工,发生于该工程施工前和施工过程中的技术、生活、安全、环境保护等方面的费用。

根据现行工程量清单计算规范,措施项目费分为单价措施项目与总价措施项目。

1. 单价措施项目

单价措施项目是指在现行工程量清单计算规范中有对应工程量计算规则,按人工费、材料费、施工机具使用费、管理费和利润形式组成综合单价的措施项目。单价措施项目根据专业不同,包括以下几个项目。

(1)建筑与装饰工程:脚手架工程;混凝土模板及支架(撑);垂直运输;超高施工增加;大型机械设备进出场及安拆;施工排水、降水。

(2)安装工程:吊装加固;金属抱杆安装、拆除、移位;平台铺设、拆除;顶升、提升装置安装、拆除;大型设备专用机具安装、拆除;焊接工艺评定;胎(模)具制作、安装、拆除;防护棚制作安装拆除;特殊地区施工增加;安装与生产同时进行施工增加;在有害身体健康环境中施工增加;工程系统检测、检验;设备、管道施工的安全、防冻和焊接保护;焦炉烘炉、热态工程;管道安拆后的充气保护;隧道内施工的通风、供水、供气、供电、照明及通信设施;脚手架搭拆;高层施工增加;其他措施(工业炉烘炉、设备负荷试运转、联合试运转、生产准备试运转及安装工程设备场外运输);大型机械设备进出场及安拆。

（3）市政工程：脚手架工程；混凝土模板及支架；围堰；便道及便桥；洞内临时设施；大型机械设备进出场及安拆；施工排水、降水；地下交叉管线处理、监测、监控。

（4）仿古建筑工程：脚手架工程；混凝土模板及支架；垂直运输；超高施工增加；大型机械设备进出场及安拆；施工降水排水。

（5）园林绿化工程：脚手架工程；模板工程；树木支撑架、草绳绕树干、搭设遮阴（防寒）棚工程；围堰、排水工程。

（6）房屋修缮工程：土建、加固部分单价措施项目设置同建筑与装饰工程；安装部分单价措施项目设置同安装工程。

（7）城市轨道交通工程：围堰及筑岛；便道及便桥；脚手架；支架；洞内临时设施；临时支撑；施工监测、监控；大型机械设备进出场及安拆；施工排水、降水；设施、处理、干扰及交通导行（混凝土模板及安拆费用包含在分部分项工程的混凝土清单中）。

单价措施项目中各措施项目的工程量清单项目设置、项目特征、计量单位、工程量计算规则及工作内容均按现行工程量清单计算规范执行。

2. 总价措施项目

总价措施项目是指在现行工程量清单计算规范中无工程量计算规则，以总价（或计算基础乘费率）计算的措施项目。其中，各专业都可能发生的通用的总价措施项目包括以下几点。

（1）安全文明施工：为满足施工安全、文明、绿色施工以及环境保护、职工健康生活所需要的各项费用。本项为不可竞争费用。

① 环境保护的费用包含：现场施工机械设备降低噪声、防扰民措施费用；水泥和其他易飞扬细颗粒建筑材料密闭存放或采取覆盖措施等的费用；工程防扬尘洒水费用；土石方、建渣外运车辆冲洗、防洒漏等的费用；现场污染源控制、生活垃圾清理外运、场地排水排污措施的费用；其他环境保护措施费用。

② 文明施工的费用包含："五牌一图"的费用；现场围挡的墙面美化（包括内外粉刷、刷白、标语等）、压顶装饰费用；现场厕所便槽刷白、贴面砖，水泥砂浆地面或地砖费用；建筑物内临时便溺设施费用；其他施工现场临时设施的装饰装修、美化措施费用；现场生活卫生设施费用；符合卫生要求的饮水设备、淋浴、消毒等设施的费用；生活用洁净燃料费用；防煤气中毒、防蚊虫叮咬等措施的费用；施工现场操作场地的硬化费用；现场绿化费用、治安综合治理费用、现场电子监控设备费用；现场配备医药保健器材、物品费用和急救人员培训费用；用于现场工人的防暑降温费，以及电风扇、空调等设备及用电费用；其他文明施工措施费用。

③ 安全施工的费用包含：安全资料、特殊作业专项方案的编制，安全施工标志的购置及安全宣传的费用；"三宝"（安全帽、安全带、安全网）、"四口"（楼梯口、电梯井口、通道口、预留洞口），"五临边"（阳台围边、楼板围边、屋面围边、槽坑围边、卸料平台两侧），水平防护架、垂直防护架、外架封闭等防护的费用；施工安全用电的费用，包括配电箱三级配电、两级保护装置、外电防护措施；起重机、塔吊等起重设备（含井架、门架）及外用电梯的安全防护措施（含警示标志）费用及卸料平台的临边防护、层间安全门、防护棚等设施费

用；建筑工地起重机械的检验检测费用；施工机具防护棚及其围栏的安全保护设施费用；施工安全防护通道的费用；工人的安全防护用品、用具购置费用；消防设施与消防器材的配置费用；电气保护、安全照明设施费；其他安全防护措施费用。

④ 绿色施工的费用包含：建筑垃圾分类收集及回收利用费用；夜间焊接作业及大型照明灯具的挡光措施费用；施工现场办公区、生活区使用节水器具及节能灯具增加费用；施工现场基坑降水储存使用、雨水收集系统、冲洗设备用水回收利用设施增加费用；施工现场生活区厕所化粪池、厨房隔油池设置及清理费用；从事有毒、有害、有刺激性气味和强光、噪声施工人员的防护器具；现场危险设备、地段、有毒物品存放地安全标识和防护措施的费用；厕所、卫生设施、排水沟、阴暗潮湿地带定期消毒费用；保障现场施工人员劳动强度和工作时间符合国家标准《体力劳动强度等级要求》(GB 3869)的增加费用等。

（2）夜间施工：规范、规程要求正常作业而发生的夜班补助、夜间施工降效、夜间照明设施的安拆、摊销、照明用电以及夜间施工现场交通标志、安全标牌、警示灯安拆等费用。

（3）二次搬运：由于施工场地限制而发生的材料、成品、半成品等一次运输不能到达堆放地点，必须进行的二次或多次搬运费用。

（4）冬雨季施工：在冬雨季施工期间所增加的费用。包括冬季作业、临时取暖、建筑物门窗洞口封闭及防雨措施、排水、工效降低、防冻等费用，不包括设计要求混凝土内添加防冻剂的费用。

（5）地上、地下设施、建筑物的临时保护设施：在工程施工过程中，对已建成的地上、地下设施和建筑物进行的遮盖、封闭、隔离等必要保护措施所产生的费用。在园林绿化工程中，还包括对已有植物的保护。

（6）已完工程及设备保护费：对已完工程及设备采取的覆盖、包裹、封闭、隔离等必要保护措施所发生的费用。

（7）临时设施费：施工企业为进行工程施工所必需的生活和生产用临时建筑物、构筑物和其他临时设施的搭设、使用、拆除等费用。

① 临时设施包括：临时宿舍、文化福利及公用事业房屋与构筑物、仓库、办公室、加工场等。

② 建筑、装饰、安装、修缮、古建园林工程规定范围内（建筑物沿边起50m以内，多幢建筑两幢间隔50m内）围墙、临时道路、水电、管线和轨道垫层等。

③ 市政工程施工现场在定额基本运距范围内的临时给水、排水、供电、供热线路（不包括变压器、锅炉等设备）、临时道路。不包括交通疏解分流通道、现场与公路（市政道路）的连接道路、道路工程的护栏（围挡），也不包括单独的管道工程或单独的驳岸工程施工需要的沿线简易道路。

建设单位同意在施工就近地点临时修建混凝土构件预制场所发生的费用，应向建设单位结算。

（8）赶工措施费：施工合同工期比现行工期定额提前，施工企业为缩短工期所发生的费用。如施工过程中，发包人要求实际工期比合同工期提前时，由发承包双方另行约定。

（9）工程按质论价：施工合同约定质量标准超过国家规定，施工企业完成工程质量达到经有权部门鉴定或评定为优质工程所必须增加的施工成本费。

（10）特殊条件下施工增加费：地下不明障碍物、铁路、航空、航运等交通干扰而发生的施工降效费用。

3. 其他措施项目

在总价措施项目中，除通用措施项目外，建筑与装饰工程措施项目还包括以下内容。

（1）非夜间施工照明：为保证工程施工正常进行，在如地下室、地宫等特殊施工部位施工时所采用的照明设备的安拆、维护、摊销及照明用电等费用。

（2）住宅工程分户验收：按《住宅工程质量分户验收规程》(DGJ32/TJ 103—2010)的要求对住宅工程进行专门验收(包括蓄水、门窗淋水等)发生的费用。室内空气污染测试不包含在住宅工程分户验收费用中，由建设单位直接委托检测机构完成，由建设单位承担费用。

措施项目费费率标准如表 3.3 所示，安全文明施工措施费取费标准如表 3.4 所示。

表 3.3 措施项目费费率标准

项 目	计算基础	各专业工程费率/%	
		建筑工程	单独装饰
夜间施工		0～0.1	0～0.1
非夜间施工照明		0.2	0.2
冬雨季施工		0.05～0.2	0.05～0.1
已完工程及设备保护	分部分项工程费＋单价措施项目费－工程设备费	0～0.05	0～0.1
临时设施		1～2.2	0.3～1.2
赶工措施		0.5～2	0.5～2
按质论价		1～3	1～3
住宅分户验收		0.4	0.1

注：① 在计取非夜间施工照明费时，建筑工程、仿古工程、修缮土建部分仅地下室(地宫)部分可计取；单独装饰、安装工程、园林绿化工程、修缮安装部分仅特殊施工部位内施工项目可计取。

② 在计取住宅分户验收时，大型土石方工程、桩基工程和地下室部分不计入计费基础。

表 3.4 安全文明施工措施费取费标准

序号	工程 名 称		计费基础	基本费率/%	省级标化增加费/%
一	建筑工程	建筑工程	分部分项工程费＋单价措施项目费－工程设备费	3.0	0.7
		单独构件吊装		1.4	—
		打预制桩/制作兼打桩		1.3/1.8	0.3/0.4
二	单独装饰工程			1.6	0.4
三	大型土石方工程			1.4	—

三、其他项目费

（1）暂列金额：建设单位在工程量清单中暂定并包括在工程合同价款中的一笔款

项。用于施工合同签订时尚未确定或者不可预见的所需材料、工程设备、服务的采购，施工中可能发生的工程变更、合同约定调整因素出现时的工程价款调整以及发生的索赔、现场签证确认等的费用。由建设单位根据工程特点，按有关计价规定估算；施工过程中由建设单位掌握使用，扣除合同价款调整后如有余额，归建设单位。

（2）暂估价：建设单位在工程量清单中提供的用于支付必然发生但暂时不能确定价格的材料的单价以及专业工程的金额，包括材料暂估价和专业工程暂估价。材料暂估价在清单综合单价中考虑，不计入暂估价汇总。

（3）计日工：在施工过程中，施工企业完成建设单位提出的施工图纸以外的零星项目或工作所需的费用。

（4）总承包服务费：总承包人为配合、协调建设单位进行的专业工程发包，对建设单位自行采购的材料、工程设备等进行保管，以及施工现场管理、竣工资料汇总整理等服务所需的费用。总包服务范围由建设单位在招标文件中明示，并且发、承包双方在施工合同中约定。

四、规费

规费是指有权部门规定必须缴纳的费用。

（1）工程排污费：包括废气、污水、固体及危险废物和噪声排污费等内容。

（2）社会保险费：企业应为职工缴纳的养老保险、医疗保险、失业保险、工伤保险和生育保险五项社会保障方面的费用。为确保施工企业各类从业人员社会保障权益落到实处，省、市有关部门可根据实际情况制定管理办法。

（3）住房公积金：企业应为职工缴纳的住房公积金。

社会保险费率及公积金费率标准如表 3.5 所示。

表 3.5　社会保险费率及公积金费率标准

序号	工程类别		计算基础	社会保险费率/%	公积金费率/%
一	建筑工程	建筑工程	分部分项工程费＋措施项目费＋其他项目费－工程设备费	3	0.5
		单独预制构件制作、单独构件吊装、打预制桩、制作兼打桩		1.2	0.22
		人工挖孔桩		2.8	0.5
二	单独装饰工程			2.2	0.38
三	大型土石方工程			1.2	0.22

五、税金

税金是指国家税法规定的应计入建筑安装工程造价的营业税、城市维护建设税、教育费附加及地方教育附加。

（1）营业税是指以产品销售或劳务取得的营业额为对象的税种。

（2）城市维护建设税是为加强城市公共事业和公共设施的维护建设而开征的税。它以附加形式依附于营业税。

（3）教育费附加及地方教育附加是为发展地方教育事业，扩大教育经费来源而征收的税种。它以营业税的税额为计征基数。

任务二 建筑工程造价的计算程序

建筑工程造价计算程序是指构成建筑工程造价各项费用要素计取的先后次序，业内人员称其为造价计算程序。

工程量清单法计算程序分包工包料和包工不包料两种情况，分别如表 3.6 和表 3.7 所示。

表 3.6 工程量清单法计算程序（包工包料）

序号	费 用 名 称		计 算 公 式
一	分部分项工程费		清单工程量×综合单价
	其中	1. 人工费	人工消耗量×人工单价
		2. 材料费	材料消耗量×材料单价
		3. 施工机具使用费	机械消耗量×机械单价
		4. 管理费	(1+3)×费率或1×费率
		5. 利润	(1+3)×费率或1×费率
二	措施项目费		
	其中	单价措施项目费	清单工程量×综合单价
		总价措施项目费	(分部分项工程费＋单价措施项目费－工程设备费)×费率或以项计费
三	其他项目费		
四	规费		
	其中	1. 工程排污费	
		2. 社会保险费	(一＋二＋三－工程设备费)×费率
		3. 住房公积金	
五	税金		(一＋二＋三＋四－按规定不计税的工程设备金额)×费率
六	工程造价		一＋二＋三＋四＋五

表 3.7 工程量清单法计算程序（包工不包料）

序号	费 用 名 称		计 算 公 式
一	分部分项工程费中人工费		清单人工消耗量×人工单价
二	措施项目费中人工费		
	其中	单价措施项目中人工费	清单人工消耗量×人工单价
三	其他项目费		
四	规费		
	其中	工程排污费	(一＋二＋三)×费率
五	税金		(一＋二＋三＋四)×费率
六	工程造价		一＋二＋三＋四＋五

项目四 Chapter 4

建筑面积计算

一直以来,建筑面积的计算是建筑房屋工程量的主要指标,是计算单位工程每平方米预算造价的主要依据,是统计部门汇总发布房屋建筑面积完成情况的基础。其作用贯穿于建设项目的全过程与各方面,可用于计划、统计、规划、计算单方造价、招投标、施工发承包、竣工结算、房地产计价与房屋权属登记以及政府宏观管理等。

下面以住建部和国家质量监督检验检疫总局联合发布的《建筑工程建筑面积计算规范》(GB/T 50353—2013)(以下简称本规范)中的建筑面积计算规则为例,说明建筑面积的计算方法(本规范自 2014 年 7 月 1 日起贯彻实行)。

一、建筑面积的计算范围及规则说明

(1) 建筑物的建筑面积应按自然层外墙结构外围水平面积之和计算。结构层高在 2.20m 及以上的,应计算全面积;结构层高在 2.20m 以下的,应计算 1/2 面积。

对于建筑面积的计算,在主体结构内形成的建筑空间,满足计算面积结构层高要求的,均应按本条规定计算建筑面积。主体结构外的室外阳台、雨篷、檐廊、室外走廊、室外楼梯等按相应条款计算建筑面积。当外墙结构本身在一个层高范围内不等厚时,以楼地面结构标高处的外围水平面积计算。

【案例 4.1】 已知某单层房屋平面和剖面图如图 4.1 所示,计算该房屋的建筑面积。

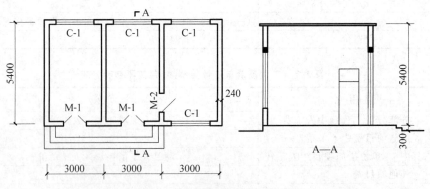

图 4.1 某单层房屋平面和剖面图

【解】
$$S_{建} = (3.0 \times 3 + 0.24) \times (5.4 + 0.24) = 52.11(\text{m}^2)$$
答:该建筑的建筑面积为 52.11m^2。

【案例 4.2】 已知某多层房屋平面和剖面图如图 4.2 所示,计算该房屋建筑面积。

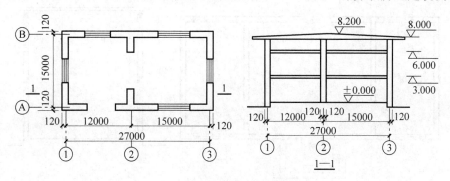

图 4.2　某多层房屋平面和剖面图

【解】

$$S_{建} = 27.24 \times 15.24 \times 2 + 27.24 \times 15.24 \times \frac{1}{2} = 1037.84(\text{m}^2)$$

答:该房屋建筑面积为 1037.84m²。

(2) 建筑物内设有局部楼层时,如图 4.3 所示,对于局部楼层的二层及以上楼层,有围护结构的,应按其围护结构外围水平面积计算;无围护结构的,应按其结构底板水平面积计算。结构层高在 2.20m 及以上的,应计算全面积;结构层高在 2.20m 以下的,应计算 1/2 面积。

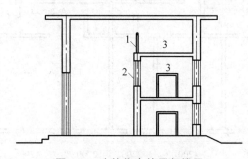

图 4.3　建筑物内的局部楼层

1—围护设施;2—围护结构;3—局部楼层

【案例 4.3】 已知某房屋平面和剖面图如图 4.4 所示,计算该房屋的建筑面积。

【解】

$$S_{建} = (3.0 \times 2 + 6.0 + 0.24) \times (5.4 + 0.24) + (3.0 + 0.24) \times (5.4 + 0.24) = 87.31(\text{m}^2)$$

答:该房屋的建筑面积为 87.31m²。

(3) 形成建筑空间的坡屋顶,结构净高在 2.10m 及以上的部位,应计算全面积;结构净高在 1.20m 及以上至 2.10m 以下的部位,应计算 1/2 面积;结构净高在 1.20m 以下的部位,不应计算建筑面积。

【案例 4.4】 已知某房屋平面和剖面图如图 4.5 所示,计算该房屋的建筑面积。

【解】

净高 2.10m 以下部分建筑面积为

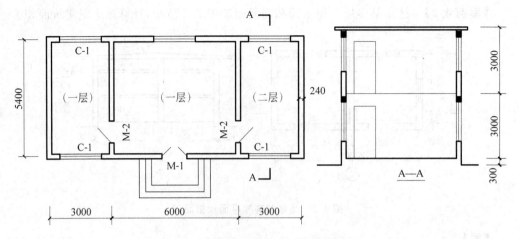

图 4.4　某房屋平面和剖面图（案例 4.3）

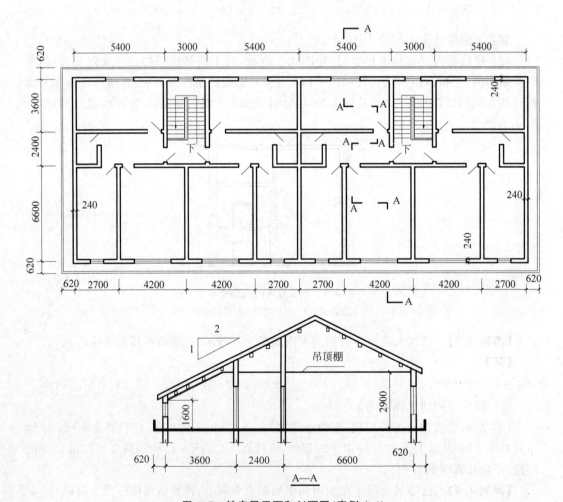

图 4.5　某房屋平面和剖面图（案例 4.4）

$$S_1 = [(2.1-1.6) \times 2 + 0.24] \times (2.7 \times 4 + 4.2 \times 4 + 0.24) \times \frac{1}{2} = 17.26(\text{m}^2)$$

净高 2.10m 以上部分建筑面积为

$$S_2 = (3.6 + 2.4 + 6.6 - 1) \times (2.7 \times 4 + 4.2 \times 4 + 0.24) = 322.95(\text{m}^2)$$

$$S_建 = S_1 + S_2 = 17.26 + 322.95 = 340.21(\text{m}^2)$$

答：该建筑的建筑面积为 340.21m²。

（4）场馆看台下的建筑空间，结构净高在 2.10m 及以上的部位，应计算全面积；结构净高在 1.20m 及以上至 2.10m 以下的部位，应计算 1/2 面积；结构净高在 1.20m 以下的部位，不应计算建筑面积。室内单独设置的有围护设施的悬挑看台，应按看台结构底板水平投影面积计算建筑面积。有顶盖无围护结构的场馆看台，应按其顶盖水平投影面积的 1/2 计算面积。

场馆看台下的建筑空间因其上部结构多为斜板，所以采用净高的尺寸划定建筑面积的计算范围和对应规则。室内单独设置的有围护设施的悬挑看台，因其看台上部设有顶盖且可供人使用，所以按看台板的结构底板水平投影计算建筑面积。"有顶盖无围护结构的场馆看台"中所称的"场馆"为专业术语，指各种"场"类建筑，如体育场、足球场、网球场、带看台的风雨操场等。

【案例 4.5】　计算如图 4.6 所示体育馆看台的建筑面积。

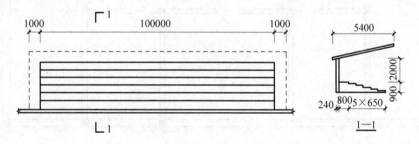

图 4.6　体育馆看台

【解】

$$S = 5.40 \times (100.00 + 1.00 \times 2) \times \frac{1}{2} = 275.40(\text{m}^2)$$

答：该建筑的建筑面积为 275.40m²。

（5）地下室、半地下室应按其结构外围水平面积计算。结构层高在 2.20m 及以上的，应计算全面积；结构层高在 2.20m 以下的，应计算 1/2 面积。

（6）出入口外墙外侧坡道有顶盖的部位，应按其外墙结构外围水平面积的 1/2 计算面积。

出入口坡道分有顶盖出入口坡道和无顶盖出入口坡道。出入口坡道顶盖的挑出长度，为顶盖结构外边线至外墙结构外边线的长度。顶盖以设计图纸为准，对后增加及建设单位自行增加的顶盖等，不计算建筑面积。顶盖不分材料种类（如钢筋混凝土顶盖、彩钢板顶盖、阳光板顶盖等）。地下室出入口如图 4.7 所示。

【案例 4.6】　计算全地下室的建筑面积，出入口处有永久性的顶盖，平面图如图 4.8 所示。

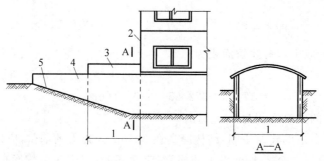

图 4.7　地下室出入口

1—计算 1/2 投影面积部位；2—主体建筑；3—出入口顶盖；4—封闭出入口侧墙；5—出入口坡道

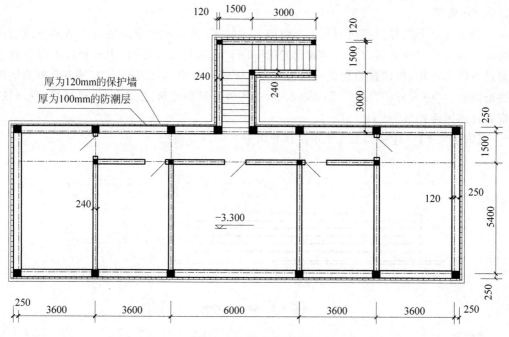

图 4.8　全地下室平面图

【解】

地下室建筑面积 $S_1 = (3.60 \times 4 + 6.00 + 0.50) \times (5.40 + 1.50 + 0.50)$

$= 154.66 (\text{m}^2)$

坡道面积 $S_2 = (1.50 + 0.24) \times (3.00 + 1.50 + 0.12) + (1.50 + 0.24)$

$\times (3.00 - 0.25 - 0.12) \times \dfrac{1}{2} = 10.33 (\text{m}^2)$

$S = S_1 + S_2 = 154.66 + 10.33 = 164.99 (\text{m}^2)$

答：该地下室的建筑面积为 164.99m^2。

（7）建筑物架空层及坡地建筑物吊脚架空层，应按其顶板水平投影计算建筑面积。结构层高在 2.20m 及以上的，应计算全面积；结构层高在 2.20m 以下的，应计算 1/2 面积。

本条既适用于建筑物吊脚架空层、深基础架空层建筑面积的计算，也适用于目前部分住宅、学校教学楼等工程在底层架空或者在二楼或以上某个甚至多个楼层架空,作为公共活动、停车、绿化等空间的建筑面积的计算。架空层中有围护结构的建筑空间按相关规定计算。建筑物吊脚架空层如图4.9所示。

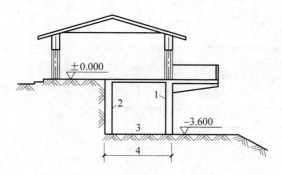

图4.9 建筑物吊脚架空层

1—柱;2—墙;3—吊脚架空层;4—计算建筑面积部位

【案例4.7】 某建筑物坐落在坡地上,设计为深基础,并加以利用。计算其建筑面积,如图4.10所示。

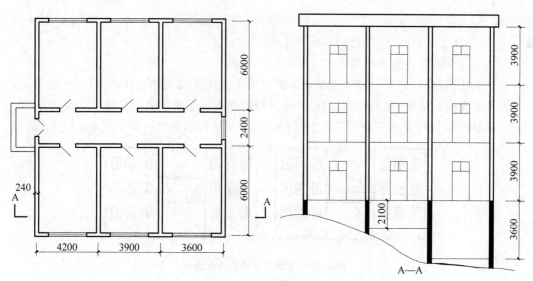

图4.10 坡地深基础建筑物

【解】

$$S_建 = (4.2+3.9+3.6+0.24)\times(6.0\times2+2.4+0.24)\times3+(3.9+3.6+0.24)$$
$$\times(6.0\times2+2.4+0.24)=637.72(m^2)$$

答:该建筑的建筑面积为637.72m²。

(8)建筑物的门厅、大厅应按一层计算建筑面积,门厅、大厅内设置的走廊应按走廊结构底板水平投影面积计算建筑面积。结构层高在2.20m及以上的,应计算全面积;结构层高在2.20m以下的,应计算1/2面积。

【案例4.8】 已知某带回廊的建筑物平面图和剖面图如图4.11所示,请计算该房屋

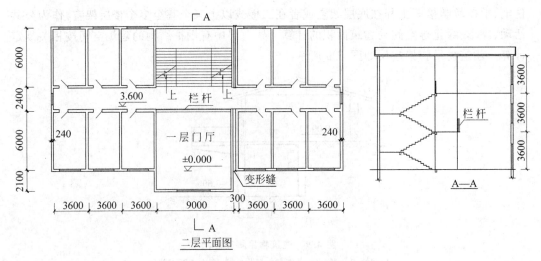

图 4.11　某带回廊的建筑物平面图和剖面图

的建筑面积。

【解】

$$S_建 = (3.6 \times 6 + 9.0 + 0.3 + 0.24) \times (6.0 \times 2 + 2.4 + 0.24) \times 3 + (9.0 + 0.24)$$
$$\times 2.1 \times 2 - (9 - 0.24) \times 6 = 1353.92(\text{m}^2)$$

答：该建筑的建筑面积为 1353.92m²。

（9）建筑物间的架空走廊，有顶盖和围护结构的，应按其围护结构外围水平面积计算全面积；无围护结构、有围护设施的，应按其结构底板水平投影面积计算 1/2 面积。

无围护结构的架空走廊如图 4.12 所示，有围护结构的架空走廊如图 4.13 所示。

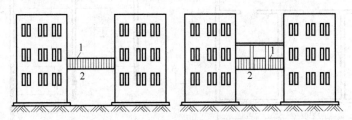

图 4.12　无围护结构的架空走廊
1—栏杆；2—架空走廊

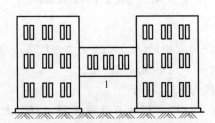

图 4.13　有围护结构的架空走廊
1—架空走廊

【案例4.9】 如图4.14所示,架空走廊一层为通道,三层无顶盖。计算该架空走廊的建筑面积。

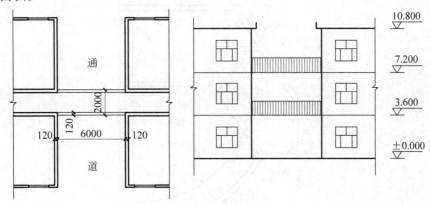

图4.14 架空走廊

【解】

$$S=(6-0.24)\times(2+0.24)\times2\times\frac{1}{2}=12.90(\text{m}^2)$$

答:该建筑的建筑面积为12.90m²。

(10) 立体书库、立体仓库、立体车库,有围护结构的,应按其围护结构外围水平面积计算建筑面积;无围护结构、有围护设施的,应按其结构底板水平投影面积计算建筑面积。无结构层的,应按一层计算;有结构层的,应按其结构层面积分别计算。结构层高在2.20m及以上的,应计算全面积;结构层高在2.20m以下的,应计算1/2面积,如图4.15所示。

本条主要规定了图书馆中的立体书库、仓储中心的立体仓库、大型停车场的立体车库等建筑的建筑面积计算规则。起局部分隔、存储等作用的书架层、货架层或可升降的立体钢结构停车层均不属于结构层,故该部分分层不计算建筑面积。

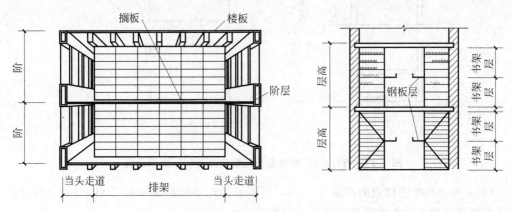

图4.15 书库书架层示意图

(11) 有围护结构的舞台灯光控制室,应按其围护结构外围水平面积计算。结构层高在2.20m及以上的,应计算全面积;结构层高在2.20m以下的,应计算1/2面积。

【案例 4.10】 如图 4.16 所示,求某舞台灯光控制室(层高 2.7m)的建筑面积。

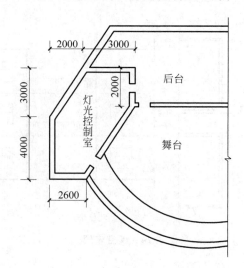

图 4.16　某舞台灯光控制室

【解】

$$S=(2+3)\times(3+4)-\frac{2\times3}{2}-(2+3-2.6)\times\frac{3+4-2}{2}=26.0(\text{m}^2)$$

答:该建筑的建筑面积为 26.0m²。

(12) 附属在建筑物外墙的落地橱窗,应按其围护结构外围水平面积计算。结构层高在 2.20m 及以上的,应计算全面积;结构层高在 2.20m 以下的,应计算 1/2 面积,如图 4.17 所示。

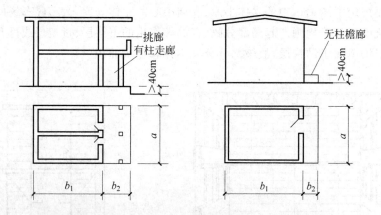

图 4.17　有柱走廊、挑檐及无柱檐廊立面和平面示意图

(13) 窗台与室内楼地面高差在 0.45m 以下且结构净高在 2.10m 及以上的凸(飘)窗,应按其围护结构外围水平面积计算 1/2 面积。

(14) 有围护设施的室外走廊(挑廊),应按其结构底板水平投影面积计算 1/2 面积;有围护设施(或柱)的檐廊,应按其围护设施(或柱)外围水平面积计算 1/2 面积。

檐廊如图 4.18 所示。

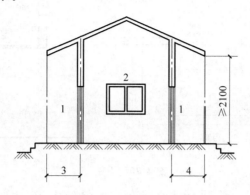

图 4.18 檐廊示意图

1—檐廊；2—室内；3—不计算建筑面积部位；4—计算 1/2 建筑面积部位

(15) 门斗应按其围护结构外围水平面积计算建筑面积。结构层高在 2.20m 及以上的，应计算全面积；结构层高在 2.20m 以下的，应计算 1/2 面积。

门斗如图 4.19 所示。

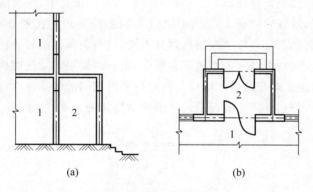

(a)　　　　　　　　　　(b)

图 4.19 门斗示意图

1—室内；2—门斗

(16) 门廊应按其顶板水平投影面积的 1/2 计算建筑面积；有柱雨篷应按其结构板水平投影面积的 1/2 计算建筑面积；无柱雨篷的结构外边线至外墙结构外边线的宽度在 2.10m 及以上的，应按雨篷结构板的水平投影面积的 1/2 计算建筑面积。

雨篷分为有柱雨篷和无柱雨篷。有柱雨篷，没有出挑宽度的限制，也不受跨越层数的限制，均计算建筑面积。无柱雨篷，其结构板不能跨层，并受出挑宽度的限制，设计出挑宽度大于或等于 2.10m 时才计算建筑面积。出挑宽度是指雨篷结构外边线至外墙结构外边线的宽度，弧形或异形时，取最大宽度。

【案例 4.11】 计算如图 4.20 所示的建筑物入口处雨篷的建筑面积。

【解】

$$S = 2.3 \times 4 \times \frac{1}{2} = 4.6 (\text{m}^2)$$

答：该建筑物雨篷的建筑面积为 4.6m²。

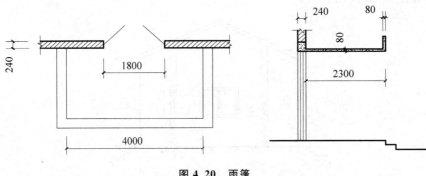

图 4.20　雨篷

（17）设在建筑物顶部的、有围护结构的楼梯间、水箱间、电梯机房等，结构层高在 2.20m 及以上的，应计算全面积；结构层高在 2.20m 以下的，应计算 1/2 面积。

（18）围护结构不垂直于水平面的楼层，应按其底板面的外墙外围水平面积计算。结构净高在 2.10m 及以上的部位，应计算全面积；结构净高在 1.20m 及以上至 2.10m 以下的部位，应计算 1/2 面积；结构净高在 1.20m 以下的部位，不应计算建筑面积。

《建筑工程建筑面积计算规范》（GB/T 50353—2005）条文中，仅对围护结构向外倾斜的情况进行了规定，修订后的条文对于向内、向外倾斜均适用。在划分高度上，本条使用的是结构净高，与其他正常平楼层按层高划分不同，但与斜屋面的划分原则一致。由于目前很多建筑设计追求新、奇、特，造型越来越复杂，很多时候根本无法明确区分什么是围护结构、什么是屋顶，因此对于斜围护结构与斜屋顶采用相同的计算规则，即只要外壳倾斜，就按结构净高划段，分别计算建筑面积。斜围护结构如图 4.21 所示。

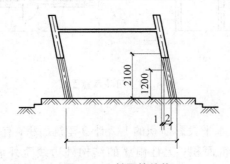

图 4.21　斜围护结构
1—计算 1/2 建筑面积部位；2—不计算建筑面积部位

（19）建筑物的室内楼梯、电梯井、提物井、管道井、通风排气竖井、烟道，应并入建筑物的自然层计算建筑面积。有顶盖的采光井应按一层计算面积，结构净高在 2.10m 及以上的，应计算全面积；结构净高在 2.10m 以下的，应计算 1/2 面积。

建筑物的楼梯间层数按建筑物的层数计算。有顶盖的采光井包括建筑物中的采光井和地下室采光井。地下室采光井如图 4.22 所示。电梯井如图 4.23 所示。

【案例 4.12】某电梯平面外包尺寸 4.50m×4.50m。该建筑共 12 层，11 层层高均为 3.00m；1 层为技术层，层高为 2.00m。屋顶电梯机房外包尺寸 6.00m×8.00m，层高 4.50m。求电梯井与电梯机房总建筑面积。

【解】

电梯井建筑面积 $S_1 = 4.50 \times 4.50 \times 11 + 4.50 \times 4.50 \div 2 = 232.875(\text{m}^2)$

电梯机房建筑面积 $S_2 = 6.00 \times 8.00 = 48.00(\text{m}^2)$

总建筑面积 $S = S_1 + S_2 = 280.875(\text{m}^2)$

答：该电梯井与电梯机房总建筑面积为 280.875m^2。

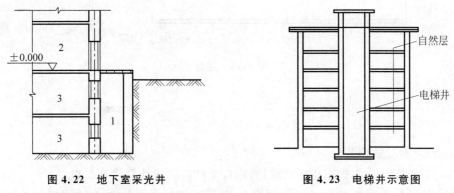

图 4.22　地下室采光井　　　　　图 4.23　电梯井示意图
1—采光井；2—室内；3—地下室

（20）室外楼梯应并入所依附建筑物自然层，并应按其水平投影面积的 1/2 计算建筑面积。

室外楼梯作为连接该建筑物层与层之间交通不可缺少的基本部件，无论从其功能还是工程计价的要求来说，均需计算建筑面积。层数为室外楼梯所依附的楼层数，即梯段部分投影到建筑物范围的层数。利用室外楼梯下部的建筑空间不得重复计算建筑面积；利用地势砌筑的为室外踏步，不计算建筑面积。

（21）在主体结构内的阳台，应按其结构外围水平面积计算全面积；在主体结构外的阳台，应按其结构底板水平投影面积的 1/2 计算面积。

建筑物的阳台，无论其形式如何，均以建筑物主体结构为界分别计算建筑面积。

【案例 4.13】　求图 4.24 所示封闭阳台一层（层高 3.00m）的建筑面积。

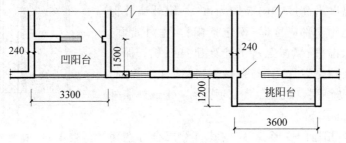

图 4.24　封闭阳台

【解】

$$S = (3.3 - 0.24) \times 1.5 \times \frac{1}{2} + 1.2 \times (3.6 + 0.24) \times \frac{1}{2} = 4.60(\text{m}^2)$$

答：该阳台建筑面积为 4.60m^2。

（22）有顶盖无围护结构的车棚、货棚、站台、加油站、收费站等,应按其顶盖水平投影面积的1/2计算建筑面积。

【案例4.14】 计算如图4.25所示火车站单排柱站台的建筑面积。

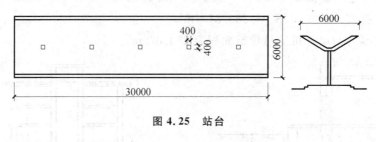

图4.25 站台

【解】

$$S = 30 \times 6 \times \frac{1}{2} = 90 (\text{m}^2)$$

答：该站台建筑面积为90m²。

（23）以幕墙作为围护结构的建筑物,应按幕墙外边线计算建筑面积。

幕墙以其在建筑物中所起的作用和功能来区分。直接作为外墙起围护作用的幕墙,按其外边线计算建筑面积;设置在建筑物墙体外起装饰作用的幕墙,不计算建筑面积。

（24）建筑物的外墙外保温层,应按其保温材料的水平截面积计算,并计入自然层建筑面积。

为贯彻节能要求,国家鼓励建筑外墙采取保温措施。本规范将保温材料的厚度计入建筑面积。建筑物外墙外侧有保温隔热层的,保温隔热层以保温材料的净厚度乘以外墙结构外边线长度按建筑物的自然层计算建筑面积,其外墙外边线长度不扣除门窗和建筑物外已计算建筑面积构件(如阳台、室外走廊、门斗、落地橱窗等部件)所占长度。当建筑物外已计算建筑面积的构件(如阳台、室外走廊、门斗、落地橱窗等部件)有保温隔热层时,其保温隔热层也不再计算建筑面积。外墙是斜面者,按楼面楼板处的外墙外边线长度乘以保温材料的净厚度计算。外墙外保温以沿高度方向满铺为准,某层外墙外保温铺设高度未达到全部高度时(不包括阳台、室外走廊、门斗、落地橱窗、雨篷、飘窗等),不计算建筑面积。保温隔热层的建筑面积是以保温隔热材料的厚度来计算的,不包含抹灰层、防潮层、保护层(墙)的厚度。建筑外墙外保温如图4.26所示。

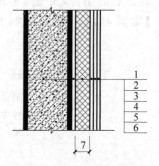

图4.26 建筑外墙外保温

1—墙体；2—粘结胶浆；3—保温材料；4—标准网；5—加强网；6—抹面胶浆；7—计算建筑面积部位

（25）与室内相通的变形缝,应按其自然层合并在建筑物建筑面积内计算。对于高低联跨的建筑物,当高低跨内部连通时,其变形缝应计算在低跨面积内。

本规范所指的与室内相通的变形缝,是指暴露在建筑物内,在建筑物内可以看得见的变形缝。

【案例 4.15】 试分别计算高低联跨建筑物的建筑面积,如图 4.27 所示。

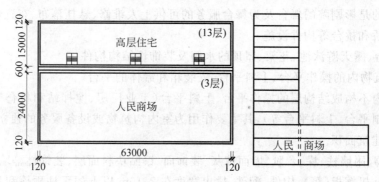

图 4.27 高低联跨建筑

【解】

高跨：$S_1 = (63 + 0.24) \times (15 + 0.24) \times 13 = 12529.11(\text{m}^2)$

低跨：$S_2 = (24 + 0.6) \times (63 + 0.24) \times 3 = 4667.11(\text{m}^2)$

总建筑面积 $S = 12529.11 + 4667.11 = 17196.22(\text{m}^2)$

答：该建筑物的建筑面积为 17196.22m²。

(26) 对于建筑物内的设备层、管道层、避难层等有结构层的楼层,结构层高在 2.20m 及以上的,应计算全面积;结构层高在 2.20m 以下的,应计算 1/2 面积。

设备层、管道层虽然其具体功能与普通楼层不同,但在结构上及施工消耗上并无本质区别,且本规范定义自然层为"按楼地面结构分层的楼层",因此设备、管道楼层归为自然层,其计算规则与普通楼层相同。在吊顶空间内设置管道的,吊顶空间部分不能被视为设备层、管道层。

二、不应计算建筑面积的部分

(1) 与建筑物内不相连通的建筑部件。

本款指的是依附于建筑物外墙外不与户室开门连通,起装饰作用的敞开式挑台(廊)、平台,以及不与阳台相通的空调室外机搁板(箱)等设备平台部件。

(2) 骑楼、过街楼底层的开放公共空间和建筑物通道。

骑楼如图 4.28 所示,过街楼如图 4.29 所示。

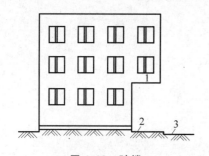

图 4.28 骑楼

1—骑楼；2—人行道；3—街道

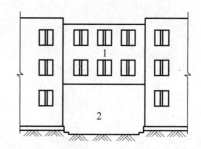

图 4.29 过街楼

1—过街楼；2—建筑物通道

（3）舞台及后台悬挂幕布和布景的天桥、挑台等。

本款指的是影剧院的舞台及为舞台服务的可供上人维修、悬挂幕布、布置灯光及布景等搭设的天桥和挑台等构件设施。

（4）露台、露天游泳池、花架、屋顶的水箱及装饰性结构构件。

（5）建筑物内的操作平台、上料平台、安装箱和罐体的平台。

建筑物内不构成结构层的操作平台、上料平台（工业厂房、搅拌站和料仓等建筑中的设备操作控制平台、上料平台等），其主要作用为室内构筑物或设备服务的独立上人设施，因此不计算建筑面积。

（6）勒脚、附墙柱、垛、台阶、墙面抹灰、装饰面、镶贴块料面层、装饰性幕墙，主体结构外的空调室外机搁板（箱）、构件、配件，挑出宽度在 2.10m 以下的无柱雨篷和顶盖高度达到或超过两个楼层的无柱雨篷。

附墙柱是指非结构性装饰柱。

（7）窗台与室内地面高差在 0.45m 以下且结构净高在 2.10m 以下的凸（飘）窗，窗台与室内地面高差在 0.45m 及以上的凸（飘）窗。

（8）室外爬梯、室外专用消防钢楼梯。

室外钢楼梯需要区分具体用途，若是专用于消防的楼梯，则不计算建筑面积；如果是建筑物唯一通道，兼用于消防，则需要按室外楼梯计算建筑面积。

（9）无围护结构的观光电梯。

（10）建筑物以外的地下人防通道，独立的烟囱、烟道、地沟、油（水）罐、气柜、水塔、储油（水）池、储仓、栈桥等构筑物。

《计价定额》下建筑工程工程量的计算

任务一 工程量计算的原理及方法

一、工程量的含义和作用

1. 工程量的含义

工程量是指计量单位所表示的建筑工程各个分项工程或结构构件的实物数量。

物理计量单位是指以法定的计量单位表示的工程数量,如毫米(mm)、厘米(cm)、米(m)、平方米(m^2)、立方米(m^3),以及千克(kg)、吨(t)等。

自然计量单位是指以工程子目中所规定的施工对象本身的自然组成情况,如台、组、套、件、个等为计量单位所表示的工程数量。

工程量是根据设计图纸规定的各个分部分项工程的尺寸、数量,以及设备、材料明细表等具体计算出来的。

2. 工程量的作用

(1) 工程量是确定工程造价的重要依据。

建筑与装饰工程工程量计算的准确与否,直接影响建筑、装饰工程的预算造价,从而影响整个工程建设过程的造价计价与控制。

(2) 工程量是施工企业搞好生产经营的重要依据。

工程量指标是施工企业编制施工组织设计、安排工程作业计划、组织劳动力和物资供应、进行成本分析和实现经济核算必不可少的基础资料。

(3) 工程量是业主管理工程建设的重要依据。

工程量指标是业主编制建设计划、筹集建设资金、安排工程价款拨付和结算、进行财务管理和会计核算的基本依据。

(4) 清单工程量是业主招标文件的重要组成部分。

(5) 定额工程量是承包商投标报价的重要参考依据。

二、统筹法计算工程量

1. 利用基本数据简化计算

建筑工程中有一些数据，在计算工程量中经常要用到。计算时，先将基本数据计算出来，在计算与基本数据相关的工程量时，在基本数据的基础上计算，达到简化计算的目的。通过对工程的归纳，基本数据主要为"三线、一面、一册"。

（1）外墙外边线。

$$L_外 = 建筑平面图的外围周长之和$$

有了 $L_外$，可以在计算勒脚、腰线、勾缝、外墙抹灰、散水、明沟等分项工程时减少重复计算工程量。

（2）外墙中心线。

$$L_中 = L_外 - 墙厚 \times 4$$

$L_中$ 用来计算外墙挖地槽（$L_中 \times$ 断面）、基础垫层、（$L_中 \times$ 断面）、砌筑基础（$L_中 \times$ 断面）、砌筑墙身（$L_中 \times$ 断面）、防潮层（$L_中 \times$ 防潮层宽度）、基础梁（$L_中 \times$ 断面）、圈梁（$L_中 \times$ 断面）等分项工程的工程量。

（3）内墙净长线。

$$L_内 = 建筑平面图中所有内墙净长度之和$$

$L_内$ 用来计算内墙挖地槽、基础垫层、砌筑基础、砌筑墙身、防潮层、基础梁、圈梁等分项工程的工程量。

（4）底层建筑面积。

底层建筑面积 $S =$ 建筑物底层平面图勒脚以上结构的外围水平投影面积

S 可以用来计算平整场地、地面、楼面、屋面和天棚等分项工程的工程量。

（5）对于一些标准构件，可以采用组织力量一次计算，编制成册，在下次使用时直接查用手册的方法，这样既可以减少每次都逐一计算的烦琐，又保证了准确性。

2. 合理安排计算顺序

工程量计算顺序的安排是否合理，直接关系到预算工作效率的高低。按照通常的习惯，工程量的计算一般根据施工顺序或定额顺序进行。在熟练的基础上，根据计算方便的顺序进行工程量计算。例如，如果一些分项工程的工程量紧密相关，有的要算体积，有的要算面积，有的要算长度，应按照长度—面积—体积的顺序计算，避免重复计算和反复计算可能导致的错误。

例如，室内地面工程，有挖土（体积）、垫层（体积）、找平层（面积）、面层（面积）四道工序。如果按照施工顺序，应先算体积，后算面积，体积的数据对面积无借鉴作用；反之，先算面层、找平层得到面积，可以采用面积×厚度的方法计算垫层和挖土的体积。

3. 结合工程实际灵活计算

"线""面""册"的计算方法只是一般常用的工程量计算法，实际工程运用中不能生搬硬套,需要根据工程实际情况灵活处理。

(1)如果有关的构件断面形状不唯一,对应的基础"线"也就不能只算一个,需要根据图形分段计算"线"。

(2)基础数据对于许多分项工程有借鉴的作用,但有些不能直接借鉴,需要调整基础数据。例如,$L_内$用于内墙地槽,由于地槽长度是地槽间净长,而$L_内$是墙身间净长,需要在$L_内$的基础上减去地槽与墙身的厚度差才能用于地槽的工程量计算。

三、工程量计算的方法

1. 计算顺序

1)单位工程计算顺序

(1)按照施工顺序的先后来计算工程量。例如,民用建筑,按照土方、基础、墙体、混凝土、钢筋、地面、楼面、屋面、门窗安装、外抹灰、内抹灰、油漆涂料、玻璃等顺序进行计算。

(2)按照定额顺序计算。按照定额上的分章或分部分项工程的顺序进行计算,这种方法对初学者尤其适合。

2)分项工程计算顺序

(1)按照图纸"先横后竖、先下后上、先左后右"的顺序计算。例如,计算基础相关工程量可以采用这种方法。

(2)按照图纸的顺时针方向计算。例如,计算楼地面、屋面等分项工程可以采用这种计算方法。

(3)按照图纸分项编号顺序计算。例如,计算混凝土构件、门窗构件等可以采用这种计算方法。

2. 计算工程量的步骤

工程量计算实际上就是填写工程量计算表的过程,其步骤如下所述。

1)熟悉图纸

(1)粗略看图,初步建立房屋立体概念。

① 了解工程的基本概况。例如,建筑物的层数、高度、基础形式、结构形式、大约的建筑面积等。

② 了解工程的材料和做法。例如,基础是砖、石还是钢筋混凝土的,墙体材料是砖还是砌块,楼地面的做法等。

③ 了解图中的梁表、柱表、混凝土构件统计表、门窗统计表,对照施工图详细核对。一经核准,在计算相应工程量时可直接利用。

④ 了解施工图表示方法。

(2)重点看图,建立建(构)筑物详细清晰的立体概念。

重点看图主要弄清的问题有以下几个。

① 房屋室内外高差,以便在计算基础和室内挖、填工程时利用这个数据。

② 建筑物层高、墙体、楼地面、面层、门窗等相应工程的内容是否因楼层或段落不同而有所变化(包括尺寸、材料、做法、数量等变化),以便在有关工程量计算时区别对待。

③ 工业建筑设备基础、地沟等平面布置大概情况,以利于基础和楼地面工程量计算。

④ 建筑物构配件,如平台、阳台、雨篷、台阶等的设置情况,以便计算其工程量时明确其所在部位。

(3) 修正图纸。

修正图纸主要是按照图纸会审记录和设计变更通知单的内容修正、订正全套施工图,避免走"回头路",造成重复劳动。

2) 列出项目名称

工程项目名称应与定额一致。列完分项后,再按建筑物由下到上,逐一校验有无漏项。列出分项的同时,可标出定额编号;定额缺项要作补充时,应在所属分部顺序位置写出补充定额的分项工程名称。

3) 列出计算式

工程项目列出后,根据施工图所示的部位、尺寸和数量,按照一定的计算顺序和工程量计算规则,列出该分项工程量计算式。计算式应力求简单明了,并按一定的次序排列,便于审查、核对。例如,计算面积时,应该为宽×高;计算体积时,应该为长×宽×高。

4) 演算计算式

分项工程计算式全部列出后,对各式逐式计算,再累计各工种数量,其和就是该分项工程的工程量,将它填入工程量计算表的"计算结果"栏。

5) 调整计量单位

计算所得工程量,一般以 m、m² 、m³ 或 kg 为计量单位,但预算定额往往以 100m、100m² 、100m³ 或 10m、10m² 、10m³ 或 t 等为计量单位。这时,要将计算所得的工程量按照预算定额或《计价定额》的计量单位进行调整,使其一致。

工程量计算应采用表格形式,以便复核。

3. 注意事项

(1) 工程量的计算必须与项目对应,按照项目的工程量计算规则进行计算。

(2) 工程量计算必须分层、分段,按一定的顺序计算,尽量采用统筹法进行计算。

(3) 按图纸计算,列出工程量计算式。

(4) 计算结束,注意自我检查。

任务二   土、石方工程

建筑工程施工的场地和基础、地下室的建筑空间,都是由土、石方工程施工完成的。土、石方工程就是采用人工或机械的方法,对天然土、石体进行必要的挖、运、填,以及配套的平整、夯实、排水、降水等工作。

一、相关说明

1. 人工土、石方

（1）土壤及岩石的划分如表 5.1 和表 5.2 所示。

表 5.1 土壤分类表

土壤分类	土壤名称	开挖方法
一、二类土	粉土、砂土（粉砂、细砂、中砂、粗砂、砾砂）、粉质黏土、弱中盐渍土、软土（淤泥质土、泥炭、泥炭质土）、软塑红黏土、冲填土	用锹，少许用镐、条锄开挖。机械能全部直接铲挖满载者
三类土	黏土、碎石土（圆砾、角砾）、混合土、可塑红黏土、硬塑红黏土、强盐渍土、素填土、压实填土	主要用镐、条锄，少许用锹开挖。机械需部分刨松，方能铲挖满载者；或可直接铲挖，但不能满载者
四类土	碎石土（卵石、碎石、漂石、块石）、坚硬红黏土、超盐渍土、杂填土	全部用镐、条锄挖掘，少许用撬棍挖掘。机械须普遍刨松，方能铲挖满载者

表 5.2 岩石分类表

岩石分类		代表性岩石	开挖方法
极软岩		1. 全风化的各种岩石 2. 各种半成岩	部分用手凿工具、部分用爆破法开挖
软质岩	软岩	1. 强风化的坚硬岩或较硬岩 2. 中等风化—强风化的较软岩 3. 未风化—微风化的页岩、泥岩、泥质砂岩等	用风镐和爆破法开挖
	较软岩	1. 中等风化—强风化的坚硬岩或较硬岩 2. 未风化—微风化的凝灰岩、千枚岩、泥灰岩、砂质泥岩等	用爆破法开挖
硬质岩	狮岩	1. 微风化的坚硬岩 2. 未风化—微风化的大理岩、板岩、石灰岩、白云岩、钙质砂岩等	用爆破法开挖
	坚硬岩	未风化—微风化的花岗岩、闪长岩、辉绿岩、玄武岩、安山岩、片麻岩、石英岩、石英砂岩、硅质砾岩、硅质石灰岩等	用爆破法开挖

（2）土、石方的体积除定额中另有规定外，均按天然密实体积（自然方）计算。

（3）挖土深度以设计室外标高为起点，如实际自然地面标高与设计地面标高不同，工程量在竣工结算时调整。

（4）干土与湿土的划分应以地质勘察资料为准，无资料时以地下常水位为准：常水位以上为干土，常水位以下为湿土。采用人工降低地下水位时，干、湿土的划分仍以常水位为准。

（5）运余松土或挖堆积期在一年以内的堆积土，除按运土方定额执行外；另增加挖一类土的定额项目（工程量按实方计算。若为虚方，按工程量计算规则的折算方法折算成实方）。取自然土回填时，按土壤类别执行挖土定额。

（6）支挡土板不分密撑、疏撑，均按定额执行。实际施工中，材料不同，均不调整。

（7）桩间挖土按打桩后坑内挖土相应定额执行。桩间挖土，指桩（不分介质和成桩方式）顶设计标高以下及桩顶设计标高以上 0.50m 范围内的挖土。

2. 机械土、石方

（1）定额中，机械土方按三类土取定。例如，若实际土壤类别不同，定额中机械台班量应乘以表 5.3 中的系数。

表 5.3　土壤系数表

项　　目	一、二类土	三类土	四类土
推土机推土方	0.84	1.00	1.18
铲运机铲运土方	0.84	1.00	1.26
自行式铲运机铲运土方	0.86	1.00	1.09
挖掘机挖土方	0.84	1.00	1.14

（2）土、石方体积均按天然实体积（自然方）计算；推土机、铲运机推、铲未经压实的堆积土，按三类土定额项目乘以系数 0.73。

（3）推土机推土、石，铲运机运土重车上坡时，如坡度大于 5%，其运距按坡度区段斜长乘以表 5.4 中的系数。

表 5.4　坡度换乘系数表

坡度	10% 以内	15% 以内	20% 以内	25% 以内
系数	1.75	2.00	2.25	2.50

（4）机械挖土方工程量，按机械实际完成工程量计算。机械确实挖不到的地方，用人工修边坡、整平的土方工程量按人工挖一般土方定额（最多不得超过挖方量的 10%），人工乘以系数 2。机械挖土、石方单位工程量小于 2000m³ 或在桩间挖土、石方，按相应定额乘以系数 1.10。

（5）机械挖土均以天然湿度土壤为准，含水率达到或超过 25% 时，定额人工、机械乘以系数 1.15；含水率超过 40% 时，另行计算。

（6）支撑下挖土定额适用于有横支撑的深基坑开挖。

（7）本定额自卸汽车运土，对道路的类别及自卸汽车吨位分别综合计算。

（8）自卸汽车运土，按正铲挖掘机挖土考虑，如系反铲挖掘机装车，则自卸汽车运土台班量乘以系数 1.10；拉铲挖掘机装车，自卸汽车运土台班量乘以系数 1.20。

（9）挖掘机在垫板上作业时，其人工、机械乘以系数 1.25；垫板铺设所需的人工、材料、机械消耗，另行计算。

（10）推土机推土或铲运机铲土，推土区土层平均厚度小于 300mm 时，其推土机台班乘以系数 1.25，铲运机台班乘以系数 1.17。

（11）装载机装原状土，需由推土机破土时，另增加推土机推土项目。

（12）爆破石方定额是按炮眼法松动爆破编制的，不分明炮或闷炮。如实际采用闷炮法爆破的，其覆盖保护材料另行计算。

（13）爆破石方定额是按电雷管导电起爆编制的。如采用火雷管起爆，雷管数量不变，单价换算，胶质导线扣除，但导火索应另外增加（导火索长度按每个雷管 2.12m 计算）。

（14）石方爆破中已综合了不同开挖深度、坡面开挖、放炮找平因素。如设计规定爆破有粒径要求，需增加的人工、材料、机械应由甲、乙双方协商处理。

二、工程量计算规则

1. 人工土、石方

（1）计算土、石方工程量前，应确定下列各项资料。

① 土壤及岩石类别。

② 地下水位标高。

③ 土方、沟槽、基坑挖（填）起止标高、施工方法及运距。

④ 岩石开凿、爆破方法，石渣清运方法及运距。

⑤ 其他有关资料。

（2）一般规则。

① 土方体积，以挖凿前的天然密实体积（m³）为准。若虚方计算，按表5.5所示折算。

表 5.5　土方体积折算表

虚方体积	天然密实体积	夯实后体积	松填体积
1.00	0.77	0.67	0.83
1.20	0.92	0.80	1.00
1.30	1.00	0.87	1.08
1.50	1.15	1.00	1.25

注：虚方是指未经碾压、堆积时间不长于1年的土壤。

② 挖土以设计室外地坪标高为起点，深度按图示尺寸计算。

③ 按不同的土壤类别、挖土深度、干湿土分别计算工程量。

④ 在同一槽、坑内或沟内有干、湿土时，应分别计算；但使用定额时，按槽、坑或沟的全深计算。

⑤ 桩间挖土不扣除桩的体积。

（3）平整场地工程量，按下列规定计算。

① 平整场地是指建筑物场地挖、填土方厚度在±300mm以内及找平，如图5.1所示。

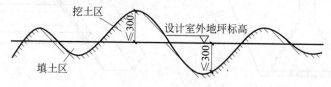

图 5.1　平整场地

② 平整场地工程量按建筑物外墙外边线每边各加 2m,以面积计算。其计算公式如下:

矩形、L 形　　　　　　平整场地＝$S_底$＋2×$L_外$＋16

回形　　　　　　　　平整场地＝$S_底$＋2×$L_外$

(4) 沟槽、基坑土方工程量,按下列规定计算。

① 沟槽、基坑划分。

底宽≤7m 且底长＞3 倍底宽的为沟槽。套用定额计价时,应根据底宽的不同,分别按底宽 3～7m、3m 以内,套用对应的定额子目。

底长≤3 倍底宽且底面积≤150m² 的为基坑。套用定额计价时,应根据底面积的不同,分别按底面积 20～150m²、20m² 以内,套用对应的定额子目。

凡沟槽底宽 7m 以上,基坑底面积 150m² 以上,按挖一般土方或挖一般石方计算。

② 沟槽工程量按沟槽长度乘以沟槽截面面积计算。

对于沟槽长度,外墙按图示基础中心线长度计算,内墙按图示基础底宽加工作面宽度之间净长度计算。

沟槽宽按设计宽度加基础施工所需工作面宽度计算。突出墙面的附墙烟囱、垛等体积并入沟槽土方工程量。

③ 挖沟槽、基坑、土方需放坡时,以施工组织设计规定计算,施工组织设计无明确规定时,放坡高度、比例按表 5.6 所示计算。放坡的坡度以放坡宽度 B 与挖土深度 H 之比表示,即 $K＝B/H$,式中 K 为放坡系数。坡度通常用 1：K 表示。显然,1：$K＝H$：B。放坡系数根据开挖深度、土壤类别以及施工方法(人工或机械)决定,如图 5.2 所示。

表 5.6　放坡高度、比例确定表

土壤类别	放坡深度规定/m	高与宽之比(1：K)			
		人工挖土	机械挖土		
			坑内作业	坑上作业	顺沟槽在坑上作业
一、二类土	超过 1.20	1：0.5	1：0.33	1：0.75	1：0.5
三类土	超过 1.50	1：0.33	1：0.25	1：0.67	1：0.33
四类土	超过 2.00	1：0.25	1：0.10	1：0.33	1：0.25

注:① 沟槽、基坑中土壤类别不同时,分别按其土壤类别、放坡比例以不同土壤厚度分别计算。

② 计算放坡工程量时,交接处的重复工程量不扣除,如图 5.3 所示。原槽、坑作基础垫层时,放坡自垫层上表面开始计算。

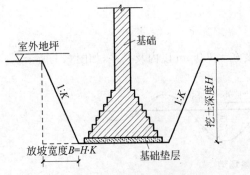

图 5.2　放坡示意图(坡度系数为 K)

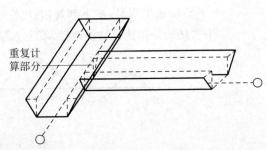

图 5.3　两槽交接重复计算部分示意图

④ 基础施工所需工作面宽度按表 5.7 所示规定计算。

表 5.7 基础施工所需工作面宽度表

基 础 材 料	每边各增加工作面宽度 C/mm
砖基础	200
浆砌毛石、条石基础	150
混凝土基础垫层支模板	300
混凝土基础支模板	300
基础垂直面做防水层	1000（防水层面）

⑤ 沟槽、基坑需支挡土板时,挡土板面积按槽、坑边实际支挡板面积（即每块挡板的最长边×挡板的最宽边之积）计算。

⑥ 管道沟槽按图示中心线长度计算,管沟按图示中心线长度计算,不扣除各类井的长度,井的土方并入沟底宽度。设计有规定的,按设计规定；设计未规定的,按管道结构宽加工作面宽度计算。管沟施工每侧所需工作面如表 5.8 所示。

表 5.8 管沟施工每侧所需工作面宽度计算表

管道结构宽/mm	≤500	≤1000	≤2500	>2500
混凝土及钢筋混凝土管道/mm	400	500	600	700
其他材质管道/mm	300	400	500	600

注：① 管道结构宽：有管座的,按基础外缘；无管座的,按管道外径。

② 按本表计算管道沟土方工程量时,各种井类及管道接口等处需加宽增加的土方量,不另行计算；底面积大于 20m² 的井类,其增加的土方量并入管沟土方计算。

⑦ 管道地沟、地槽、基坑深度,按图示槽、坑、垫层底面至室外地坪深度计算。

⑧ 挖地槽计算公式。

- 不放坡和不支挡土板,如图 5.4(a)所示：$V=(B+2C)\times H\times L$。
- 由垫层下表面放坡,如图 5.4(b)所示：$V=(B+2C+KH)\times H\times L$。
- 由垫层上表面放坡,如图 5.4(c)所示：$V=B\times H_1\times L+(B+KH_2)\times H_2\times L$。
- 支双面挡土板,如图 5.4(d)所示：$V=(B+2C+0.2)\times H\times L$。

⑨ 挖地坑计算公式。

- 方形或长方形不放坡和不支挡土板：$V=(a+2C)\times(b+2C)\times H$。
- 圆形不放坡和不支挡土板：$V=\pi\times R^2\times H$。
- 方形或长方形放坡,如图 5.5(a)所示：$V=(a+2C+KH)\times(b+2C+KH)\times H+\dfrac{1}{3}\times K^2 H^3$；如图 5.5(b)所示：$V=\dfrac{h}{6}\left[AB+(A+a)\times(B+b)+ab\right]$。

- 圆形放坡,如图 5.6 所示：$V=\dfrac{1}{3}\times\pi H(R_1^2+R_2^2+R_1 R_2)$。

- 建筑物场地厚度在 ±300mm 以外的竖向布置挖土或山坡切土,均按挖一般土方计算。

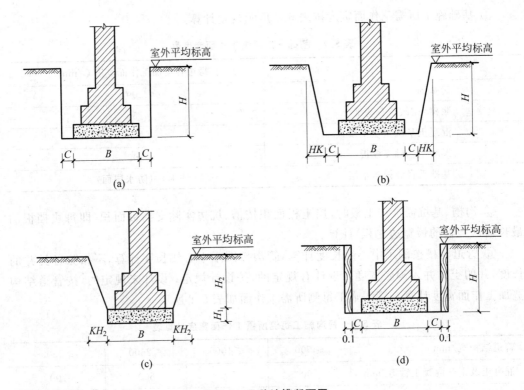

图 5.4　几种地槽断面图

(a) 不放坡和不支挡土板挖地槽示意图；(b) 垫层下表面放坡挖地槽示意图

(c) 垫层下表面放坡挖地槽示意图；(d) 支挡土板挖地槽示意图

- 岩石开凿及爆破工程量，应区别石质，按下列规定计算。

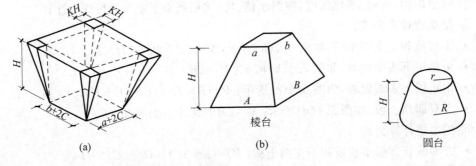

图 5.5　地坑放坡示意图　　　　**图 5.6　圆形放坡**

- ◆ 人工凿岩石按图示尺寸，以立方米计算。
- ◆ 爆破岩石按图示尺寸，以立方米计算；基槽、坑深度允许超挖：软质岩 200mm；硬质岩 150mm。超挖部分岩石并入相应工程量。爆破后的清理、修整，执行人工清理定额。
- ◆ 石方体积折算系数如表 5.9 所示。

表 5.9 石方体积折算系数表

石方类别	天然密实度体积	虚方体积	松填体积	码方
石方	1.0	1.54	1.31	—
块石	1.0	1.75	1.43	1.67
砂夹石	1.0	1.07	0.94	

- 回填土区分夯填、松填,以立方米计算。土方回填如图 5.7 所示。

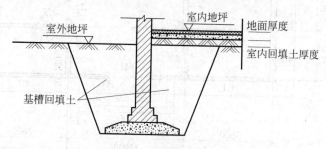

图 5.7 回填土示意图

◆ 基槽、坑回填土体积＝挖土体积－设计室外地坪以下埋设的体积(包括基础垫层、柱、墙基础及柱等)。

◆ 室内回填土工程量体积按主墙间净面积乘以填土厚度计算,不扣除附垛及附墙烟囱等体积。

◆ 管道沟槽回填,以挖方体积减去管外径所占体积计算。管外径小于或等于 500mm 时,不扣除管道所占体积。管径超过 500mm 以上时,按表 5.10 所示规定扣除。

表 5.10 管道体积扣除表　　　　　　单位：m³/m 管长

管道名称	管道直径/mm				
	≥500	≥800	≥1000	≥1200	≥1400
钢管	0.21	0.44	0.71	—	—
铸铁管、石棉水泥管	0.24	0.49	0.77	—	—
混凝土、钢筋混凝土、预应力混凝土管	0.33	0.60	0.92	1.15	1.35

- 余土外运、缺土内运工程量按下式计算。

运土工程量 ＝ 挖土工程量 － 回填土工程量

正值表示余土外运,负值表示缺土内运。

2. 机械土、石方

(1)机械土、石方运距按下列规定计算。

① 推土机推距：按挖方区重心至回填区重心之间的直线距离计算。

② 铲运机运距：按挖方区重心至卸土区重心加转向距离 45m 计算。

③ 自卸汽车运距：按挖方区重心至填土区(或堆放地点)重心的最短距离计算。

（2）建筑场地原土碾压以面积计算,填土碾压按图示填土厚度以体积计算。

三、案例详解

【案例5.1】 已知某建筑物一层建筑平面图如图5.8所示,计算该建筑物平整场地工程量。

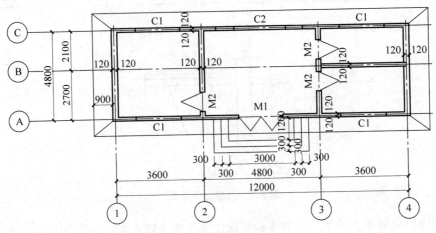

图5.8 底层平面图

【解】

$$平整场地工程量 = S_底 + 2L_外 + 16$$

$$底层建筑面积 S_底 = 12.24 \times 5.04 = 61.69(m^2)$$

$$建筑外墙外边线周长 L_外 = 2 \times (12.24 + 5.04) = 34.56(m)$$

$$平整场地工程量 = 61.69 + 2 \times 34.56 + 16 = 146.81(m^2)$$

答:该建筑物平整场地工程量为146.81m^2。

【案例5.2】 如图5.9所示为某建筑物的基础图。图中轴线为墙中心线,墙体为普通黏土实心砖墙,室外地面标高为-0.2m,室外地坪以下埋设的基础体积为22.32m^2。求该基础挖地槽、回填土的工程量(三类干土,考虑放坡)。

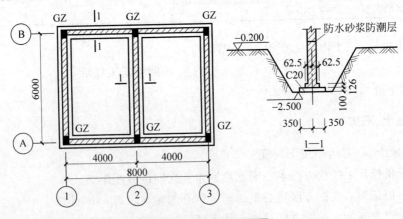

图5.9 条形基础平面图

【解】

查表 5.6 和表 5.7 得：工作面 $C=300\text{mm}$，放坡系数 $K=0.33$。

开挖断面宽度 $B=a+2C+2KH$

$$=0.70+2\times0.30+2\times0.33\times(2.50-0.20)$$

$$=2.82(\text{m})$$

基底槽宽 $B_1=a+2C=0.70+2\times0.30=1.30(\text{m})$

沟槽断面面积 $S=(B+B_1)\times H\div2$

$$=(2.82+1.30)\times2.30\div2$$

$$=4.74(\text{m}^2)$$

①、③、Ⓐ、Ⓑ轴沟槽长度 $=(8.00+6.00)\times2=28.00(\text{m})$

②轴沟槽长度 $=6.00-1.30=4.70(\text{m})$

挖土体积 $V=(28.00+4.70)\times4.74=155.00(\text{m}^3)$

回填土体积 $=$ 挖土体积 $-$ 基础体积 $=155.00-22.32=132.68(\text{m}^3)$

答：该基础挖地槽土为 155.00m^3，回填土为 132.68m^3。

【案例 5.3】　如图 5.10 所示为某建筑物的基础图，图中轴线为墙中心线，墙体为普通黏土实心砖墙，室外地面标高为 -0.3m。求该基础人工挖土的工程量（三类干土，考虑放坡）。

【解】

该工程的独立基础的底标高与条形基础的底标高相同，施工中一般采用两个基础的土方一起开挖，所以独立基础和条形基础的土方均按沟槽土考虑。

（1）独立基础挖土计算。

查表 5.6 和表 5.7 得：工作面 $C=300\text{mm}$，放坡系数 $K=0.33$。

J-1 开挖断面宽度 $B=a+2C+2KH$

$$=1.6+2\times0.3+2\times0.33\times(2.5-0.3)=3.652(\text{m})$$

基底槽宽 $B_1=a+2C=1.6+2\times0.3=2.2(\text{m})$

J-1 基坑挖土 $V_1=\dfrac{H}{6}\big[AB+(A+A_1)(B+B_1)+A_1B_1\big]$

$$=\dfrac{H}{6}\big[B^2+(B+B_1)^2+B_1^2\big]$$

$$=\dfrac{2.2}{6}\times\big[3.652^2+(3.652+2.2)^2+2.2^2\big]$$

$$=19.222(\text{m}^3)$$

J-2 开挖断面宽度 $B=a+2C+2KH$

$$=2.1+2\times0.3+2\times0.33\times(2.5-0.3)$$

$$=4.152(\text{m})$$

基底槽宽 $B_2=a+2C=2.1+2\times0.3=2.7(\text{m})$

J-2 基坑挖土 $V_2=\dfrac{2.2}{6}\times\big[4.152^2+(4.152+2.7)^2+2.7^2\big]=26.209(\text{m}^3)$

垫层挖土 $V_3=1.8\times1.8\times0.1\times4+2.3\times2.3\times0.1\times2=2.354(\text{m}^3)$

基坑挖土 $V=4V_1+2V_2+V_3=4\times19.222+2\times26.209+2.354=131.66(\text{m}^3)$

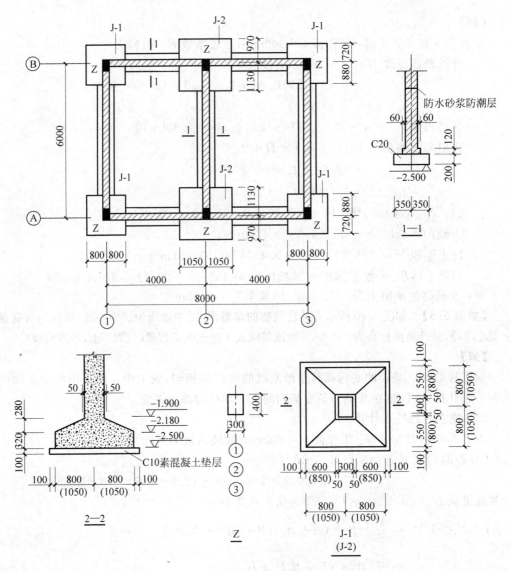

图 5.10 基础图

（2）条形基础挖土计算。

开挖断面宽度 $B = a + 2C + 2KH$
$$= 0.7 + 2 \times 0.3 + 2 \times 0.33 \times (2.5 - 0.3)$$
$$= 2.752 (\text{m})$$

基底槽宽 $B_1 = a + 2C = 0.7 + 2 \times 0.3 = 1.3 (\text{m})$

沟槽长度 $= 2 \times (8 - 2.2 - 2.7) + 2 \times (6 - 2 \times 1.18) + (6 - 2 \times 1.43)$
$$= 16.62 (\text{m})$$

沟槽体积 $V = (2.752 + 1.3) \times 2.2 \div 2 \times 16.62$
$$= 74.079 (\text{m}^3)$$

沟槽土体积 $= 131.66 + 74.079 = 205.74 (\text{m}^3)$

答：该基础挖沟槽土 205.74m³。

【案例5.4】　某办公楼为三类工程，其地下室如图 5.11 所示。设计室外地坪标高为 −0.30m，地下室的室内地坪标高为 −1.50m。已知该工程采用满堂基础，C30 钢筋混凝土，垫层为 C10 素混凝土，垫层底标高为 −1.90m。垫层施工前原土打夯，地下室墙外壁做防水层。施工组织设计确定用人工平整场地，反铲挖掘机（斗容量 1m³）挖土。深度超过1.5m 起放坡，放坡系数为 1∶0.33。土壤为四类干土，机械挖土坑上作业，不装车，人工修边坡按总挖方量的 10% 计算。计算该工程土方的挖土工程量。

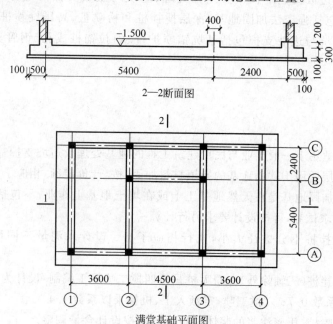

图 5.11　某办公楼地下室

【解】

查表 5.6 和表 5.7 得：工作面 $C=1.0$m，放坡系数 $K=0.33$。

　　挖土高度 = 垫层底标高 − 室外地坪标高 = $1.9-0.3=1.6$(m)

(1) 基坑下口：

$$a = 3.6+4.5+3.6+0.4+1.0\times 2 = 14.10(\text{m})$$
$$b = 5.4+2.4+0.4+1.0\times 2 = 10.20(\text{m})$$

(2) 基坑上口：

$$A = 14.10+1.6\times 0.33\times 2 = 15.16(\text{m})$$
$$B = 10.20+1.6\times 0.33\times 2 = 11.26(\text{m})$$

$$挖土体积 = \frac{H}{6}[a\times b+(A+a)\times (B+b)+A\times B]$$

$$= \frac{1.6}{6}\times [14.10\times 10.20+(15.16+14.10)\times (11.26+10.20)+15.16\times 11.26]$$

$$= 251.32(\text{m}^3)$$

$$机械挖土工程量 = 251.32 \times 0.90 = 226.19(\text{m}^3)$$
$$人工修边坡工程量 = 251.32 \times 0.10 = 25.13(\text{m}^3)$$

答：该满堂基础机械挖土方工程量为 226.19m³，人工修边坡工程量为 25.13m³。

任务三　地基处理及边坡支护工程

地基处理及边坡支护工程设置地基处理、基坑与边坡支护两部分，共 46 个子目。其中，地基处理包括强夯法加固地基、深层搅拌桩和粉喷桩、高压旋喷桩、灰土挤密桩、压密注浆等；基坑与边坡支护包括基坑锚喷护壁、斜拉锚桩成孔、钢管支撑、打拔钢板桩等。

一、相关说明

1. 地基处理

(1) 本定额适用于一般工业与民用建筑工程的地基处理及边坡支护。

(2) 换填垫层适用于软弱地基的换填材料加固，按《计价定额》相应子目执行。

(3) 强夯法加固地基是在天然地基土上或在填土地基上作业，不包括强夯前夯作和费用。如设计要求试夯，可按设计要求另行计算。

(4) 深层搅拌桩不分桩径大小，执行相应子目。设计水泥量不同可换算，其他不调整。

(5) 深层搅拌桩（三轴除外）和粉喷桩是按四搅二喷施工编制，设计为二搅一喷，定额人工、机械乘以系数 0.7；六搅三喷，定额人工、机械乘以系数 1.4。

(6) 高压旋喷桩、压密注浆的浆体材料用量可按设计含量调整。

2. 基坑及边坡支护

(1) 斜拉锚桩是指深基坑围护中，铺接围护桩体的斜拉桩。

(2) 基坑钢管支撑为周转摊销材料，其场内运输、回库保养均已包括在内。支撑处需挖运土方、围檩与基坑护壁的填充混凝土未包括在内，发生时应按实另行计算。场外运输按金属Ⅲ类构件计算。

(3) 打、拔钢板桩单位工程打桩工程量小于 50t 时，人工、机械乘以系数 1.25。场内运输超过 300m 时，应按相应构件运输子目执行，并扣除打桩子目中的场内运输费。

(4) 采用桩进行地基处理时，按《计价定额》第三章相应子目执行。

(5) 本项目未列混凝土支撑，若发生，按相应混凝土构件定额执行。

二、工程量计算规则

1. 地基处理

(1) 强夯加固地基，即用几十吨重锤从高处落下，反复多次夯击地面，对地基进行强力夯实。利用重锤自由下落时的冲击能来夯实浅层填土地基，使表面形成一层较为均匀的硬层来承受上部载荷。夯击后的地基承载力可提高 2～5 倍,压缩性可降低 200％～500％,影响深度在 10m 以上。

其工程量以夯锤底面积计算,并根据设计要求的夯击能量和每点夯击数执行相应定额。

(2)深层搅拌桩、粉喷桩固地基,利用水泥或其他固化剂通过特制的搅拌机械,在地基中将水泥和土体强制拌和,使软弱土硬结成整体,形成具有水稳性和足够强度的水泥土桩或地下连续墙,处理深度可达 8～12m。其工程量计算按设计长度另加 500mm(设计有规定的,按设计要求)乘以设计截面积以立方米计算(重叠部分面积不得重复计算),群桩间的搭接不扣除,即

$$V = 桩径截面积 \times (设计长度 + 0.5) \times 根数$$

对于单轴搅拌桩来说,桩径截面就是一个圆,所以桩径截面积 $S = \pi r^2$(r 为圆半径)。

对于双轴水泥搅拌桩来说,其桩径截面是由两个圆相交而组成的图形,如图 5.12 所示,所以桩径截面积应按两个圆面积之和减去重叠部分(由两个弓形组成)面积来计算。

桩径截面积 $S = 2\pi r^2 + r^2 (\sin\theta - \theta)$。其中,$\theta = 2\arccos[d/(2r)]$。

注意: 式中的 θ 必须用弧度来计量。计算时,把计算器设置在弧度(RAD)状态。如 θ 为角度,乘以 $\dfrac{\pi}{180}$ 即可化为弧度。

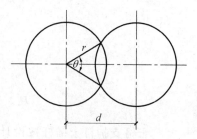

图 5.12　双轴截面积

(3)高压旋喷桩是以高压旋转的喷嘴将水泥浆喷入土层与土体混合,形成连续搭接的水泥加固体。施工占地少、振动小、噪声较低,但容易污染环境,成本较高。对于特殊的不能使喷出浆液凝固的土质,不宜采用。钻孔长度按自然地面至设计桩底标高以长度计算,喷浆按设计加固桩的截面面积乘以设计桩长以体积计算。

(4)灰土挤密桩是将钢管打入土中,将管拔出后,在形成的桩孔回填 3∶7 灰土加以夯实而成,适用于处理湿陷性黄土、素填土以及杂填土地基,多用于加固杂填土地基、挤密土层。成孔方法与混凝土灌注桩比较类似,灰土 3∶7 指石灰和黏土的体积比是 3∶7,其工程量按设计图示尺寸以桩长计算(包括桩尖)。

(5)压密注浆是利用较高的压力灌入浓度较大的水泥浆或化学浆液。注浆开始时,浆液总是先充填较大的空隙,然后在较大的压力下渗入土体孔隙。随着土层孔隙水压力升高,挤压土体,直至出现剪切裂缝,产生劈裂,浆液随之充填裂缝,形成浆脉,使得土体内形成新的网状骨架结构。浆脉在形成过程中由于占据了土体中一部分空间,加上土层内孔隙被浆液渗透,从而将土体挤密,构成了新的浆脉复合地基,改善了土体的强度和防渗性能,同时改变了土体物理力学性质,提高了软土地基的承载力。其钻孔按设计长度计算。

注浆工程量按以下方式计算:设计图纸注明加固土体体积的,按注明的加固体积计算;设计图纸按布点形式图示土体加固范围的,按两孔间距的一半作为扩散尺寸,以布点

边线各加扩散半径形成计算平面,计算注浆体积;如果设计图纸上注浆点在钻孔灌注桩之间,按两个注浆孔距的一半作为每孔的扩散半径,以此圆柱体体积计算。

2. 基坑及边坡支护

(1) 基坑锚喷护壁成孔、斜拉锚桩成孔及孔内注浆按设计图示尺寸以长度计算。护壁喷射混凝土按设计图示尺寸以面积计算。基坑锚喷护壁施工工艺如图 5.13 所示。

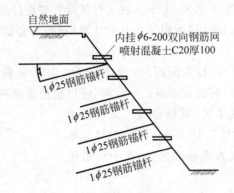

图 5.13　基坑锚喷护壁施工工艺

(2) 土钉支护钉土锚杆按设计图示尺寸以长度计算。挂钢筋网按设计图纸以面积计算。

(3) 基坑钢管支撑以坑内的钢直柱、支撑、围檩、活络接头、法兰盘、预埋铁件的合并质量计算。

(4) 打、拔钢板桩按设计钢板桩质量计算。

三、案例详解

【案例 5.5】　某基坑支护工程采用钻孔灌注桩加单排锚杆方案,基坑长度 240m,锚杆孔径 ϕ150mm,钻孔倾角为 15°,锚杆采用 2ϕ25 钢筋;间距 2.0m,长度 15.0m,采用二次注浆,水泥选用 42.5 级普通硅酸盐水泥。一次注浆压力 0.4～0.8MPa,二次注浆压力 1.2～1.5MPa,注浆量不小于 40L/m。计算该工程工程量、综合单价及合价(管理费和利润按定额中费率),锚头工程量不计。

【解】

(1) 列项目:水平成孔(ϕ150mm 以内)(2-25)、人工钉土锚杆(2-31)、一次注浆(2-26)、再次注浆(2-27)。

(2) 计算工程量。

水平成孔(ϕ150mm 以内):(240/2+1)×15＝1815(m)。

人工钉土锚杆:(240/2+1)×15＝1815(m)。

一次注浆:(240/2+1)×15＝1815(m)。

再次注浆:(240/2+1)×15＝1815(m)。

锚杆质量(每 100m):2×3.85×100/1000＝0.770(t)。

（3）套定额。计算结果如表 5.11 所示。

表 5.11 套用定额子目综合单价计算表

序号	定额编号	子目名称	计量单位	工程量	综合单价/元	合价/元
1	2-25	水平成孔（φ150mm 以内）	100m	18.15	2244.28	40733.68
2	2-31 换	人工钉土锚杆	100m	18.15	4291.61	77892.72
3	2-26	一次注浆	100m	18.15	5246.47	95223.43
4	2-27	再次注浆	100m	18.15	3921.40	71173.41
合计						285023.24

注：2-31 换，2147.34＋0.77×1.02×4020.00－1013.04＝4291.61（元）。

答：该基坑支护工程合价为 285023.24 元。

任务四 桩 基 工 程

桩基工程主要内容包括打预制钢筋混凝土方桩、送桩，打预制离心管桩（空心方桩）、送桩，静力压预制钢筋混凝土方桩、送桩，静力压预制钢筋混凝土离心管桩（空心方桩）、送桩，电焊接桩，回旋钻机钻孔灌注桩，旋挖钻机钻孔灌注桩，钻孔灌注桩混凝土，钻盘式钻机灌注混凝土桩，灌注碎石桩，灌注砂、石桩，打孔夯扩灌注混凝土桩，灌注桩后注浆，砖砌井壁或浇混凝土井壁，人工凿预留桩头、截断桩凿桩头。

桩基工程定额项目主要是按桩品种划分，并按桩长或桩径划分子目，如表 5.12 所示。

表 5.12 桩基础类型划分

桩基础工程定额项目划分	预制混凝土桩	预制混凝土方桩	打预制方桩静力压桩	桩长 12m、18m、30m 以内、30m 以外
		预制混凝土管桩打预制管桩		桩长 24m 以内、24m 以外
	灌注混凝土桩	打孔灌注混凝土桩		桩长 10m、15m 以内、15m 以外
		振动沉管灌注混凝土桩		桩长 10m、15m 以内、15m 以外
		钻（冲）孔灌注混凝土桩		桩径 70cm 以内、100cm 以内、100cm 以外
		人工挖孔灌注混凝土桩		混凝土护壁（m³），红砖护壁（m³）
		夯扩桩		桩长 10m 以内、10m 以外
		砂、石桩	砂桩 碎石桩 砂石桩	桩长 10m、15m 以内、15m 以外

一、相关说明

（1）本定额适用于一般工业与民用建筑工程的桩基础，不适用于支架上、室内打桩。打试桩可按相应定额项目的人工、机械乘以系数 2。试桩期间的停置台班结算时，应按实调整。

（2）本定额打桩机的类别、规格执行中不换算。打桩机及为打桩机配套的施工机械的进(退)场费和组装、拆卸费用,另按实际进场机械的类别、规格计算。

(3)打桩工程。

① 预制钢筋混凝土方桩的制作费,另按相关章节规定计算。打桩如设计有接桩,另按接桩定额执行。

② 本定额土壤级别已综合考虑,执行中不换算。子目中的桩长度是指包括桩尖及接桩后的总长度。

③ 电焊接桩钢材用量,设计与定额不同时,按设计用量乘以系数1.05调整,人工、材料、机械消耗量不变。

④ 每个单位工程的打(灌注)桩工程量小于表5.13中规定数量时,其人工、机械(包括送桩)按相应定额项目乘以系数1.25。

表 5.13　单位打桩工程工程量表

项　　　目	工程量/m³
预制钢筋混凝土方桩	150
预制钢筋混凝土离心管桩(空心方桩)	50
打孔灌注混凝土桩	60
打孔灌注砂桩、碎石桩、砂石桩	100
钻孔灌注混凝土桩	60

⑤ 本定额以打直桩为准。若打斜桩,斜度在1:6以内者,按相应定额项目人工、机械乘以系数1.25;若斜度大于1:6,按相应定额项目人工、机械乘以系数1.43。

⑥ 地面打桩坡度以小于15°为准。大于15°打桩,按相应定额项目人工、机械乘以系数1.15。如在基坑内(基坑深度大于1.15m)打桩或在地坪上打坑槽内(坑槽深度大于1.0m)桩时,按相应定额项目人工、机械乘以系数1.11。

⑦ 本定额打桩(包括方桩、管桩)已包括300m内的场内运输。实际超过300m时,应按相应构件运输定额执行,并扣除定额内的场内运输费。

(4)灌注桩。

① 各种灌注桩中的材料用量预算暂按表5.14所示的充盈系数和操作损耗计算。结算时,充盈系数按打桩记录灌入量调整,操作损耗不变。充盈系数换算公式为

$$换算后的充盈系数 = \frac{实际灌注混凝土量}{按设计图计算混凝土量 \times (1 + 操作损耗率)}$$

表 5.14　灌注桩充盈系数及操作损耗率表

项 目 名 称	充盈系数	操作损耗率/%
打孔沉管灌注混凝土桩	1.20	1.50
打孔沉管灌注砂(碎石)桩	1.20	2.00
打孔沉管灌注砂石桩	1.20	2.00
钻孔灌注混凝土桩(土孔)	1.20	1.50
钻孔灌注混凝土桩(岩石孔)	1.10	1.50
打孔沉管夯扩灌注混凝土桩	1.15	2.00

各种灌注桩中设计钢筋笼时,按《计价定额》第四章钢筋笼定额执行。

设计混凝土强度、等级或砂、石级配与定额取定不同,应按设计要求调整材料,其他不变。

② 钻孔灌注混凝土桩的钻孔深度是按 50m 内综合编制的,超过 50m 桩,钻孔人工、机械乘以系数 1.10。人工挖孔灌注混凝土桩的挖孔深度是按 15m 内综合编制的,超过 15m 的桩,挖孔人工、机械乘以系数 1.20。

钻孔灌注桩钻土孔含极软岩,钻入岩石以软岩为准(见表 5.2)。如钻入较软岩石时,人工、机械乘以系数 1.15;如钻入较硬岩以上时,应另调整人工、机械用量。

③ 打孔沉管灌注桩分单打、复打。第一次按单打桩定额执行,在单打的基础上再次打,按复打桩定额执行。打孔夯扩灌注桩一次夯扩执行一次夯扩定额,再次夯扩时,应执行二次夯扩定额,最后在管内灌注混凝土到设计高度按一次夯扩定额执行。使用预制钢筋混凝土桩尖时,钢筋混凝土桩尖另加,定额中活瓣桩尖摊销费应扣除。

④ 注浆管埋设定额按桩底注浆考虑。如设计采用侧向注浆,则人工和机械乘以系数 1.2。

⑤ 灌注桩后注浆的注浆管、声测管埋设,注浆管、声测管如遇材质、规格不同,可以换算,其余不变。

(5) 本定额不包括打桩、送桩后场地隆起土的清除及填桩孔的处理(包括填的材料)。现场实际发生时,应另行计算。

(6) 凿出后的桩端部钢筋与底板或承台钢筋焊接应按《计价定额》第四章中相应项目执行。

(7) 坑内钢筋混凝土支撑需截断,按截断桩定额执行。

(8) 因设计修改,在桩间补打桩时,补打桩按相应打桩定额子目人工、机械乘以系数 1.15。

二、工程量计算规则

1. 打桩

(1) 打预制钢筋混凝土桩的体积,按设计桩长(包括桩尖,不扣除桩尖虚体积)乘以桩截面面积计算;管桩(空心方桩)的空心体积应扣除。管桩(空心方桩)的空心部分设计要求灌注混凝土或其他填充材料时,应另行计算,如图 5.14 所示。

打预制钢筋混凝土桩工程量计算公式如下:

① 打方桩体积。

$$V = a^2 L \times N$$

式中,a 为方桩边长;L 为设计桩长,包括桩尖长度(不扣减桩尖虚体积);N 为桩根数。

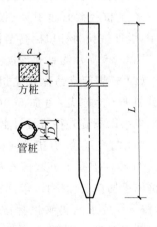

图 5.14　打桩工程量计算示意图

② 单根管桩体积。

$$V = \left(\frac{\pi}{4} D^2 L - \frac{\pi}{4} d^2 L \right) \times N$$

式中,D 为管桩外径;d 为管桩内径;L 为设计桩长,包括桩尖长度(不扣减桩尖虚体积);N 为桩根数。

(2)接桩:按设计要求,按桩的总长分节预制。运至现场,先将第一根桩打入,将第二根桩垂直吊起,和第一根桩相连接后再继续打桩。这一过程称为接桩,其工程量按每个接头计算。

(3)送桩:利用打桩机械和送桩器将预制桩打(或送)至地下设计要求的位置,这一过程称为送桩。其工程量以送桩长度(自桩顶面至自然地坪另加 500mm),再乘以桩截面面积,以体积计算,公式为

$$V_{桩} = S \times H \times N = S \times (h + 0.5) \times N$$

式中,S 为桩截面面积;N 为桩根数;H 为设计桩顶标高至自然地坪之间的高度差。

2. 灌注桩

(1)泥浆护壁钻孔灌注桩。

① 钻土孔与钻岩石孔工程量应分别计算。土与岩石地层分类详见土壤分类表 5.1 和岩石分类表 5.2。钻土孔自自然地面至岩石表面的深度乘以设计桩截面面积,以体积计算;钻岩石孔以入岩深度乘以桩截面面积,以体积计算。

② 混凝土灌入量以设计桩长(含桩尖长)另加一个直径(设计有规定的,按设计要求)再乘以桩截面面积,以体积计算;地下室基础超灌高度按现场具体情况另行计算。

③ 泥浆外运的体积按钻孔的体积计算。

④ 成孔工程量计算公式为

$$V = 桩径截面面积 \times 成孔长度$$

式中,V 为入岩增加量;成孔长度为自然地坪至设计桩底的标高。

⑤ 成桩工程量计算公式为

$$V = 桩径截面面积 \times (设计桩长 + 一个桩直径)$$

式中,设计桩长为桩顶标高至桩底的标高。

图 5.15 所示为钻孔深度示意图。

(2)长螺旋或钻盘式钻机钻孔灌注桩的单桩体积,按设计桩长(含桩尖)另加 500mm(设计有规定,按设计要求),再乘以螺旋外径或设计截面面积,以体积计算。

(3)打孔沉管、夯扩灌注桩。

① 灌注混凝土、砂、碎石桩使用活瓣桩尖时,单打、复打桩体积均按设计桩长(包括桩尖)另加 250mm(设计有规定,按设计要求),再乘以标准管外径,以体积计算。使用预制钢筋混凝土桩尖时,单打、复打桩体积均按设计桩长

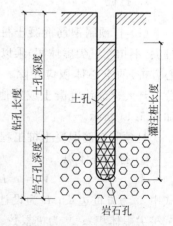

图 5.15　钻孔深度示意图

（不包括预制桩尖）另加 250mm，再乘以标准管外径，以体积计算。

②打孔、沉管灌注桩空沉管部分，按空沉管的实体积计算，公式为

$$V = 管外径截面面积 \times [设计桩长（含活瓣桩尖）+ 加灌长度]$$

③夯扩桩体积分别按每次设计夯扩前投料长度（不包括预制桩尖）乘以标准管内径，以体积计算；最后，管内灌注混凝土按设计桩长另加 250mm 乘以标准管外径，以体积计算，公式为

$$夯扩桩打桩体积 = 标准管内径截面积 \times 设计夯扩前投料长度$$

$$\begin{aligned} 管内灌注混凝土体积 = &\ 标准管外径截面积 \times [设计桩长（不包括桩尖）\\ &+ 加灌长度] \end{aligned}$$

夯扩投料长度按设计规定计算。

④打孔灌注桩、夯扩桩使用预制钢筋混凝土桩尖的，桩尖个数另列项目计算；单打、复打的桩尖，按单打、复打次数之和计算；桩尖费用另计。

（4）注浆管、声测管按打桩前的自然地坪标高至设计桩底标高的长度另加 0.2m，按长度计算。

（5）灌注桩后注浆按设计注入水泥用量，按质量计算。

（6）人工挖孔灌注混凝土桩中挖井坑土、挖井坑岩石、砖砌井壁、混凝土井壁、井壁内灌注混凝土均按图示尺寸以体积计算。如设计要求超灌时，另行增加超灌工程量。

（7）凿灌注混凝土桩头按体积计算，凿、截断预制方（管）桩均以根计算。

三、案例详解

【案例 5.6】　某单位工程桩基础如图 5.16 所示，设计为钢筋混凝土预制方桩，截面为 350mm×350mm，每根桩长 18m(6+6+6)，共 180 根。桩顶面标高－3.00m，设计室外地面标高－0.600m，静力压桩机施工，方桩包角钢接头。计算打桩、接桩及送桩工程量，并根据《计价定额》计算定额综合单价及合价（不考虑价差）。

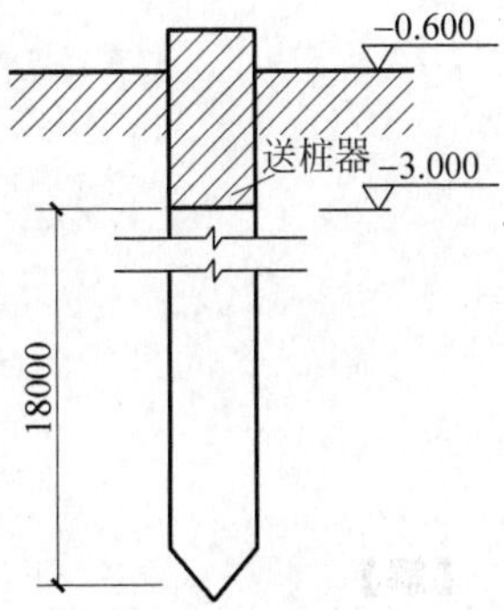

【解】

（1）列项目：打预制混凝土方桩桩长 18m 以内（3-14）、方桩包角钢接头（3-25）、送预制混凝土方桩桩长 18m 以内（3-18）。

图 5.16　预制桩

（2）计算工程量。

打桩工程量 $V = 0.35 \times 0.35 \times 18 \times 180 = 396.90（m^3）$

接桩工程量 $= 2 \times 180 = 360（个）$

送桩工程量 $V' = 0.35 \times 0.35 \times (3 - 0.6 + 0.5) \times 180 = 63.95（m^3）$

（3）套定额，计算结果如表 5.15 所示。

答：打预制混凝土方桩 396.9m³，接桩 360 个，送桩 63.95m³，打桩合价共计 189541.33 元。

表 5.15　计算结果

序号	定额编号	项目名称	计量单位	工程量	综合单价/元	合价/元
1	3-14	打预制混凝土方桩桩长 18m 以内	m³	396.90	236.91	94029.58
2	3-25 换	方桩包角钢接头	个	360	231.44	83318.40
3	3-18	送预制混凝土方桩桩长 18m 以内	m³	63.95	190.67	12193.35
合计						189541.33

注：3-25 换,205.47+22.01×(1+11%+7%)=231.44(元/个)(胶泥换算)。

【案例 5.7】　某打桩工程如图 5.17 所示。设计桩型为 T-PHC-AB700-650(110)-13、13a,管桩数量 250 根,断面及示意图如图 5.17 所示。桩外径 700mm,壁厚 110mm,自然地面标高 -0.3m,桩顶标高 -3.6m,螺栓加焊接接桩,管桩接桩接点周边设计用钢板,采用静力压桩施工方法,管桩场内运输按 250m 考虑,成品管桩市场信息价为 1800 元/m³,a 型桩头为 180 元/个。本工程人工单价、除成品桩外其他材料单价、机械台班单价、管理费、利润费率标准等按定额执行,不调整。请根据上述条件,按江苏省计价定额的规定,计算该打桩工程分部分项工程费(π 取值 3.14;按定额规则计算送桩工程量时,需扣除管桩空心体积;填表时,成品桩、桩尖单独列项;保留到小数点后两位数字)。

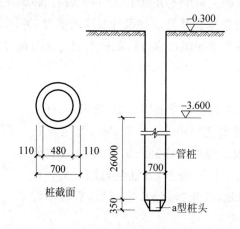

图 5.17　静力压预应力管桩

【解】

(1) 列项目：压桩(3-22)、接桩(3-27)、送桩(3-24)。

(2) 计算工程量。

压桩：3.14×(0.35×0.35-0.24×0.24)×26.35×250=1342.44(m³)。

接桩：250 个。

送桩：3.14×(0.35×0.35-0.24×0.24)×(3.6-0.3+0.5)×250=193.60(m³)。

成品桩：3.14×(0.35×0.35-0.24×0.24)×26×250=1324.61(m³)。

a 型桩尖：250 个。

(3) 套定额,计算结果如表 5.16 所示。

表 5.16 计算结果

序号	定额编号	子目名称	计量单位	工程量	综合单价/元	合价/元
1	3-22 换	压桩	m³	1342.44	384.18	515738.60
2	3-27 换	接桩	个	250	67.29	16822.50
3	3-24	送桩	m³	193.60	458.47	88759.79
4		成品桩	m³	1324.61	1800	2384298.00
5		a 型桩尖	个	250	180	45000.00
合计						3050618.89

注：① 3-22 换，379.18＋0.01×(1800－1300)＝384.18(元/m³)。

② 3-27 换，55.91＋9.64×(1＋11％＋7％)＝67.29(元/m³)。

答：该工程打桩合价共计 3050618.89 元。

【案例 5.8】 如图 5.18 所示为某单独招标打桩工程。设计人工挖孔灌注混凝土桩 25 根，桩径＋900mm，桩入岩(软岩)1.8m，自然地面标高－0.3m，桩顶标高－1.80m，桩混凝土为 C30 混凝土现场自拌，混凝土护壁为 C20 混凝土现场自拌，不考虑桩内的钢筋，混凝土超灌 0.5m，桩头不需凿除。请计算人工挖孔桩工程的综合单价及合价。

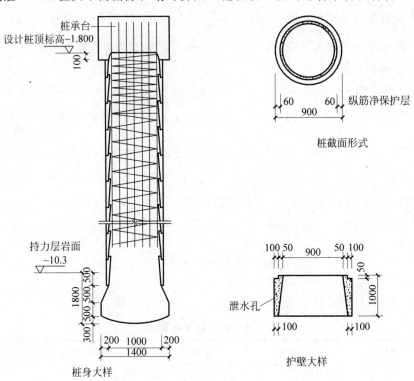

图 5.18 某单独招标打桩工程

分析：最下一节护壁高度为 1m，其余各节护壁净高均为 0.95m(存在 0.05m 的搭接)，护壁总高 10.5m，共设 11 节护壁；计算护壁体积时，采用护壁外包尺寸的圆柱体扣除内部空心的 11 个圆台体积；计算混凝土体积时，只算到－1.3m 标高；计算桩底扩大

头缺球体体积时,采用下式:

$$V = \frac{\pi h}{6}(3a^2 + h^2)$$

式中,a 为平切圆半径;h 为缺球的高(见图 5.19)。

【解】

(1) 列项目:人工挖井坑土(3-85)、人工挖井坑岩石(3-86)、混凝土井壁(3-88)、井壁内灌注混凝土(3-89)。

(2) 计算工程量。

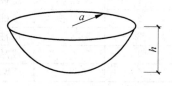

图 5.19 缺球

① 人工挖井坑土工程量 $V_{土} = 25 \times 3.14 \times (0.45 + 0.15)^2 \times (10.3 - 0.3) = 282.60(\text{m}^3)$。

② 人工挖井坑岩石工程量。

带护壁部分工程量 $V_1 = 25 \times 3.14 \times (0.45 + 0.15)^2 \times 0.5 = 14.13(\text{m}^3)$

扩大头圆台部分工程量 $V_2 = 25 \times \dfrac{3.14 \times 0.5}{3} \times (0.5^2 + 0.7^2 + 0.5 \times 0.7) = 14.261(\text{m}^3)$

扩大头圆柱部分工程量 $V_3 = 25 \times 3.14 \times 0.7^2 \times 0.5 = 19.233(\text{m}^3)$

扩大头缺球体部分工程量 $V_4 = 25 \times \dfrac{3.14 \times 0.3}{6} \times (3 \times 0.7^2 + 0.3^2) = 6.123(\text{m}^3)$

$V_{岩石} = V_1 + V_2 + V_3 + V_4 = 14.13 + 14.261 + 19.233 + 6.123 = 53.75(\text{m}^3)$

③ 护壁体积计算。

护壁外包体积 $V_{外包} = 25 \times 3.14 \times 0.6^2 \times (10.3 - 0.3 + 0.5) = 296.730(\text{m}^3)$

护壁内空心体积 $V_{空心} = 25 \times \dfrac{3.14 \times 0.95}{3} \times (0.45^2 + 0.5^2 + 0.45 \times 0.5) \times 10 + 25$

$$\times \frac{3.14 \times 1}{3} \times (0.45^2 + 0.5^2 + 0.45 \times 0.5) = 186.143(\text{m}^3)$$

$V_{护壁} = V_{外包} - V_{空心} = 296.730 - 186.143 = 110.59(\text{m}^3)$

井壁内混凝土体积 $V = V_{空心} - 1\text{m}$ 高圆台体积 $+ V_2 + V_3 + V_4$

$$= 186.143 - 25 \times \frac{3.14 \times 1}{3} \times (0.45^2 + 0.5^2 + 0.45 \times 0.5)$$

$$+ 14.261 + 19.233 + 6.123$$

$$= 208.03(\text{m}^3)$$

(3) 套定额,计算结果如表 5.17 所示。

表 5.17 计算结果

序号	定额编号	项 目 名 称	计量单位	工程量	综合单价/元	合价/元
1	3-85	人工挖井坑土	m³	282.60	176.58	49901.51
2	3-86	人工挖井坑岩石(软岩)	m³	53.75	328.76	17670.85
3	3-88	混凝土井壁	m³	110.59	1455.33	160944.94
4	3-89	井壁内灌注混凝土	m³	208.03	534.75	111244.04
合计						339761.34

答:人工挖孔桩工程的合价共计 339761.34 元。

任务五　砌　筑　工　程

砌筑工程包括砌砖、砌石、构筑物、基础垫层 4 个部分,共设置 112 个子目。其中,砌砖 58 个子目,主要包括砖基础、砖柱,砖块墙,多孔砖墙,砖砌外墙,砖砌内墙,空斗墙、空花墙,填充墙、墙面贴砌砖,墙基防潮及其他;砌石 16 个子目,主要包括毛石基础、护坡、墙身,方整石墙、柱、台阶,荒料毛石加工;构筑物 19 个子目,主要包括烟囱砖基础、筒身及砖加工,烟囱内衬,烟道砌砖及烟道内衬,砖水塔;基础垫层 19 个子目,主要包括灰土垫层、炉渣垫层、砂石垫层等。

一、相关说明

1. 砌砖、砌块墙

(1)标准砖墙不分清、混水墙及艺术形式复杂程度。砖圈、砖过梁、砖圈梁、腰线、砖垛、砖挑檐、附墙烟囱等因素已综合在定额内,不得另列项目计算。阳台砖隔断按相应内墙定额执行。

(2)砌体使用配砖与定额不同时,不做调整。

(3)空斗墙中门窗立边、门窗过梁、窗台、墙角、檩条下、楼板下、踢脚线部分和屋檐处的实砌砖已包括在定额内,不得另列项目计算。空斗墙中遇有实砌钢筋砖圈梁及单面附垛时,应另列项目按零星砌砖定额执行。

(4)砌块墙、多孔砖墙中,窗台虎头砖、腰线、门窗洞边接茬用标准砖已包括在定额内。

(5)门窗洞口侧预埋混凝土块,定额中已综合考虑。实际施工时,不做调整。

(6)各种砖砌体的砖、砌块是按表 5.18 编制的,规格不同时,可以换算。具体规格如表 5.18 所示。

表 5.18　砖、砌块规格表

砖　名　称	长×宽×高/mm×mm×mm
标准砖	240×115×53
七五配砖	190×90×40
KP1 多孔砖	240×115×90
多孔砖	240×240×115　240×115×115
KM1 空心砖	190×190×90　190×90×90
三孔砖	190×190×90
六孔砖	190×190×140
九孔砖	190×190×190
页岩模数多孔砖	240×190×90　240×140×90 240×90×90　190×120×90
普通混凝土小型空心砌块(双孔)	390×190×190

续表

砖　名　称	长×宽×高/mm×mm×mm	
普通混凝土小型空心砌块(单孔)	190×190×190　190×190×90	
粉煤灰硅酸盐砌块	880×430×240　580×430×240	
	430×430×240　280×430×240	
加气混凝土块	600×240×150　600×200×250　600×100×250	

（7）除标准砖墙外，本定额的其他品种砖弧形墙，其弧形部分每立方米砌体按相应定额，人工增加 15%，砖增加 5%，其他不变。

（8）砌砖、块定额中已包括门、窗框与砌体的原浆勾缝在内，砌筑砂浆强度等级按设计规定应分别套用。

（9）砖砌体内的钢筋加固及转角、内外墙的搭接钢筋，按设计图示钢筋长度乘以单位理论质量计算，执行《计价定额》第五章的"砌体、板缝内加固钢筋"子目。

（10）砖砌挡土墙以顶面宽度按相应墙厚内墙定额执行；顶面宽度超过一砖，按砖基础定额执行。

（11）零星砌砖指砖砌门蹲、房上烟囱、地垄墙、水槽、水池脚、垃圾箱、台阶面上矮墙、花台、煤箱、容积在 3m³ 内的水池、大小便槽（包括踏步）、阳台栏板等砌体。

（12）砖砌围墙如设计为空斗墙、砌块墙时，应按相应项目执行，其基础与墙身除定额注明外，应分别套用定额。

（13）蒸压加气混凝土砌块根据施工方法的不同，分为普通砂浆砌筑加气混凝土砌块墙（指主要靠普通浆或专用砌筑砂浆黏结，砂浆灰缝厚度不超过 15mm）和薄层砂浆砌筑加气混凝土砌块墙（简称薄灰砌筑法，使用专用黏结砂浆和专用铁件连接，砂浆灰缝一般为 3~4mm）。定额分别按蒸压加气混凝土砌块和蒸压砂加气混凝土砌块列入子目。实际砌块种类与定额不同时，可以替换。

2. 砌石

（1）定额分为毛石、方整石砌体两种。毛石指无规则的乱毛石，方整石指已加工好有面、有线的商品方整石（方整石砌体不得再套打荒、錾凿、剁斧定额）。

（2）毛石、方整石零星砌体按窗台下墙相应定额执行，人工乘以系数 1.10。毛石地沟、水池按窗台下石墙定额执行。毛石、方整石围墙按相应墙定额执行。砌筑圆弧形基础、墙（含砖、石混合砌体），人工按相应定额乘以系数 1.10，其他不变。

3. 构筑物

砖烟囱毛石砌体基础按水塔的相应定额执行。

4. 基础垫层

（1）整板基础下垫层采用压路机碾压时，人工乘以系数 0.9，垫层材料乘以系数 1.15，增加光轮压路机（8t）0.022 台班，同时扣除定额中的电动夯实机台班（已有压路机的子目除外)。

(2)混凝土垫层应另行执行《计价定额》第六章相应子目。

二、工程量计算规则

1. 砌筑工程量一般规则

(1)砖基础。

砖基础的工程量为基础断面积乘以基础长度,以体积计算,即

基础体积 = 墙厚×(设计基础高度+折加高度)×基础长度 − 应扣除的体积

应扣除的体积是地圈梁、柱等非砖基础的体积。其中:

砖基础断面积 = 基础墙高×基础墙宽 + 大放脚面积

大放脚面积可分割成若干个 0.0625m×0.063m = 0.0039375m² 面积的小方块,小方块个数取决于大放脚的形式和层数,如图 5.20 所示。

为计算方便,也可将大放脚面积折算成一段等面积的基础墙。这段基础墙高度叫折算高度,即

$$折算高度 = \frac{大放脚面积}{基础墙高度}$$

基础断面积 = 基础墙宽×(基础墙高度+折算高度)

大放脚面积折算高度如表 5.19 所示。

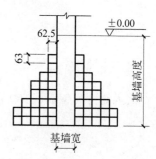

图 5.20　间隔式大放脚面积

表 5.19　大放脚面积折算高度

| 放脚层数 | 折加高度/mm | | | | | | | | | | | | 增加断面/m² | |
| | 115 | | 240 | | 365 | | 490 | | 615 | | 740 | | | |
	等高	不等高	等高	不等高	等高	不等高	等高	不等高	等高	不等高	等高	不等高	等高	不等高
1	0.137	0.137	0.066	0.066	0.043	0.043	0.032	0.032	0.026	0.026	0.021	0.021	0.01575	0.01575
2	0.411	0.342	0.197	0.164	0.129	0.108	0.096	0.080	0.077	0.064	0.064	0.053	0.04725	0.03938
3			0.394	0.328	0.259	0.216	0.193	0.161	0.154	0.128	0.128	0.106	0.0945	0.07875
4			0.656	0.525	0.432	0.345	0.321	0.257	0.256	0.205	0.213	0.170	0.1575	0.1260
5			0.984	0.788	0.647	0.518	0.482	0.380	0.384	0.307	0.319	0.255	0.2363	0.189
6			1.378	1.083	0.906	0.712	0.672	0.530	0.538	0.419	0.447	0.351	0.3308	0.2599
7			1.838	1.444	1.208	0.949	0.900	0.707	0.717	0.563	0.596	0.468	0.4410	0.3465
8			2.363	1.838	1.553	1.208	1.157	0.900	0.922	0.717	0.766	0.596	0.5670	0.4411
9			2.953	2.297	1.942	1.510	1.447	1.125	1.153	0.896	0.958	0.745	0.7088	0.5513
10			3.610	2.789	2.372	1.834	1.768	1.366	1.409	1.088	1.171	0.905	0.8663	0.6694

(2)墙体。

计算墙体工程量时,应扣除门窗、洞口、嵌入墙内的钢筋混凝土柱、梁、圈梁、挑梁、过梁及凹进墙内的壁龛、管槽、暖气槽、消火栓箱所占体积,不扣除梁头、板头、檩头、垫木、木楞头、沿缘木、木砖、门窗走头、砖墙体内加固钢筋、木筋、铁件、钢管及单个面积不大于

0.3m² 的孔洞所占的体积。凸出墙面的腰线、挑檐、压顶、窗台线、虎头砖、门窗套的体积也不增加。凸出墙面的砖垛并入墙体体积内计算。

门窗洞口、过人洞、空圈如图 5.21 所示。

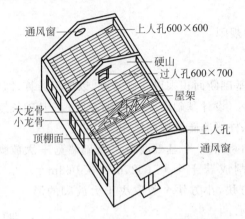

图 5.21　门窗洞口、过人洞、空圈

嵌入墙身的钢筋混凝土柱、梁,包括过梁、圈梁、挑梁,如图 5.22 所示。

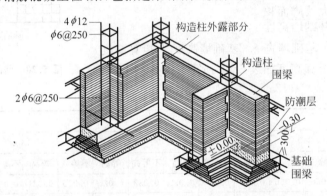

图 5.22　嵌入墙身的钢筋混凝土柱、梁(包括过梁、圈梁、挑梁)

(3) 附墙烟囱、通风道、垃圾道按其外形体积并入所依附的墙体积内合并计算,不扣除每个横截面在 0.1m² 以内的孔洞体积。

2. 墙体厚度计算规定

(1) 多孔砖、空心砖墙、加气混凝土、硅酸盐砌块、小型空心砌块墙均按砖或砌块的厚度计算,不扣除砖或砌块本身的空心部分体积。

(2) 标准砖计算厚度如表 5.20 所示。

表 5.20　标准砖墙厚度计算表

砖墙计算厚度/mm	1/4	1/2	3/4	1	3/2	2
标准砖	53	115	178	240	365	490

3. 基础与墙身的划分

（1）砖墙：基础与墙（柱）身使用同一种材料时，以设计室内地面为界（有地下室者，以地下室室内设计地面为界），以下为基础，以上为墙（柱）身。基础与墙（柱）身使用不同材料时，位于设计室内地面高度±300mm 以内时，以不同材料为分界线；位于高度±300mm 以外时，以设计室内地面为分界线，如图 5.23 所示。

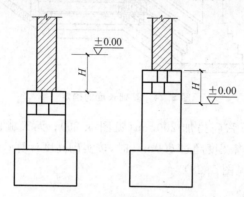

图 5.23　墙基与墙身的分界线

当 $H \leqslant 300$mm 时，以不同材料为分界线，以下为基础，以上为墙身。

当 $H > 300$mm 时，以室内设计地坪为分界线，以下为基础，以上为墙身。

（2）石墙：外墙以设计室外地坪，内墙以设计室内地坪为分界线，以下为基础，以上为墙身。

（3）砖石围墙以设计室外地坪为分界线，以下为基础，以上为墙身。

4. 砖石基础长度的确定

（1）外墙墙基按外墙中心线长度计算。

（2）内墙墙基按内墙基最上一步净长度计算，如图 5.24 所示。基础大放脚 T 形接头处重叠部分以及嵌入基础的钢筋，铁件、管道、基础防水砂浆防潮层、通过基础单个面积在 0.3m² 以内孔洞所占的体积不扣除，但靠墙暖气沟的挑檐也不增加。附墙垛基础宽出部分体积，并入所依附的基础工程量内。

注意：基础大放脚 T 形接头处重叠部分以及基础防水砂浆所占体积不扣除。遇有偏轴线时，应将轴线移为中心线计算。

5. 墙身长度的确定

外墙按中心线，内墙按净长线计算。弧形墙按中心线处长度计算。

6. 墙身高度的确定

设计有明确高度时，以设计高度计算；未明确时，按下列规定计算。

（1）外墙：坡（斜）屋面无檐口天棚的，算至屋面板底（见图 5.25）；有屋架且室内外

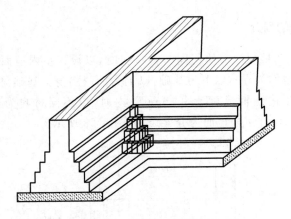

图 5.24　基础长度的确定

均有天棚的,算至屋架下弦底另加 200mm(见图 5.26);无天棚的,算至屋架下弦另加 300mm(见图 5.27);出檐宽度超过 600mm 时,按实砌高度计算;有现浇钢筋混凝土平板楼层的,算至平板底面(见图 5.28)。

图 5.25　坡(斜)屋面无檐口天棚

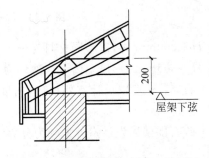

图 5.26　有屋架且室内外均有天棚

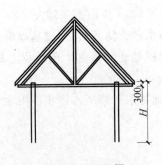

图 5.27　无天棚

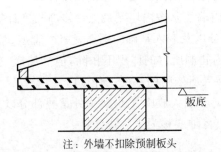

注:外墙不扣除预制板头

图 5.28　有现浇钢筋混凝土平板楼层

　　(2) 内墙:位于屋架下弦的,算至屋架下弦底;无屋架的,算至天棚底另加 100mm;有钢筋混凝土楼隔层的,算至楼板底,有框架梁时,算至梁底。

　　(3) 女儿墙:从屋面板上表面算至女儿墙顶面(如有混凝土压顶算至压顶下表面)。

砖混结构砌体工程量计算公式为

$V=$ 墙厚×墙长×墙高－应扣体积＋应并入体积

$=$（墙长×墙高－门窗洞口面积）×墙厚－应扣体积＋应并入体积

7. 框架间墙

不分内、外墙,按墙体净尺寸,以体积计算。框架外表面镶贴砖部分,按零星切砖子目计算。

8. 空斗墙、空花墙、围墙

(1) 空斗墙:按设计图示尺寸,以空斗墙外形体积计算。墙角、内外墙交接处、门窗洞口立边、窗台砖、屋檐处的实砌部分体积,并入空斗墙体积内。空斗墙的窗间墙、窗台下、楼板下、梁头下等的实砌部分,按零星砌砖定额计算。

(2) 空花墙:按设计图示尺寸,以空花部分的外形体积计算,不扣除空洞部分体积。空花墙外有实砌墙,其实砌部分应以体积另列项目计算。

(3) 围墙:按设计图示尺寸,以体积计算,其围墙附垛、围墙柱及砖压顶应并入墙身体积;砖围墙上有混凝土花格、混凝土压顶时,混凝土花格及压顶应按《计价定额》第六章相应子目计算,其围墙高度算至混凝土压顶下表面。

9. 填充墙

按设计图示尺寸,以填充墙外形体积计算,其实砌部分及填充料已包括在定额内,不另计算。

10. 砖柱

按设计图示尺寸,以体积计算。扣除混凝土及钢筋混凝土梁垫、梁头、板头所占体积。砖柱基、柱身不分断面,均以设计体积计算。柱身、柱基工程量合并套"砖柱"定额。柱基与柱身砌体品种不同时,应分开计算,并分别套用相应定额。

11. 砖砌地下室墙身及基础

按设计图示,以立体积计算;内、外墙身工程量合并计算,按相应内墙定额执行。墙身外侧面砌贴砖,按设计厚度以体积计算。

12. 钢筋砖过梁

加气混凝土、硅酸盐砌块、小型空心砌块墙砌体中设计钢筋砖过梁时,应另行计算,套"零星砌砖"定额。

13. 毛石墙、方整石墙

按图示尺寸,以体积计算。方整石墙单面出垛并入墙身工程量内,双面出墙垛按柱计算。标准砖镶砌门、窗口立边、窗台虎头砖、钢筋砖过梁等按实砌砖体积另列项目计算,套"零星砌砖"定额。

14. 墙基防潮层

按墙基顶面水平宽度乘以长度,以面积计算;有附垛时,将其面积并入墙基内。

15. 烟囱

(1)砖烟囱基础:砖烟囱基础与砖筒身的划分以基础大放脚的扩大顶面为界,以上为筒身,以下为基础。

(2)烟囱筒身。

① 烟囱筒身不分方形、圆形,均按体积计算,应扣除孔洞及钢筋混凝土过梁、圈梁所占体积。筒身体积应以筒壁平均中心线长度乘以厚度。圆筒壁周长不同时,可按下式分段计算:

$$V = \sum H \times C \times \pi \times D$$

式中,V 为筒身体积;H 为每段筒身垂直高度;C 为每段筒壁砖厚度;D 为每段筒壁中心线的平均直径。

② 砖烟囱筒身原浆勾缝和烟囱帽抹灰已包括在定额内,不另计算。如设计加浆勾缝者,可按《计价定额》第十四章中勾缝子目计算,原浆勾缝的工、料不予扣除。

③ 砖烟囱的钢筋混凝土圈梁和过梁按实体积计算,套用其他章节的相应子目执行。

④ 烟囱的钢筋混凝土集灰斗(包括分隔墙、水平隔墙、柱、梁等)应按其他章节相应子目计算。

⑤ 砖烟囱、烟道及砖内衬,设计采用加工楔形砖时,其加工楔形砖的数量应按施工组织设计数量;另列项目,按楔形砖加工相应定额计算。

⑥ 砖烟囱砌体内采用钢筋加固者,应根据设计重量按《计价定额》第五章"砌体、板缝内加固钢筋"定额计算。

(3)烟囱内衬。

① 按不同种类烟囱内衬以实体积计算,并扣除各种孔洞所占的体积。

② 填料按烟囱筒身与内衬之间的体积计算,扣除各种孔洞所占的体积,但不扣除连接横砖(防沉带)的体积。填料所需的人工已包括在砌内衬定额内。

③ 为了内衬的稳定及防止隔热材料下沉,内衬伸入筒身的连接横砖已包括在内衬定额内,不另计算。

④ 为防止酸性凝液渗入内衬与混凝土筒身间而在内衬上抹水泥排水坡的,其工料已包括在定额内,不另计算。

(4)烟道砌砖。

① 烟道与炉体的划分,以第一道闸门为准。在第一道闸门之前的砌体应列入炉体工程量内。

② 烟道中的钢筋混凝土构件,应按钢筋混凝土分部相应定额计算。

16. 基础垫层

(1)基础垫层按设计图示尺寸以立方米计算。

（2）外墙基础垫层长度按外墙中心线长度计算,内墙基础垫层长度按内墙基础垫层净长计算。

17. 其他

（1）砖砌台阶按水平投影面积以面积计算。

（2）毛石、方整石台阶均以图示尺寸按体积计算,毛石台阶按毛石基础定额执行。

（3）墙面、柱、底座、台阶的剁斧以设计展开面积计算。

（4）砖砌地沟沟底与沟壁工程量合并,以体积计算。

（5）毛石砌体打荒、錾凿、剁斧,按砌体裸露外表面积计算（錾凿包括打荒,剁斧包括打荒、錾凿,打荒、錾凿、剁斧不能同时列入）。

三、案例详解

【**案例 5.9**】 计算图 5.10 所示基础部分砖基础的工程量。

【**解**】

图 5.10 所示砖基础在独立基础之间,因此它们的长度均按净长计算,该砖基础净长示意图如图 5.29 所示。按题目情况,砖基础可以用独立基础之间体积加上 A 区域体积计算。

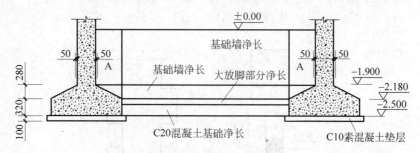

图 5.29 基础净长示意图

（1）独立基础之间断面积。

$$0.24 \times (2.3 + 0.066) = 0.568(\text{m}^2)$$

（2）砖基础体积。

①、③轴线：$[0.568 \times (6-2 \times 0.88) + 0.05 \times 1.9 \times 0.24 \times 2 + (1.9 + 2.18) \times 0.55 \div 2 \times 0.24 \times 2] \times 2 = 5.985(\text{m}^3)$。

②轴线：$0.568 \times (6-2 \times 1.13) + 0.05 \times 1.9 \times 0.24 \times 2 + (1.9 + 2.18) \times 0.8 \div 2 \times 0.24 \times 2 = 2.953(\text{m}^3)$。

Ⓐ、Ⓑ轴线：$[0.568 \times (4-0.8-1.05) + 0.05 \times 1.9 \times 0.24 \times 2 + (1.9 + 2.18) \times 0.6 \div 2 \times 0.24 + (1.9 + 2.18) \times 0.85 \div 2 \times 0.24] \times 4 = 7.907(\text{m}^3)$。

（3）合计。

$$5.985 + 2.953 + 7.907 = 16.845(\text{m}^3)$$

答：图 5.10 所示基础部分砖基础的体积为 16.845m^3。

【**案例 5.10**】 图 5.30 所示为某办公楼底层平面图,层高为 3m,楼面为 100mm 厚现浇平板,地圈梁为 240mm×300mm,圈梁为 240mm×250mm,图纸要求 M5 混合砂浆砌标准一砖墙,构造柱 240mm×240mm(有马牙槎),M10 水泥砂浆砌标准砖砖基础(大放脚为间隔式五皮三收)。按《计价定额》计算砖基础、砖外墙、砖内墙,并按计价定额计算定额综合单价。

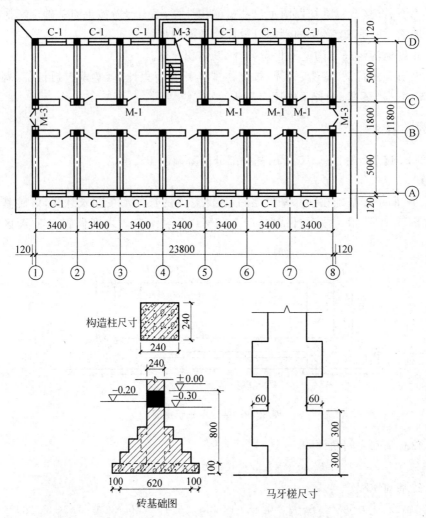

门窗规格:M-1 900mm×2000mm;M-3 1200mm×2000mm C-1:1500mm×1500mm

图 5.30 某办公楼底层平面图

【**解**】

(1) 列项目:砖基础(4-1)、砖外墙(4-35)、砖内墙(4-41)。

(2) 计算工程量。

① 砖基础

外墙:$(23.80+11.80)×2×0.24×(0.50+0.328)=14.15(m^3)$。

扣构造柱:$(0.24×0.24×20+0.24×0.03×40)×0.50=0.72(m^3)$。

内墙：$(23.56+10.20\times2+12\times4.76)\times0.24\times(0.50+0.328)=20.09(\text{m}^3)$。

扣构造柱：$(0.24\times0.24\times12+0.24\times0.03\times50)\times0.50=0.53(\text{m}^3)$。

小计：$14.15-0.72+20.09-0.53=32.99(\text{m}^3)$。

② 砖外墙

外墙：$(23.80+11.80)\times2\times0.24\times(3.00-0.25)=46.99(\text{m}^3)$。

扣门窗：$(1.20\times2.00\times3+1.50\times1.50\times13)\times0.24=8.75(\text{m}^3)$。

扣构造柱：$(0.24\times0.24\times20+0.24\times0.03\times40)\times2.75=3.96(\text{m}^3)$。

小计：$46.99-8.75-3.96=34.28(\text{m}^3)$。

③ 砖内墙

内墙：$(23.56+10.20\times2+12\times4.76)\times0.24\times(3.00-0.25)=66.71(\text{m}^3)$。

扣门：$0.90\times2.00\times13\times0.24=5.62(\text{m}^3)$。

扣构造柱：$(0.24\times0.24\times12+0.24\times0.03\times50)\times2.75=2.89(\text{m}^3)$。

小计：$66.71-5.62-2.89=58.20(\text{m}^3)$。

(3) 套定额，计算结果如表 5.21 所示。

表 5.21 计算结果

序号	定额编号	项目名称	计量单位	工程量	综合单价/元	合计/元
1	4-1 换	砖基础	m³	32.99	408.95	13491.26
2	4-35	砖外墙	m³	34.28	442.66	15174.38
3	4-41	砖内墙	m³	58.20	426.57	24826.37
合计						53492.01

注：4-1 换，$406.25-43.65+46.35=408.95(\text{元}/\text{m}^3)$。

答：砖基础为 32.99m^3，砖外墙为 34.28m^3，砖内墙为 58.20m^3，砌体合价为 53492.01 元。

【案例 5.11】 如图 5.31 所示，已知砖烟囱高 30m，筒身采用 M10 混合砂浆砌筑。求砖烟囱及内衬工程量、单价及合价（内衬为耐火砖）。

【解】

(1) 列项目：M10 混合砂浆砖烟囱（4-77），耐火砖烟囱内衬（4-83）。

(2) 计算工程量。

$$V=\pi HCD$$

① 砖烟囱工程量：

$D_1=3.0-0.35-18\div2\times2\%\times2=2.29(\text{m})$

$D_2=3.0-0.25-(18+11.8\div2)\times2\%\times2$
$\quad=1.79(\text{m})$

则

$V_1=18\times0.35\times3.1416\times2.29=45.32(\text{m}^3)$

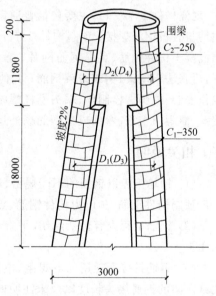

图 5.31 烟囱筒身示意图

$$V_2 = 3.1416 \times 11.8 \times 0.25 \times 1.79 = 16.59(\text{m}^3)$$
$$V = V_1 + V_2 = 45.32 + 16.59 = 61.91(\text{m}^3)$$

② 耐火砖内衬工程量：

$$D_3 = 2.29 - 0.35 - 0.12 = 1.82(\text{m})$$
$$D_4 = 1.79 - 0.25 - 0.12 = 1.42(\text{m})$$
$$V_3 = 18 \times 0.12 \times 3.1416 \times 1.82 = 12.35(\text{m}^3)$$
$$V_4 = 11.8 \times 0.12 \times 3.1416 \times 1.42 = 6.32(\text{m}^3)$$
$$V = V_3 + V_4 = 12.35 + 6.32 = 18.67(\text{m}^3)$$

（3）套定额，计算结果如表 5.22 所示。

表 5.22　计算结果

序号	定额编号	项目名称	计量单位	工程量	综合单价/元	合价/元
1	4-77 换	M10 混合砂浆砖烟囱	m³	61.91	577.76	35769.12
2	4-83	耐火砖烟囱内衬	m³	18.67	2536.77	47361.50
合计						83130.62

注：4-77 换，575.67−49.80+51.89=577.76（元/m³）。

答：砖烟囱工程量为 61.91m³，内衬工程量为 18.67m³，合价为 83130.62 元。

任务六　钢筋工程

钢筋工程包括现浇构件、预制构件、预应力构件及其他 4 节，共设置 51 个子目。其中，现浇构件 8 个子目，主要包括普通钢筋、冷轧带肋钢筋、成型冷轧扭钢筋、钢筋笼、桩内主筋与底板钢筋焊接；预制构件 6 个子目，主要包括现场预制混凝土构件钢筋、加工厂预制混凝土构件钢筋、点焊钢筋网片；预应力构件 10 个子目，主要包括先张法、后张法钢筋、后张法钢丝束、钢绞线束钢筋；其他 27 个子目，主要包括砌体、板缝内加固钢筋、铁件制作安装、地脚螺栓制作、端头螺杆螺帽制作、电渣压力焊、锥螺纹、墩粗直螺纹、冷压套管接头、混凝土植筋、弯曲成型钢筋场外运输运距。

一、相关说明

（1）钢筋工程以钢筋的不同规格、不分品种，按现浇构件钢筋、现场预制构件钢筋、加工厂预制构件钢筋、预应力构件钢筋、点焊网片分别编制定额项目。

（2）钢筋工程内容包括除锈、平直、制作、绑扎（点焊）、安装以及浇灌混凝土时维护钢筋用工。

（3）钢筋搭接所耗用的电焊条、电焊机、铅丝和钢筋余头损耗已包括在定额内，设计图纸注明的钢筋接头长度以及未注明的钢筋接头按规范的搭接长度计入设计钢筋用量。

（4）先张法预应力构件中的预应力、非预应力钢筋工程量应合并计算，按预应力钢筋相应项目执行；后张法预应力构件中的预应力钢筋、非预应力钢筋应分别套用定额。

（5）预制构件点焊钢筋网片已综合考虑了不同直径点焊在一起的因素。如点焊钢筋直径粗细比在 2 倍以上，其定额工日按该构件中主筋的相应子目乘以系数 1.25，其他不变（主筋是指网片中最粗的钢筋）。

（6）粗钢筋接头采用电渣压力焊、直螺纹、套管接头等接头者，应分别执行钢筋接头定额。计算了钢筋接头的，不能再计算钢筋搭接长度。

（7）非预应力钢筋不包括冷加工，设计要求冷加工时应另行处理。预应力钢筋设计要求人工时效处理时，应另行计算。

（8）后张法钢筋的锚固是按钢筋帮条焊 V 形垫块编制的。如采用其他方法锚固，应另行计算。

（9）对构筑物工程，其钢筋可按表 5.23 中所示的系数调整定额中人工和机械用量。

表 5.23　构筑物人工、机械调整系数表

项　　目	构筑物					
系数范围	烟囱烟道	水塔水箱	储仓		栈桥通廊	水池油池
			矩形	圆形		
人工机械调整系数	1.70	1.70	1.25	1.50	1.20	1.20

（10）钢筋制作、绑扎需拆分者，制作按 45%、绑扎按 55% 拆算。

（11）钢筋、铁件在加工厂制作时，由加工厂至现场的运输费应另列项目计算。在现场制作的，不计算此项费用。

（12）铁件是指质量在 50kg 以内的预埋铁件。

（13）管桩与承台连接所用钢筋和钢板分别按钢筋笼和铁件执行。

（14）后张法预应力钢丝束、钢绞线束不分单跨、多跨以及单向双向布筋。当构件长在 60m 以内时，均按定额执行。定额中预应力筋按直径 5mm 的碳素钢丝或直径 15～15.24mm 钢绞线编制；采用其他规格时，另行调整。定额按一端张拉考虑。当两端张拉时，有粘结锚具基价乘以系数 1.14，无粘结锚具乘以系数 1.07。使用转角器张拉的锚具定额人工及机械乘以系数 1.1。当钢绞线束用于地面预制构件时，应扣除定额中张拉平台摊销费。单位工程后张法预应力钢丝束、钢绞线束平均每层结构设计用量在 3t 以内，且设计总用量在 30t 以内时，定额人工及机械台班有粘结张拉乘以系数 1.63；无粘结张拉乘以系数 1.80。

（15）本定额无粘结钢绞线束以净重计量。若以毛重（含封油包塑的重量）计量，按净重与毛重之比 1∶1.08 换算。

二、工程量计算规则

编制预算时，钢筋工程量可暂按构件体积（或水平投影面积、外围面积、延长米）×钢筋含量计算。结算工程量计算应按设计图示、标准图集和规范要求计算。当设计图示、标准图集和规范要求不明确时，按下列规则计算。

1. 一般规则

（1）钢筋工程应区别现浇构件、预制构件、加工厂预制构件、预应力构件、点焊网片等以及不同规格，分别按设计展开长度（展开长度、保护层、搭接长度应符合规范规定）乘以理论质量计算。

（2）计算钢筋工程量时，搭接长度按规范规定计算。当梁、板（包括整板基础）ϕ8mm以上的通筋未设计搭接位置时，预算书暂按 9m 一个双面电焊接头考虑。结算时，应按钢筋实际定尺长度调整搭接个数，搭接方式按已审定的施工组织设计确定。

（3）先张法预应力构件中的预应力和非预应力钢筋工程量应合并按设计长度计算，按预应力钢筋定额（梁、大型屋面板、F 板执行 ϕ5mm 外的定额，其余均执行 ϕ5mm 内定额）执行。后张法预应力钢筋与非预应力钢筋分别计算，预应力钢筋按设计图规定的预应力钢筋预留孔道长度，区别不同锚具类型，分别按下列规定计算。

① 低合金钢筋两端采用螺杆锚具时，预应力钢筋按预留孔道长度减 350mm，螺杆另行计算。

② 低合金钢筋一端采用墩头插片，另一端螺杆锚具时，预应力钢筋长度按预留孔道长度计算。

③ 低合金钢筋一端采用墩头插片，另一端采用帮条锚具时，预应力钢筋增加150mm，两端均用帮条锚具时，预应力钢筋共增加 300mm 计算。

④ 低合金钢筋采用后张混凝土自锚时，预应力钢筋长度增加 350mm 计算。

⑤ 低合金钢筋（钢绞线）采用 JM、XM、QM 型锚具。孔道长度不大于 20m 时，钢筋长度增加 1m 计算；孔道长度大于 20m 时，钢筋长度增加 1.8m 计算。

⑥ 碳素钢丝采用锥形锚具。孔道长度大于 20m 时，钢丝束长度按孔道长度增加 1m计算；孔道长度大于 20m 时，钢丝束长度按孔道长度增加 1.8m 计算。

⑦ 碳素钢丝采用镦头铺具时，钢丝束长度按孔道长度增加 0.35m 计算。

（4）电渣压力焊、直螺纹、冷压套管挤压等接头以"个"计算。预算书中，底板、梁暂按9m 长一个接头的 50% 计算；柱按自然层每根钢筋 1 个接头计算。结算时，应按钢筋实际接头个数计算。

（5）地脚螺栓制作、端头螺杆螺帽制作按设计尺寸，以质量计算。

（6）植筋按设计数量，以根数计算。

（7）桩顶部破碎混凝土后，主筋与底板钢筋焊接分为灌注桩、方桩（离心管桩、空心方庄按方桩），以桩的根数计算。每根桩端焊接钢筋根数不调整。

（8）在加工厂制作的铁件（包括半成品铁件）、已弯曲成型钢筋的场外运输以质量计算。各种砌体内的钢筋加固分绑扎、不绑扎，以质量计算。

（9）混凝土柱中埋设的钢柱，其制作、安装应按相应的钢结构制作、安装定额执行。

（10）基础中钢支架、铁件的计算。

① 基础中，多层钢筋的型钢支架、垫铁、撑筋、马凳等按已审定的施工组织设计合并用量计算，按金属结构的钢平台、走道制、安装定额执行。现浇楼板中设置的撑筋按已审定的施工组织设计用量与现浇构件钢筋用量合并计算。

② 铁件按设计尺寸,以质量计算,不扣除孔眼、切肢、切边的质量。在计算不规则或多边形钢板质量时,均以矩形面积计算。

③ 预制柱上的钢牛腿按铁件以质量计算。

(11) 后张法预应力钢丝束、钢绞线束按设计图纸预应力筋的结构长度(即孔道长度)加操作长度之和乘以钢材理论质量计算(无粘结钢绞线封油包塑的质量不计算),其操作长度按下列规定计算。

① 钢丝束采用镦头锚具时,无论一端张拉或两端张拉,均不增加操作长度(即结构长度等于计算长度)。

② 钢丝束采用锥形锚具时,一端张拉为 1.0m,两端张拉为 1.6m。

③ 有粘结钢绞线采用多根夹片锚具时,一端张拉为 0.9m,两端张拉为 1.5m。

④ 无粘结预应力钢绞线采用单根夹片锚具时,一端张拉为 0.6m,两端张拉为 0.8m。

⑤ 用转角器(变角张拉工艺)张拉操作长度应在定额规定的结构及其操作长度基础上另外增加操作长度:无粘结钢绞线,每个张拉端增加 0.60m;有粘结钢绞线,每个张拉端增加 1.00m。

⑥ 特殊张拉预应力筋,其操作长度应按实计算。

(12) 当曲线张拉时,后张法预应力钢丝束、钢绞线计算长度可按直线长度乘以下列系数确定:梁高在 1.50m 内,乘以 1.015;梁高在 1.50m 以上,乘以 1.025;10m 以内跨度的梁,当矢高 650mm 以上时,乘以 1.02。

(13) 后张法预应力钢丝束、钢绞线锚具,按设计规定所穿钢丝或钢绞线的孔数计算(每孔均包括张拉端和固定端的锚具),波纹管按设计图示以延长米计算。

2. 钢筋直(弯)、弯钩、圆柱、柱螺旋箍筋及其他长度的计算

(1) 梁、板为简支,钢筋为 HRB335 级、HRB400 级时,可按下列规定计算。

① 直钢筋净长 $=L-2C$,如图 5.32 所示。

② 弯起钢筋净长 $=L-2C+2\times0.414H'$,如图 5.33 所示。

当 $\theta=30°$ 时,公式内 0.414 改为 0.268;当 $\theta=60°$ 时,公式内 0.414 改为 0.577。

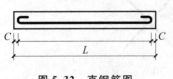 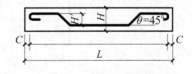

图 5.32　直钢筋图　　　　　　图 5.33　弯起钢筋图

③ 弯起钢筋两端带直钩净长 $=L-2C+2H''+2\times0.414H'$,如图 5.34 所示。

当 $\theta=30°$ 时,公式内 0.414 改为 0.268;当 $\theta=60°$ 时,公式内 0.414 改为 0.577。

④ 末端需做 90°、135°弯折时,其弯起部分长度按设计尺寸计算。

上述三种计算方式中如采用 HPB235 级钢,除按上述计算长度外,在钢筋末端应设弯钩,每只弯钩增加 6.25d。

(2) 箍筋末端应做 135°弯钩,弯钩平直部分的长度 e,一般不应小于箍筋直径的 5 倍;对有抗震要求的结构,不应小于箍筋直径的 10 倍,如图 5.35 所示。

当平直部分为 5d 时,箍筋长度 $L=(a-2c+2d)\times 2+(b-2c+2d)\times 2+14d$。

当平直部分为 10d 时,箍筋长度 $L=(a-2c+2d)\times 2+(b-2c+2d)\times 2+24d$。

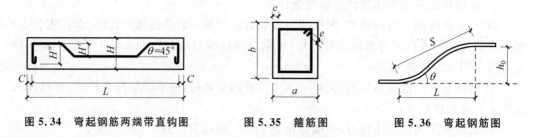

图 5.34　弯起钢筋两端带直钩图　　图 5.35　箍筋图　　图 5.36　弯起钢筋图

（3）弯起钢筋终弯点外应留有锚固长度。在受拉区,不应小于 20d；在受压区,不应小于 10d。弯起钢筋斜长按表 5.24 中所示系数计算,如图 5.36 所示。

表 5.24　弯起钢筋斜长系数表

弯起角度	$\theta=30°$	$\theta=45°$	$\theta=60°$
斜边长度 S	$2h_0$	$1.414h_0$	$1.155h_0$
底边长度 L	$1.732h_0$	h_0	$0.577h_0$
斜长比底长增加	$0.268h_0$	$0.414h_0$	$0.577h_0$

（4）箍筋、板筋排列根数 $=\dfrac{L-100\text{mm}}{\text{设计间距}}+1$,但是在加密区的根数按设计另增。式中,$L=$ 柱、梁、板净长。柱、梁净长计算方法同混凝土,其中柱不扣板厚。板净长指主(次)梁与主(次)梁之间的净长。计算中有小数时,向上舍入(例如,4.1 取 5)。

（5）圆桩、柱螺旋箍筋长度计算：$L=\sqrt{[(D-2C+2d)\pi]^2+h^2}\times n$。式中,$D=$ 圆桩、柱直径,$C=$ 主筋保护层厚度,$d=$ 箍筋直径,$h=$ 箍筋间距,箍筋道数 $n=$ 柱、桩中箍筋配置长度 $\div h+1$。

（6）其他：有设计者,按设计要求；当设计无具体要求时,按图 5.37 所示规定计算。

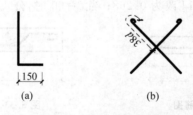

图 5.37　其他长度计算

（a）柱底插筋图；（b）斜筋挑钩计算示意图

三、案例详解

【案例 5.12】　某三类建筑工程独立基础如图 5.38 所示。独立基础的数量为 40 个。请计算该项目的钢筋工程量、综合单价及合价(人工工资单价按 2014 版计价定额取定。管理费费率取 25%,利润取 12%)。

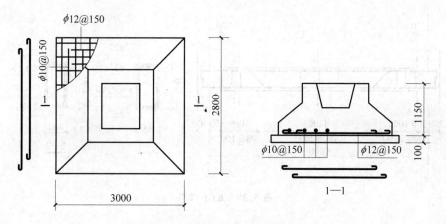

图 5.38 独立基础底板配筋示意图

【解】

(1) 列项目：现浇混凝土构件钢筋 ϕ12 以内(5-1)。

(2) 计算工程量。

① ϕ12@150 单根长度 $L_1 = 3.0 - 2 \times 0.035 + 6.25 \times 0.012 \times 2 = 3.08$(m)

根数 $N_1 = 2$ 根

单根长度 $L_2 = 3 - 0.1 \times (3 - 0.035 \times 2) - 0.035 + 6.25 \times 0.012 \times 2 = 2.82$(m)

根数 $N_2 = (2.8 - 2 \times 0.075) \div 0.15 + 1 - 2 = 17$(根)

总长 $= 3.08 \times 2 + 2.82 \times 17 = 54.1$(m)

重量 $= 54.1 \times 0.888 \times 40 = 1921.632(kg)= 1.921$(t)

② ϕ10@150 单根长度 $L_3 = 2.8 - 2 \times 0.035 + 6.25 \times 2 \times 0.010 = 2.855$(m)

根数 $N_3 = 2$ 根

单根长度 $L_4 = 2.8 - 0.1 \times (2.8 - 0.035 \times 2) - 0.035 + 6.25 \times 0.01 \times 2 = 2.62$(m)

根数 $N_4 = (3.0 - 2 \times 0.075) \div 0.15 + 1 - 2 = 18$(根)

总长 $= 2.855 \times 2 + 2.62 \times 18 = 52.87$(m)

重量 $= 52.87 \times 0.617 \times 40 = 1304.832(kg)= 1.305$(t)

总工程量 $= 1.921 + 1.305 = 3.226$(t)

(3) 套定额，计算结果如表 5.25 所示。

表 5.25 计算结果

序号	定额编号	项 目 名 称	计量单位	工程量	综合单价/元	合价/元
1	5-1	现浇混凝土构件钢筋 ϕ12 以内	t	3.226	5470.72	17648.54
合计						17648.54

答：该独立基础钢筋工程量为 3.226t，合价为 17648.54 元。

【**案例 5.13**】 某三类建筑工程现浇框架梁 KL1 如图 5.39 所示，混凝土 C25，弯起筋采用 45°弯起，梁保护层厚度 25mm，钢筋受拉区锚固长度 30d。计算钢筋工程量、综合单价及合价。

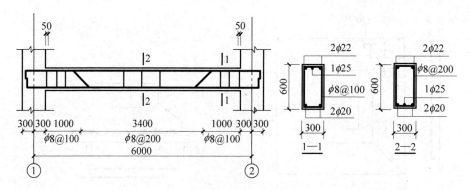

图 5.39　KL1 详图

【解】

（1）列项目：现浇混凝土构件钢筋 $\phi12$ 以内(5-1)、现浇混凝土构件钢筋 $\phi25$ 以内(5-2)。

（2）计算工程量，如表 5.26 所示。

表 5.26　钢筋工程量

序号	钢筋型号	容重/(kg/m)	长度/m	数量	总重/kg
1	$\phi20$	2.466	$6-0.6+2\times30\times0.02=6.6$	2	32.551
2	$\phi25$	3.850	$6-0.6+2\times30\times0.025+2\times0.414\times0.55=7.3554$	1	28.318
3	$\phi22$	2.984	$6-0.6+2\times30\times0.022=6.72$	2	40.105
小计					100.974
1	$\phi8$	0.395	$(0.3-2\times0.025+2\times0.008)\times2+(0.6-2\times0.025+2\times0.008)\times2+24\times0.008=1.856$	38	27.859
小计					27.859

注：加密区箍筋根数＝$950\div100+1=10.5$，取为 11 根；非加密区箍筋根数＝$(3400-2\times200)\div200+1=16$（根）；合计 $2\times11+16=38$（根）。

（3）套定额，计算结果如表 5.27 所示。

表 5.27　计算结果

序号	定额编号	项目名称	计量单位	工程量	综合单价/元	合价/元
1	5-1	现浇混凝土构件钢筋 $\phi12$ 以内	t	0.028	5470.72	153.18
2	5-2	现浇混凝土构件钢筋 $\phi25$ 以内	t	0.101	4998.87	504.89
合计						658.07

答：$\phi12$ 以内的钢筋为 28kg，$\phi25$ 以内钢筋为 101kg，合价为 658.07 元。

【案例 5.14】　某现浇板配筋如图 5.40 所示。图中，梁宽度均为 300mm，板厚 100mm，分部筋 $\phi6@250$，板保护层为 15mm。计算板中钢筋的工程量。

【解】

计算工程量，如表 5.28 所示。

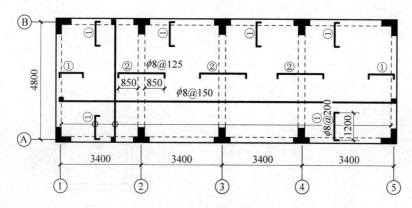

图 5.40 现浇板配筋详图

表 5.28 工程量计算

钢筋型号	容重/(kg/m)	单根长度/m	数 量	总重/kg
1、5 支座 ϕ8	0.395	$1.2+2\times(0.1-0.03)=1.34$	$2\times(4.4\div0.2+1)=46$	24.348
2~4 支座 ϕ8	0.395	$2\times0.85+0.3+2\times0.07=2.14$	$3\times(4.4\div0.125+1)=109$	92.138
A、B 支座 ϕ8	0.395	1.34	$2\times4\times(3\div0.2+1)=128$	67.750
横向下部 ϕ8	0.395	$4.8+0.3-2\times0.015+2\times6.25\times0.008=5.17$	$4\times(3\div0.2+1)=64$	130.698
纵向下部 ϕ8	0.395	$4\times3.4+0.3-0.03+2\times6.25\times0.008=13.97$	$(4.8-0.3-0.1)\div0.15+1=31$	171.063
分布筋 ϕ6	0.222	$2\times(4.8+4\times3.4)=36.8$	$1.2\div0.25+1=6$	49.018
分布筋 ϕ6	0.222	4.8	$3\times2\times(0.85\div0.25+1)=27$	28.771
小 计				563.786

答：板中的钢筋合计 563.786kg。

【案例 5.15】 如图 5.41 所示，求矩形柱钢筋工程量、综合单价及合价。

【解】

（1）列项目：现浇混凝土构件钢筋 ϕ12 以内(5-1)、现浇混凝土构件钢筋 ϕ25 以内(5-2)。

（2）计算工程量，如表 5.29 所示。

表 5.29 钢筋工程量

序号	钢筋型号	容重/(kg/m)	长度/m	数量	总重/kg
1	ϕ22	2.984	$0.5+0.8+0.6+3.5\times0.022\times2-0.035=2.02$	4	24.111
2	ϕ22	2.984	$0.5+2.5+0.6+3.5\times0.022\times2=3.75$	4	44.760
3	ϕ22	2.984	$0.5+0.4+0.3+3.5\times0.022\times2-0.025=1.33$	4	15.875
小计					84.746
1	ϕ6	0.222	$(0.5+0.35)\times2-0.015\times8+2\times0.16=1.90$	43	18.137
小计					18.137

注：箍筋根数 $=[(0.5+0.4)/0.1+1]+(2.5/0.15+1)+(0.6/0.1+1)+[(0.8+0.5)/0.2+1]=43$（根）。

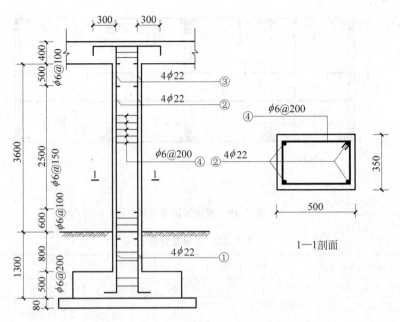

图 5.41　现浇雨篷矩形柱示意图

（3）套定额，计算结果如表 5.30 所示。

表 5.30　计算结果

序号	定额编号	项 目 名 称	计量单位	工程量	综合单价/元	合价/元
1	5-1	现浇混凝土构件钢筋 ϕ12 以内	t	0.018	5470.72	98.47
2	5-2	现浇混凝土构件钢筋 ϕ25 以内	t	0.085	4998.87	424.90
合计						523.37

答：该工程 ϕ12 以内的钢筋为 18.137kg，ϕ25 以内钢筋为 84.746kg，合价为 523.37 元。

任务七　混凝土工程

混凝土工程包括自拌混凝土构件、预拌混凝土泵送构件和预拌混凝土非泵送构件 3 个部分，共设置 441 个子目。

自拌混凝土构件 177 个子目，主要包括：现浇构件（基础、柱、梁、墙、板、其他）、现场预制构件（桩、柱、梁、屋架、板、其他）、加工厂预制构件、构筑物。

预拌混凝土泵送构件 114 个子目，主要包括：泵送现浇构件（基础、柱、梁、墙、板、其他）、泵送预制构件（桩、柱、梁）、泵送构筑物。

预拌混凝土非泵送构件 140 个子目，主要包括：非泵送现浇构件（基础、柱、梁、墙、板、其他）、现场非泵送预制构件（桩、柱、梁、屋架、板、其他）、非泵送构筑物。

一、相关说明

（1）混凝土构件分为自拌混凝土构件、商品混凝土泵送构件、商品混凝土非泵送构件3个部分，各部分又包括现浇构件、现场预制构件、加工厂预制构件、构筑物等。

（2）混凝土石子粒径取定：设计有规定的，按设计规定；无设计规定的，按表5.31所示规定计算。

表 5.31　混凝土构件石子粒径表

石子粒径/mm	构件名称
5～16	预制板类构件、预制小型构件
5～31.5	现浇构件：矩形柱（构造柱除外）、圆柱、多边形柱（L、T、＋形柱除外）、框架梁、单梁、连续梁、地下室防水混凝土墙 预制构件：柱、梁、桩
5～20	除以上构件外，均用此粒径
5～40	基础垫层、各种基础、道路、挡土墙、地下室墙、大体积混凝土

（3）毛石混凝土中的毛石掺量按15%计算，构筑物中毛石混凝土的掺量按20%计算。如设计要求不同，可按比例换算毛石、混凝土数量，其余不变。

（4）现浇柱、墙定额中，均已按规范规定综合考虑了底部铺垫1:2水泥砂浆的用量。

（5）室内净高超过8m的现浇柱、梁、墙、板（各种板）的人工工日分别乘以下系数：净高在12m以内，1.18；净高在18m以内，1.25。

（6）现场预制构件，如在加工厂制作，混凝土配合比按加工厂配合比计算；加工厂构件及商品混凝土改在现场制作，混凝土配合比按现场配合比计算；其工料、机械台班不调整。

（7）加工厂预制构件其他材料费中已综合考虑了掺入早强剂的费用；现浇构件和现场预制构件未考虑使用早强剂费用，设计需使用时，可另行计算早强剂增加费用。

（8）加工厂预制构件采用蒸汽养护时，立窑、养护池养护费用另行计算。

（9）小型混凝土构件，指单体体积在0.05m³以内的未列出定额的构件。

（10）构筑物中混凝土、抗渗混凝土已按常用的强度等级列入基价，设计与定额取定不符，综合单价调整。

（11）钢筋混凝土水塔、砖水塔基础采用毛石混凝土、混凝土基础，按烟囱相应定额执行。

（12）构筑物中的混凝土、钢筋混凝土地沟是指建筑物室外的地沟，室内钢筋混凝土地沟按现浇构件相应定额执行。

（13）泵送混凝土定额中已综合考虑输送泵车台班，布拆管及清洗人工、泵管摊销费、冲洗费。当输送高度超过30m时，输送泵车台班（含30m以内）乘以1.10；输送高度超过50m时，输送泵车台班（含50m以内）乘以1.25；输送高度超过100m时，输送泵车台班（含100m以内）乘以1.35；输送高度超过150m时，输送泵车台班（含150m以内）乘以1.45；输送高度超过200m时，输送泵车台班（含200m以内）乘以1.55。

（14）现场集中搅拌混凝土按现场集中搅拌混凝土配合比执行，混凝土搅拌楼的费用另行计算。

二、工程量计算规则

1. 现浇混凝土

混凝土工程量除另有规定者外,均按图示尺寸以体积计算。不扣除构件内钢筋、支架、螺栓孔、螺栓、预埋铁件及墙、板中不大于 0.3m² 内的孔洞所占体积。留洞所增加工、料不再另增费用。

(1) 混凝土基础垫层。

① 混凝土基础垫层是指砖、石、混凝土、钢筋混凝土等基础下的混凝土垫层,按图示尺寸,以体积计算。不扣除伸入承台基础的桩头所占体积。

② 外墙基础垫层长度按外墙中心线长度计算,内墙基础垫层长度按内墙基础垫层净长计算,公式为

$$带形基础垫层工程量 = 垫层长度 \times 垫层断面面积$$

$$独立基础或满堂基础垫层工程量 = 垫层的实铺面积 \times 垫层厚度$$

(2) 基础。

按图示尺寸以体积计算。不扣除伸入承台基础的桩头所占体积。

① 带形基础长度:外墙下条形基础按外墙中心线长度、内墙下带形基础按基底、有斜坡的按斜坡间的中心线长度、有梁部分按梁净长计算,独立柱基间带形基础按基底净长计算,如图 5.42 所示。

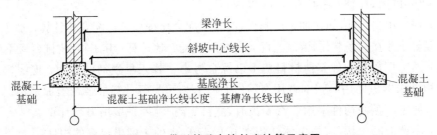

图 5.42 带形基础内墙长度计算示意图

② 有梁带形混凝土基础,其梁高与梁宽之比在 4:1 以内的,按有梁式带形基础计算,如图 5.43 所示(带形基础梁高是指梁底部到上部的高度);超过 4:1 时,其基础底按无梁式带形基础计算,上部按墙计算,如图 5.44 所示。

带形基础断面面积如图 5.45 所示,其工程量可用下式计算。

$$条形基础体积 = 基础长度 \times 基础断面面积$$

$$基础断面面积 = B \times h_2 + \frac{B+b}{2} \times h_1 + b \times h$$

③ 满堂(板式)基础有梁式(包括反梁)、无梁式应分别计算,仅带有边肋者,按无梁式满堂基础套用定额。

无梁式工程量:$V = 底板长 \times 宽 \times 板厚 + \sum 柱墩体积$。

有梁式工程量:$V = 底板长 \times 宽 \times 板厚 + \sum (梁断面面积 \times 梁长)$。

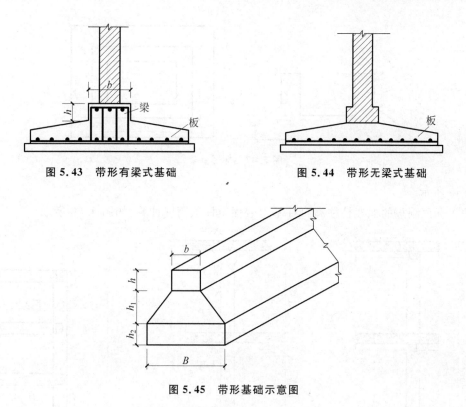

图 5.43 带形有梁式基础　　　　　　　**图 5.44 带形无梁式基础**

图 5.45 带形基础示意图

④ 设备基础除块体以外,其他类型设备基础分别按基础、梁、柱、板、墙等有关规定计算,套相应的定额。

⑤ 独立柱基、桩承台按图示尺寸实体积以体积计算至基础扩大顶面,如图 5.46 所示。

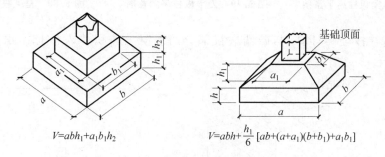

$$V=abh_1+a_1b_1h_2$$
$$V=abh+\frac{h_1}{6}\left[ab+(a+a_1)(b+b_1)+a_1b_1\right]$$

图 5.46 独立基础计算示意图

⑥ 杯形基础套用独立柱基定额。杯口外壁高度大于杯口外长边的杯形基础,套"高颈杯形基础"定额,如图 5.47 所示。

(3) 柱,按图示断面尺寸乘以柱高,以体积计算,应扣除构件内型钢体积。

柱高按下列规定确定。

① 有梁板的柱高,应自柱基上表面(或楼板上表面)至上一层楼板上表面之间的高度计算,不扣除板厚,如图 5.48 所示。

② 无梁板的柱高,自柱基上表面(或楼板上表面)至柱帽下表面的高度计算,如

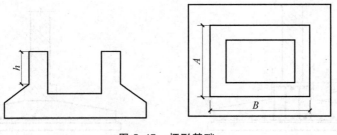

图 5.47　杯形基础

图 5.49 所示。

③ 有预制板的框架柱柱高自柱基上表面至柱顶高度计算,如图 5.50 所示。

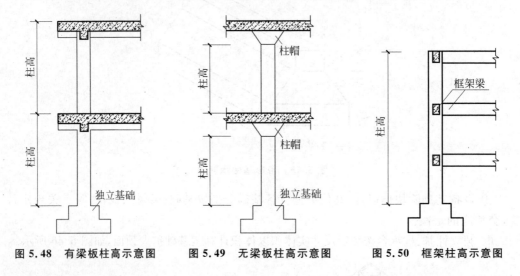

图 5.48　有梁板柱高示意图　　**图 5.49　无梁板柱高示意图**　　**图 5.50　框架柱高示意图**

④ 构造柱按全高计算,与砖墙嵌接部分的混凝土体积并入柱身体积内计算,如图 5.51 所示。

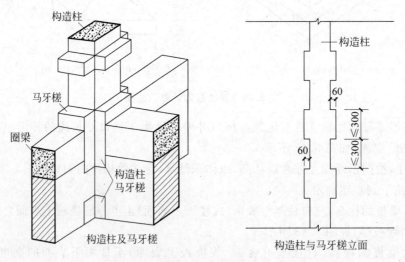

图 5.51　构造柱

⑤ 依附柱上的牛腿和升板的柱帽,并入相应柱身体积内计算。

⑥ L、T、十形柱,按 L、T、十形柱相应定额执行。当两边之和超过 2000mm 时,按直形墙相应定额执行。

(4) 梁。

按图示断面尺寸乘以梁长,以体积计算。梁长按下列规定确定。

① 梁与柱连接时,梁长算至柱侧面,如图 5.52 所示。

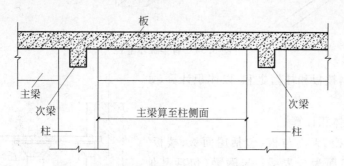

图 5.52　梁与柱连接示意图

② 主梁与次梁连接时,次梁长算至主梁侧面。伸入砖墙内的梁头、梁垫体积并入梁体积计算,如图 5.53 所示。

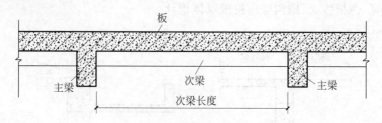

图 5.53　主梁与次梁连接示意图

③ 圈梁、过梁应分别计算,过梁长度按图示尺寸。图纸无明确表示时,按门窗洞口外围宽另加 500mm 计算。平板与砖墙上混凝土圈梁相交时,圈梁高应算至板底面。

④ 依附于梁、板、墙(包括阳台梁、圈过梁、挑檐板、混凝土栏板、混凝土墙外侧)上的混凝土线条(包括弧形线条)按小型构件定额执行(梁、板、墙宽算至线条内侧)。

⑤ 现浇挑梁按挑梁计算,其压入墙身部分按圈梁计算;挑梁与单、框架梁连接时,其挑梁应并入相应梁内计算。

⑥ 花篮梁二次浇捣部分执行圈梁定额。

(5) 板。

按图示面积乘以板厚,以体积计算(梁板交接处不得重复计算),不扣除单个面积 0.3m² 以内的柱、垛以及孔洞所占体积。应扣除构件中压形钢板所占体积。其中:

① 有梁板,按梁(包括主、次梁)、板体积之和计算;有盾浇板带时,后浇板带(包括主、次梁)应扣除。厨房间、卫生间墙下设计有素混凝土防水坎时,工程量并入板内,执行有梁板定额,如图 5.54 所示。

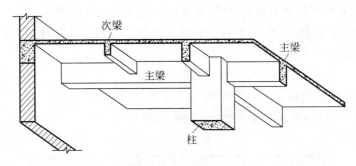

图 5.54　有梁板示意图

② 无梁板,按板和柱帽之和,以体积计算,如图 5.55 所示。

③ 平板按体积计算。

④ 现浇挑檐、天沟与板(包括屋面板、楼板)连接时,以外墙面为分界线;与圈梁(包括其他梁)连接时,以梁外边线为分界线。外墙边线以外或梁外边线以外为挑檐、天沟。天沟底板与侧板工程量应分别计算,底板按板式雨篷以板底水平投影面积计算,侧板按天、檐沟竖向挑板以体积计算,如图 5.56 所示。

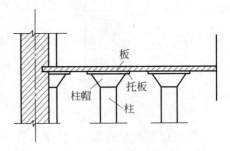

图 5.55　无梁板

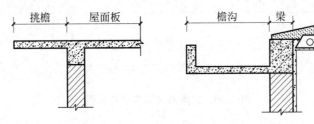

图 5.56　现浇挑檐板、挑檐天沟与板梁的划分示意图

⑤ 飘窗的上、下挑板按板式雨篷,以板底水平投影面积计算。

⑥ 各类板伸入墙内的板头并入板体积内计算。

⑦ 预制板缝宽度在 100mm 以上的现浇板缝按平板计算。

⑧ 后浇墙、板带(包括主、次梁)按设计图示尺寸,以体积计算。

⑨ 现浇混凝土空心楼板混凝土按图示面积乘以板厚,以立方米计算,其中空心管、箱体及空心部分体积扣除。

⑩ 现浇混凝土空心楼板内筒芯按设计图示中心线长度计算;无机阻燃型箱体按设计图示数量计算。

(6) 墙。

外墙按图示中心线(内墙按净长)乘以墙高、墙厚,以体积计算,应扣除门、窗洞口及 0.3m² 外的孔洞体积。单面墙垛其突出部分并入墙体体积内计算,双面墙垛(包括墙)按柱计算。弧形墙按弧线长度乘以墙高、墙厚,以体积计算;地下室墙有后浇墙带时,后浇墙带应扣除。梯形断面墙按上口与下口的平均宽度计算。墙高按下列规定确定。

① 墙与梁平行重叠,墙高算至梁顶面;当设计梁宽超过墙宽时,梁、墙分别按相应定额计算。

② 墙与板相交,墙高算至板底面。

③ 屋面混凝土女儿墙按直(圆)形墙,以体积计算。

(7) 整体楼梯包括休息平台、平台梁、斜梁及楼梯梁,按水平投影面积计算,不扣除宽度在500mm 以内的楼梯井,伸入墙内部分不另增加。楼梯与楼板连接时,楼梯算至楼梯梁外侧面。当现浇楼板无梯梁连接时,以楼梯的最后一个踏步边缘加 300mm 为界。圆弧形楼梯包括圆弧形梯段、圆弧形边梁及与楼板连接的平台,按楼梯的水平投影面积计算,如图 5.57 所示。

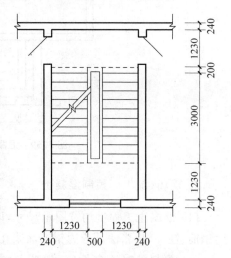

图 5.57　现浇楼梯示意图

(8) 阳台、雨篷按伸出墙外的板底水平投影面积计算,伸出墙外的牛腿不另计算,如图 5.58 所示。

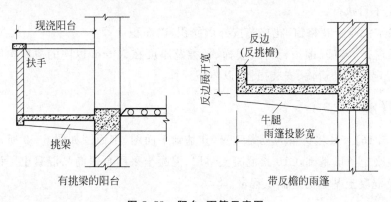

图 5.58　阳台、雨篷示意图

(9) 阳台、檐廊栏杆的轴线柱、下嵌、扶手以扶手的长度,按延长米计算。混凝土栏板、竖向挑板以体积计算。栏板的斜长如图纸无规定,按水平长度乘以系数 1.18 计算。地沟底、壁应分别计算,沟底按基础垫层定额执行。

(10) 预制钢筋混凝土框架的梁、柱现浇接头,按设计断面以体积计算,套用"柱接柱接头"定额。

(11) 台阶按水平投影以面积计算;设计混凝土用量超过定额含量时,应调整。台阶与平台的分界线以最上层台阶的外口增 300mm 宽度为准,台阶宽以外部分并入地面工程量计算,如图 5.59 所示。

(12) 空调板按板式雨篷以板底水平投影面积计算。

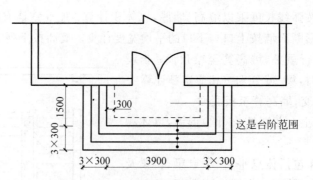

图 5.59　混凝土台阶、平台分界示意图

2. 现场、加工厂预制混凝土

(1) 混凝土工程量均按图示尺寸,以体积计算,扣除圆孔板内圆孔体积,不扣除构件内钢筋、铁件、后张法预应力钢筋灌浆孔及板内 0.3m² 以内的孔洞所占体积。

(2) 预制桩按桩全长(包括桩尖)乘以设计桩断面积(不扣除桩尖虚体积),以体积计算。

(3) 混凝土与钢杆件组合的构件,混凝土按构件以体积计算,钢拉杆按《计价定额》第七章中相应子目执行。

(4) 漏空混凝土花格窗、花格芯按外形面积,以面积计算。

(5) 天窗架、端壁、檩条、支撑、楼梯、板类及厚度在 50mm 以内的薄型构件按设计图纸加定额规定的场外运输、安装损耗,以体积计算。

三、案例详解

【案例 5.16】　某接待室为三类工程,其基础平面图、剖面图如图 5.60 所示。基础为 C20 钢筋混凝土条形基础,C10 素混凝土垫层,混凝土采用泵送商品混凝土。请计算混凝土垫层以及混凝土基础的定额工程量。

【解】

(1) 带形无梁基础。

① 直面部分:

$$外墙中心长度 \ L_1 = (14.4 + 12) \times 2 = 52.80(\text{m})$$

$$内墙净长度 \ L_2 = (12 - 1.4) \times 2 + 4.8 - 1.4 = 24.6(\text{m})$$

$$直面部分体积 \ V_1 = 0.25 \times 1.4 \times (52.8 + 24.6) = 27.09(\text{m}^3)$$

② 斜面部分:

外墙中心长度 $L_3 = L_1 = 52.80\text{m}$

内墙净长度 $L_4 = (12 - 0.3 \times 2 - 0.2 \times 2) \times 2 + 4.8 - 0.3 \times 2 - 0.2 \times 2 = 25.8(\text{m})$

斜面部分体积 $V_2 = \dfrac{1}{2} \times (0.6 + 1.4) \times 0.35 \times (52.8 + 25.8) = 27.51(\text{m}^3)$

带形无梁基础 $V_基 = V_1 + V_2 = 27.09 + 27.51 = 54.60(\text{m}^3)$

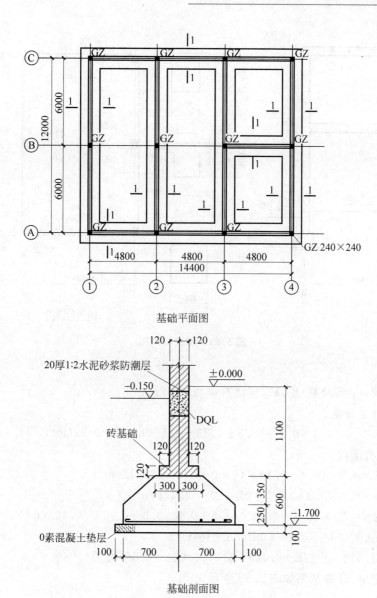

基础平面图

20厚1:2水泥砂浆防潮层

砖基础

DQL

0素混凝土垫层

基础剖面图

图5.60 某接待室基础

（2）混凝土垫层。

外墙中心长度 $L_5 = L_1 = L_3 = 52.80\text{m}$

内墙长度 $L_6 = (12-1.4-0.1\times 2)\times 2+4.8-1.4-0.1\times 2 = 24(\text{m})$

混凝土垫层 $V_{垫} = (52.8+24)\times 0.1\times(0.7\times 2+0.1\times 2) = 12.29(\text{m}^3)$

答：该接待室带形无梁基础工程量为 54.60m^3，基础垫层工程量为 12.29m^3。

【案例5.17】 某三类建筑的全现浇框架主体结构工程如图5.61所示，采用组合钢模板。图中轴线为柱中，现浇混凝土均为C30，板厚100mm。按计价定额计算柱、梁、板的混凝土工程量、综合单价及合价。

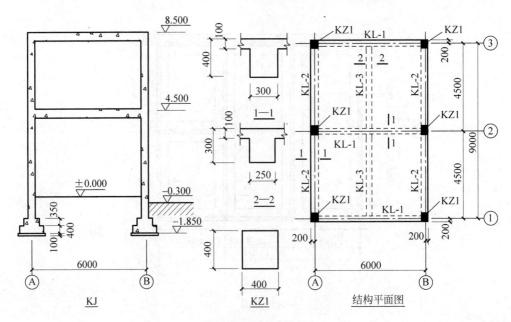

图 5.61　现浇框架图

【解】

（1）列项目：现浇柱（6-14）、现浇有梁板（6-32）。

（2）计算工程量。

① 现浇注：$6×0.4×0.4×(8.5+1.85-0.4-0.35)=9.22(m^3)$。

② 现浇有梁板。

KL-1：$3×0.3×(0.4-0.1)×(6-2×0.2)=1.512(m^3)$。

KL-2：$4×0.3×0.3×(4.5-2×0.2)=1.476(m^3)$。

KL-3：$2×0.25×(0.3-0.1)×(4.5+0.2-0.3-0.15)=0.425(m^3)$。

B：$(6+0.4)×(9+0.4)×0.1=6.016(m^3)$。

小计：$(1.512+1.476+0.425+6.016)×2=18.86(m^3)$。

（3）套定额，计算结果如表 5.32 所示。

表 5.32　计算结果

序号	定额编号	项目名称	单位	工程量	综合单价/元	合价/元
1	6-14	现浇柱	m³	9.22	506.05	4665.78
2	6-32	现浇有梁板	m³	18.86	430.43	8117.91
合计						12783.69

答：现浇注体积为 9.22m³，现浇有梁板体积为 18.86m³，柱、梁、板部分的复价共计 12783.69 元。

【案例 5.18】　如图 5.62 所示某一层三类建筑楼层结构图，设计室外地面到板底高度为 4.2m，轴线为梁（墙）中，板厚 100mm，圈梁混凝土为 C20，有梁板混凝土为 C25，钢筋和粉刷不考虑。计算现浇混凝土有梁板、圈梁的混凝土工程量、综合单价及合价。

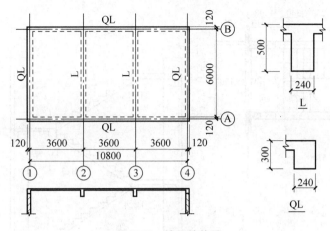

图 5.62 楼层结构图

【解】

(1) 列项目：圈梁(6-21)、有梁板(6-32)。

(2) 计算工程量。

① 圈梁：$0.24 \times (0.3-0.1) \times [(10.8+6) \times 2 - 0.24 \times 4] = 1.57$（$m^3$）。

② 有梁板：

$$L = 0.24 \times (0.5-0.1) \times (6+2 \times 0.12) \times 2 = 1.20（m^3）$$

$$B = (10.8+0.24) \times (6+0.24) \times 0.1 = 6.89（m^3）$$

小计：$1.20+6.89=8.09$（m^3）。

(3) 套定额，计算结果如表 5.33 所示。

表 5.33 计算结果

序号	定额编号	项目名称	单位	工程量	综合单价/元	合价/元
1	6-21	圈梁	m^3	1.57	498.27	782.28
2	6-32 换	有梁板	m^3	8.09	427.33	3457.10
合计						4239.38

注：6-32 换，$430.43-276.61+273.51=427.33$（元/$m^3$）。

答：现浇圈梁体积为 $1.57m^3$，有梁板体积为 $8.09m^3$，混凝土部分的复价共计 4239.38 元。

【案例 5.19】 某宿舍楼楼梯如图 5.63 所示，属于三类工程，轴线墙中，墙厚 200mm，混凝土为 C25，楼梯斜板厚 90mm。计算楼梯和雨篷的混凝土浇捣工程量，并计算综合单价及合价。

【解】

(1) 列项目：混凝土楼梯(6-45)，混凝土复式雨篷(6-48)，楼梯、雨篷混凝土含量调整(6-50)。

(2) 计算工程量。

楼梯：$(2.6-0.2) \times (0.26+2.34+1.3-0.1) \times 3 = 27.36$（$m^2$）。

雨篷：$(0.875-0.1) \times (2.6+0.2) = 2.17$（$m^2$）。

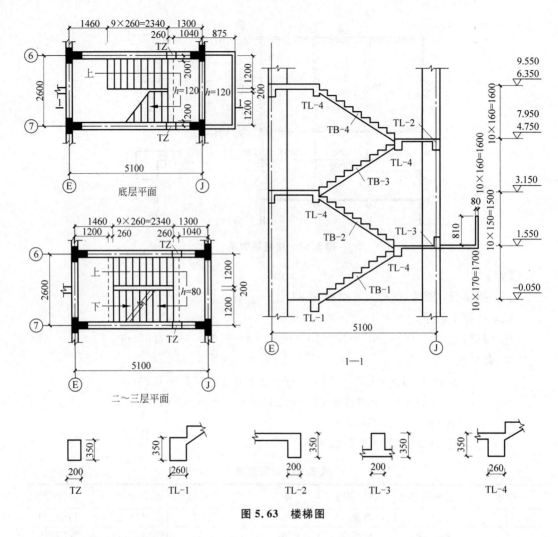

图 5.63　楼梯图

（3）计算混凝土含量。

① 楼梯。

TL-1：$0.26 \times 0.35 \times (1.2 - 0.1) = 0.10 (\mathrm{m}^3)$。

TL-2：$0.2 \times 0.35 \times (2.6 - 2 \times 0.2) \times 2 = 0.31 (\mathrm{m}^3)$。

TL-3：$0.2 \times 0.35 \times (2.6 - 2 \times 0.2) = 0.15 (\mathrm{m}^3)$。

TL-4：$0.26 \times 0.35 \times (2.6 - 0.2) \times 6 = 1.31 (\mathrm{m}^3)$。

一层休息平台：$(1.04 - 0.1) \times (2.6 + 0.2) \times 0.12 = 0.32 (\mathrm{m}^3)$。

二～三层休息平台：$0.94 \times 2.8 \times 0.08 \times 2 = 0.42 (\mathrm{m}^3)$。

TB-1 斜板：$0.09 \times \sqrt{2.34^2 + (9 \times 0.17)^2} \times 1.1 = 0.28 (\mathrm{m}^3)$。

TB-2 斜板：$0.09 \times \sqrt{2.34^2 + (9 \times 0.15)^2} \times 1.1 = 0.27 (\mathrm{m}^3)$。

TB-3、TB-4 斜板：$0.09 \times \sqrt{2.34^2 + (9 \times 0.16)^2} \times 1.1 \times 4 = 1.09 (\mathrm{m}^3)$。

TB-1 踏步：$0.26 \times 0.17 \div 2 \times 1.1 \times 9 = 0.22 (\mathrm{m}^3)$。

TB-2 踏步：$0.26×0.15÷2×1.1×9=0.19(m^3)$。

TB-3、TB-4 踏步：$0.26×0.16÷2×1.1×9×4=0.82(m^3)$。

合计：$5.48m^3$。

设计含量：$5.48×1.015=5.56(m^3)$。

定额含量：$27.36÷10×2.06=5.64(m^3)$。

应调减混凝土含量：$5.64-5.56=0.08(m^3)$。

② 雨篷。

设计含量：$[(0.875-0.1)×2.8×0.12+(0.775×2+2.8-0.08×2)×0.81×0.08]×1.015=0.54(m^3)$。

定额含量：$2.17÷10×1.11=0.24(m^3)$。

应调增混凝土含量：$0.54-0.24=0.30(m^3)$。

小计：$0.30-0.08=0.22(m^3)$。

（4）套定额，计算结果如表 5.34 所示。

表 5.34　计算结果

序号	定额编号	项 目 名 称	计量单位	工程量	综合单价/元	合价/元
1	6-45 换	混凝土楼梯	$10m^2$	2.736	1056.71	2891.16
2	6-48 换	混凝土复式雨篷	$10m^2$	0.217	591.49	128.35
3	6-50 换	楼梯、雨篷混凝土含量增加	m^3	0.22	514.16	113.12
合计						3132.63

注：① 6-45 换，$1026.32-524.72+555.11=1056.71(元/m^3)$。

② 6-48 换，$575.12-282.74+299.11=591.49(元/m^3)$。

③ 6-50 换，$499.41-254.72+269.47=514.16(元/m^3)$。

答：楼梯 $27.36m^2$，雨篷 $2.17m^2$，混凝土部分的复价共计 3132.63 元。

任务八　金属结构工程

金属结构工程共设置 63 个子目，主要内容包括：钢柱制作；钢屋架、钢托架、钢桁架、网架制作；钢梁、钢吊车梁制作；钢制动梁、支撑、檩条、墙架、挡风架制作；钢平台、钢梯子、钢栏杆制作；钢拉杆制作、钢漏斗制作、型钢制作；钢屋架、钢托架、钢桁架现场制作平台摊销；其他。

一、相关说明

（1）金属构件不论在专业加工厂、附属企业加工厂或现场制作，均执行本定额（现场制作需搭设操作平台，其平台摊销费按相应项目执行）。

（2）各种钢材数量除定额已注明为钢筋综合、不锈钢管、不锈钢网架球之外，均以型钢表示。实际不论使用何种型材，钢材总数量和其他人工、材料、机械（除另有说明外）均不变。

（3）定额中的制作均按焊接编制，局部制作用螺栓或铆钉连接，也按本定额执行。轻钢檩条拉杆安装用的螺帽、圆钢剪刀撑用的花篮螺栓,以及螺栓球网架的高强螺栓、紧定钉,已列入本项目相应定额中,执行时按设计用量调整。

(4) 除注明者外,均包括现场内(工厂内)的材料运输、下料、加工、组装及成品堆放等全部工序。加工点至安装点的构件运输,除购入构件外,应另按构件运输定额相应项目计算。

(5) 本定额构件制作项目中的,均已包括刷一遍防锈漆。

(6) 金属结构制作定额中钢材品种按普通钢材为准,如用锰钢等低合金钢者,其制作人工乘以系数 1.1。

(7) 劲性混凝土柱、梁、板内,用钢板、型钢焊接而成的 H、T 型钢柱、梁等构件,按 H 型、T 型钢构件制作定额执行;截面由单根成品型钢构成的构件,按成品型钢构件制作定额执行。

(8) 本定额各子目均未包括焊缝无损探伤(如 X 光透视、超声波探伤、磁粉探伤、着色探伤等),也未包括探伤固定支架制作和被检工件的退磁。

(9) 轻钢檩条拉杆按檩条钢拉杆定额执行,木屋架、钢筋混凝土组合屋架拉杆按屋架钢拉杆定额执行。

(10) 钢屋架单榀质量在 0.5t 以下者,按轻型屋架定额执行。

(11) 天窗挡风架、柱侧挡风板、挡雨板支架制作均按挡风架定额执行。

(12) 钢漏斗、晒衣架、钢盖板等制作、安装一体的定额项目中已包括安装费在内,但未包括场外运输。角钢、圆钢焊制的入口截流沟篦盖制作、安装,按设计质量执行钢盖板制、安定额。

(13) 零星钢构件制作是指质量 50kg 以内的其他零星铁件制作。

(14) 薄壁方钢管、薄壁槽钢、成品 H 型钢檩条及车棚等小间距钢管、角钢槽钢等单根型钢檩条的制作,按 C、Z 型轻钢檩条制作执行。由双 C、双 [、双 L 型钢之间断续焊接或通过连接板焊接的檩条,由圆钢或角钢焊接成片形、三角形截面的檩条按型钢檩条制作定额执行。

(15) 弧形构件(不包括螺旋式钢梯、圆形钢漏斗、钢管柱)的制作人工、机械乘以系数 1.2。

(16) 网架中的焊接空心球、螺栓球、锥头等热加工已含在网架制作工作内容中,不锈钢球按成品半球焊接考虑。

(17) 钢结构表面喷砂与抛丸除锈定额按照 Sa 2 级考虑。如果设计要求 Sa 2.5 级,定额乘以系数 1.2;设计要求 Sa 3 级,定额乘以系数 1.4。

二、工程量计算规则

(1) 金属结构制作按图示钢材尺寸以质量计算,不扣除孔眼、切肢、切角、切边的质量,电焊条、铆钉、螺栓、紧定钉等质量不计入工程量。计算不规则或多边形钢板时,以其外接矩形面积乘以厚度再乘以单位理论质量计算,如图 5.64 所示。

(2) 实腹柱、钢梁、吊车梁、H 型钢、T 型钢构件按图示尺寸计算,其中钢梁、吊车梁腹板及翼板宽度按图示尺寸每边增加 8mm 计算。

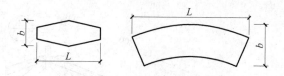

图 5.64　不规则或多边形钢板

（3）钢柱制作工程量包括依附于柱上的牛腿及悬臂梁质量；制动梁的制作工程量包括制动梁、制动桁架、制动板质量；墙架的制作工程量包括墙架柱、墙架梁及连接杆件质量，轻钢结构中的门框、雨篷的梁柱按墙架定额执行。

（4）钢平台、走道应包括楼梯、平台、栏杆合并计算，钢梯应包括踏步、栏杆合并计算。栏杆是指平台、阳台、走廊和楼梯的单独栏杆。

（5）钢漏斗制作工程量，矩形按图示分片，圆形按图示展开尺寸，并依钢板宽度分段计算，每段均以其上口长度（圆形以分段展开上口长度）与钢板宽度按矩形计算，依附漏斗的型钢并入漏斗质量内计算。

（6）轻钢檩条以设计型号、规格按质量计算，檩条间的 C 型钢、薄壁槽钢、方钢管、角钢撑杆、窗框并入轻钢檩条内计算。

（7）轻钢檩条的圆钢拉杆按檩条钢拉杆定额执行，套在圆钢拉杆上作为撑杆用的钢管，其质量并入轻钢檩条钢拉杆内计算。

（8）檩条间圆钢钢拉杆定额中的螺母质量、圆钢剪刀撑定额中的花篮螺栓、螺栓球网架定额中的高强螺栓质量不计入工程量，但应按设计用量对定额含量进行调整。

（9）金属构件中的剪力栓钉安装，按设计套数执行《计价定额》第八章相应子目。

（10）网架制作中，螺栓球按设计球径、锥头按设计尺寸计算质量，高强螺栓、紧定钉的质量不计算工程量，设计用量与定额含量不同时应调整；空心焊接球矩形下料余量定额已考虑，按设计质量计算；不锈钢网架球按设计质量计算。

（11）机械喷砂、抛丸除锈的工程量同相应构件制作的工程量。

三、案例详解

【案例 5.20】　图 5.65 所示为某钢屋架，求其制作工程量、综合单价及合价。

【解】

（1）列项目：轻型屋架(7-9)。

（2）计算工程量。

上弦杆（$\phi 60 \times 2.5$ 钢管）：$(0.08+0.8 \times 3+0.2) \times 2 \times 3.54 = 2.68 \times 2 \times 3.54 = 18.97$(kg)。

下弦杆（$\phi 50 \times 2.5$ 钢管）：$(0.95+0.7) \times 2 \times 2.93 = 9.67$(kg)。

斜杆（$\phi 38 \times 2$ 钢管）：$(\sqrt{0.6 \times 0.6+0.70 \times 0.70}+\sqrt{0.2 \times 0.2+0.3 \times 0.3}) \times 2 \times 1.78 = 4.57$(kg)。

合计：$18.97+9.67+4.57 = 33.21$(kg) $= 0.033$(t)。

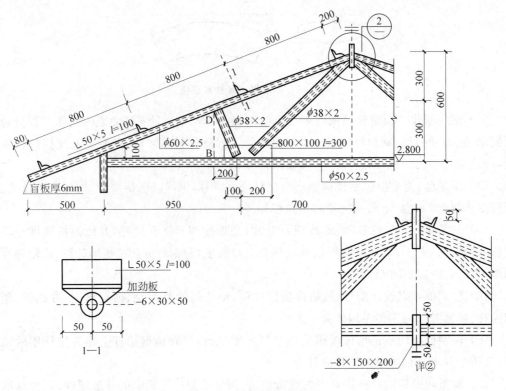

图 5.65　某钢屋架示意图

（3）套定额，计算结果如表 5.35 所示。

表 5.35　计算结果

序号	定额编号	项目名称	计量单位	工程量	综合单价/元	合价/元
1	7-9	轻型屋架	t	0.033	7175.78	236.80
合计						236.80

答：该钢屋架的制作工程量为 0.033t，合价为 236.80 元。

任务九　构件运输及安装工程

一、相关说明

1. 构件运输

（1）定额中包括混凝土构件、金属构件及门窗运输，运输距离应由构件堆放地（或构件加工厂）至施工现场的实际距离确定。

（2）构件运输类别划分详见表 5.36 和表 5.37。

表 5.36　混凝土构件运输类别划分表

类别	项　目
Ⅰ 类	各类屋架、桁架、托架、梁、柱、桩、薄腹梁、风道梁
Ⅱ 类	大型屋面板、槽形板、肋形板、天沟板、空心板、平板、楼梯、檩条、阳台、门窗过梁、小型构件
Ⅲ 类	天窗架、端壁架、挡风架、侧板、上下档、各种支撑
Ⅳ 类	全装配式内外墙板、楼顶板、大型墙板

表 5.37　金属构件运输类别划分表

类别	项　目
Ⅰ 类	钢柱、钢梁、屋架、托架梁、防风桁架
Ⅱ 类	吊车梁、制动梁、钢网架、型(轻)钢檩条、钢拉杆、钢栏杆、盖板、垃圾出灰门、笆子、爬梯、平台、扶梯、烟囱紧固箍
Ⅲ 类	墙架、挡风架、天窗架、不锈钢网架、组合檩条、钢支撑、上下挡、轻型屋架、滚动支架、悬挂支架、管道支架、零星金属构件

（3）定额中综合考虑了城镇、现场运输道路等级、上下坡等各种因素，不得因道路条件不同而调整定额。

（4）构件运输过程中，如遇道路、桥梁限载而发生的加固、拓宽和公安交通管理部门的保安护送以及沿途发生的过路、过桥等费用，应另行处理。

（5）构件场外运输距离在 45km 以上时，除装车、卸车外，其运输分项不执行本定额，根据市场价格协商确定。

2. 构件安装

（1）构件安装场内运输按下列规定执行。

① 现场预制构件已包括机械回转半径 15m 以内的翻身就位。如受现场条件限制，混凝土构件不能就位预制，运距在 150m 以内，每立方米构件另加场内运输人工 0.12 工日，材料 4.10 元，机械 29.35 元。

② 加工厂预制构件安装，定额中已考虑运距在 500m 以内的场内运输。

③ 金属构件安装定额工作内容中未包括场内运输费的，如发生，单件在 0.5t 以内、运距在 150m 以内的，每吨构件另加场内运输人工 0.08 工日，材料 8.56 元，机械 14.72 元；单件在 0.5t 以上的金属构件，按定额的相应项目执行。

④ 场内运距如超过以上规定，应扣去上列费用，另按 1km 以内的构件运输定额执行。

（2）定额中的塔式起重机台班均已包括在《计价定额》第二十三章垂直运输机械费定额中。

（3）安装定额均不包括为安装工作需要所搭设的脚手架。若发生，应按《计价定额》第二十章规定计算。

（4）混凝土构件安装是按履带式起重机、塔式起重机编制的，如施工组织设计需使用轮胎式起重机或汽车式起重机，经建设单位认可后，可按履带式起重机相应项目套用，其中人工、吊装机械乘以系数 1.18；轮胎式起重机或汽车起重机的起重吨位，按履带式起重机相近的起重吨位套用，台班单价换算。

（5）金属构件中轻钢檩条拉杆的安装是按螺栓考虑，其余构件拼装或安装均按电焊考虑，设计用连接螺栓，其连接螺栓按设计用量另行计算（人工不再增加），电焊条、电焊机应相应扣除。

（6）单层厂房屋盖系统构件如必须在跨外安装，按相应构件安装定额中的人工、吊装机械台班乘以系数 1.18。用塔吊安装，不乘以此系数。

（7）履带式起重机（汽车式起重机）安装点高度以 20m 内为准。超过 20m，在 30m 内，人工、吊装机械台班（子目中起重机小于 25t 的，应调整到 25t）乘以系数 1.20；超过 30m，在 40m 内，人工、吊装机械台班（子目中起重机小于 50t 的，应调整到 50t）乘以系数 1.40；超过 40m，按实际情况另行处理。

（8）钢柱安装在混凝土柱上（或混凝土柱内），其人工、吊装机械乘以系数 1.43。混凝土柱安装后，如有钢牛腿或悬臂梁与其焊接，钢牛腿或悬臂梁执行钢墙架安装定额，钢牛腿执行铁件制作定额。

（9）钢管柱安装执行钢柱定额，其中人工乘以系数 0.5。

（10）钢屋架单榀质量在 0.5t 以下的，按轻钢屋架子目执行。

（11）构件安装项目中所列垫铁，是为了校正构件偏差用的。凡设计图纸中的连接铁件、拉板等不属于垫铁范围的，应按《计价定额》第七章相应子目执行。

（12）钢屋架、天窗架拼装是指在构件厂制作、在现场拼装的构件，在现场不发生拼装或现场制作的钢屋架、钢天窗架，不得套用本定额。

（13）小型构件安装包括沟盖板、通气道、垃圾道、楼梯踏步板、隔断板以及单体体积小于 $0.1m^3$ 的构件安装。

（14）钢网架安装定额按平面网格结构编制，如设计为球壳、筒壳或其他曲面状，其安装定额人工乘以系数 1.2。

3. 其他

（1）矩形、工形、空格形、双肢柱、管道支架预制钢筋混凝土构件安装，均按混凝土柱安装相应定额执行。

（2）预制钢筋混凝土柱、梁通过焊接形成的框架结构，其柱安装按框架柱计算，梁安装按框架梁计算，框架梁与柱的接头现浇混凝土部分按项目六相应项目另行计算。

预制柱、梁一次制作成型的框架，按连体框架柱梁定额执行。

（3）预制钢筋混凝土多层柱安装，第一层的柱按柱安装定额执行，两层及两层以上柱按柱接柱定额执行。

（4）单（双）悬臂梁式柱按门式钢架定额执行。

（5）定额子目内既列有"履带式起重机"（汽车式起重机）又列有"塔式起重机"的，可根据不同的垂直运输机械选用：选用卷扬机（带塔）施工的，套"履带式起重机"（汽车式起重机）定额子目；选用塔式起重机施工的，套"塔式起重机"定额子目。

二、工程量计算规则

（1）构件运输、安装工程量计算方法与构件制作工程量计算方法相同（即运输、安装工程量＝制作工程量）。但构件由于在运输、安装过程中易发生损耗（损耗率如表 5.38 所示），工程量按下列规定计算。

表 5.38　预制钢筋混凝土构件场内、外运输、安装损耗率

名　　　称	场外运输/％	场内运输/％	安装/％
天窗架、端壁、桁条、支撑、踏步板、板类及厚度在 50mm 内薄型构件	0.8	0.5	0.5

制作、场外运输工程量 ＝ 设计工程量 × 1.018

安装工程量 ＝ 设计工程量 × 1.01

（2）加气混凝土板（块），硅酸盐块运输每立方米折合钢筋混凝土构件体积 $0.4m^3$，按 Ⅱ 类构件运输计算。

（3）木门窗运输按门窗洞口的面积（包括框、扇在内）以 $100m^2$ 计算，带纱扇另增洞口面积的 40％ 计算。

（4）预制构件安装后接头灌缝工程量均按预制钢筋混凝土构件实体积计算，柱与柱基的接头灌缝按单根柱的体积计算。

（5）组合屋架安装，以混凝土实际体积计算，钢拉杆部分不另计算。

（6）成品铸铁地沟盖板安装，按盖板铺设水平面积计算。定额是按盖板厚度 20mm 计算的，厚度不同，人工含量按比例调整。角钢、圆钢焊制的入口截流沟篦盖制作、安装，按设计质量执行《计价定额》第七章钢盖板制、安定额。

三、案例详解

【案例 5.21】　某工程按施工图计算混凝土天窗架和天窗端壁共计 $100m^3$。加工厂制作，场外运输 15km。请计算混凝土天窗架和天窗端壁运输、安装工程量。

【解】

（1）列项目：Ⅲ 类预制构件运输 15km 以内（8-16），天窗架、端壁安装（8-80）。

（2）计算工程量。

天窗架、天窗端壁场外运输工程量：$100 × 1.018 ＝ 101.8（m^3）$。

天窗架、天窗端壁安装工程量：$100 × 1.01 ＝ 101（m^3）$。

（3）套定额，计算结果如表 5.39 所示。

表 5.39　计算结果

序号	定额编号	项目名称	单位	工程量	综合单价/元	合价/元
1	8-16	Ⅲ 类预制构件运输 15km 以内	m^3	101.8	337.93	34401.27
2	8-80	天窗架、端壁安装	m^3	101	877.41	88618.41
合计						123019.68

答：混凝土天窗架和天窗端壁运输工程量为 101.8m³，安装工程量为 101m³，工程综合单价总计 123019.68 元。

【案例 5.22】　某工程在构件厂制作钢屋架 20 榀，每榀重 0.48t，需运到 10km 内工地安装，安装高度为 25m。试计算钢屋架运输、安装（采用履带吊安装）的工程量。

【解】

(1) 列项目：Ⅰ 类预制构件运输 10km 以内(8-27)、轻型屋架履带吊装安装(8-122)。

(2) 计算工程量（同制作工程量）。

安装工程量：0.48×20＝9.6(t)。

运输工程量：0.48×20＝9.6(t)。

(3) 套定额，计算结果如表 5.40 所示。

表 5.40　计算结果

序号	定额编号	项 目 名 称	单位	工程量	综合单价/元	合价/元
1	8-27	Ⅰ 类预制构件运输 10km 以内	t	9.6	104.18	1000.13
2	8-122 换	轻型屋架履带吊装安装	t	9.6	1328.26	12751.30
合计						13751.43

注：8-122 换，1158.14+(285.36+335.50)×0.2×1.37＝1328.26(元/t)。

答：钢屋架运输、安装的工程量为 9.6t，其综合单价合计 13751.43 元。

任务十　木结构工程

本任务定额内容共分 3 个部分，即厂库房大门、特种门，木结构，附表（厂库房大门、特种门五金、铁件配件表），共编制了 81 个子目。

一、相关说明

(1) 本项目中均以一、二类木种为准，如采用三、四类木种，木种划分如表 5.41 所示。木门制作人工和机械费乘以系数 1.3，木门安装人工乘以系数 1.15，其他项目人工和机械费乘以系数 1.35。

表 5.41　木材分类表

一类	红松、水桐木、樟子松
二类	白松、杉木(方杉、冷杉)、杨木、铁杉、柳木、花旗松、椴木
三类	青松、黄花松、秋子松、马尾松、东北榆木、柏木、苦楝木、梓木、黄菠萝、椿木、楠木(桢楠、润楠)、柚木、樟木、山毛榉、栓木、白木、云香木、枫木
四类	栎木(柞木)、檀木、色木、槐木、荔木、麻栗木(麻栎、青刚)、桦木、荷木、水曲柳、柳桉、华北榆木、核桃楸、克隆、门格里斯

(2) 本定额是按已成型的两个切断面规格料编制的，两个切断面以前的锯缝损耗按总说明规定应另外计算。

（3）本项目中注明的木材断面或厚度均以毛料为准,如设计图纸注明的断面或厚度为净料时,应增加断面刨光损耗:一面刨光加 3mm,两面刨光加 5mm,圆木按直径增加 5mm。

（4）本项目中的木材是以自然干燥条件下的木材编制的。需要烘干时,其烘干费用及损耗由各市确定。

（5）厂库房大门的钢骨架制作已包括在子目中,其上、下轨及滑轮等应按五金铁件表相应项目执行。

（6）厂库房大门、钢木大门及其他特种门的五金铁件表按标准图用量列出,仅作备料参考。

二、工程量计算规则

（1）门制作、安装工程量按门洞口面积计算。无框厂库房大门、特种门按设计门扇外围面积计算。

（2）木屋架的制作安装工程量,按以下规定计算。

① 木屋架不论圆、方木,其制作安装均按设计断面以立方米计算,分别套相应子目,其后配长度及配制损耗已包括在子目内,不另外计算(游沿木、风撑、剪刀撑、水平撑、夹板、垫木等木料并入相应屋架体积内)。

② 圆木屋架刨光时,圆木按直径增加 5mm 计算,附属于屋架的夹板、垫木等已并入相应的屋架制作项目中,不另计算:与屋架连接的挑檐木、支撑等工程量并入屋架体积内计算。

③ 圆木屋架连接的挑檐木、支撑等为方木时,方木部分按矩形檩木计算。

④ 气楼屋架、马尾折角和正交部分的半屋架应并入相连接的正榻屋架体积内计算,如图 5.66 所示。

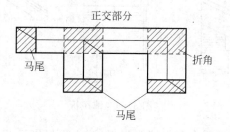

图 5.66 屋架平面图

注:①马尾是指四坡水屋顶建筑物的两端屋面的端头坡面部位。②折角是指构成 L 形的坡屋顶建筑横向和竖向相交的部位。③正交部分是指构成丁字形的坡屋顶建筑横向和竖向相交的部位。

（3）檩木按立方米计算,简支檩木长度按设计图示中距增加 200mm 计算,如两端出山,檩条长度算至博风板。连续檩条的长度按设计长度计算,接头长度按全部连续檩木的总体积的 5% 计算。檩条托木已包括在子目内,不另计算。

（4）屋面木基层,按屋面斜面积计算,不扣除附墙烟囱、风道、风帽底座和屋顶小气窗所占面积,小气窗出檐与木基层重叠部分也不增加,气楼屋面的屋檐突出部分的面积并入计算,如图 5.67 所示。

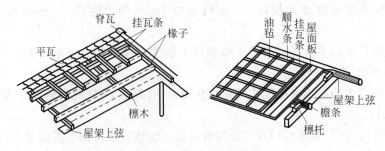

图 5.67 平瓦屋面木基层

（5）封檐板按图示檐口外围长度计算,博风板按水平投影长度乘以屋面坡度系数 C 后,单坡加 300mm,双坡加 500mm 计算,如图 5.68 和图 5.69 所示。

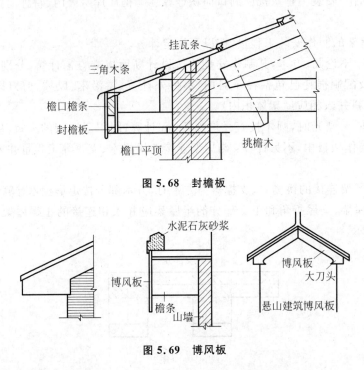

图 5.68 封檐板

图 5.69 博风板

（6）木楼梯（包括休息平台和靠墙踢脚板）按水平投影面积计算,不扣除宽度 300mm 以内的楼梯井,伸入墙内部分的面积也不另计算。

（7）木柱、木梁制作安装均按设计断面竣工木料以立方米计算,其后备长度及配置损耗已包括在子目内。

三、案例详解

【案例 5.23】 某单层房屋的黏土瓦屋面如图 5.70 所示,屋面坡度为 1：2,连续方木檩条断面为 120mm×180mm@1000mm（每个支撑点下放置檩条托木,断面为 120mm×120mm×240mm）；上钉方木椽子,断面为 40mm×60mm@400mm；挂瓦条断面为 30mm×

30mm@330mm，端头钉三角木，断面为 60mm×75mm 对开，封檐板和博风板断面为 200mm×20mm。计算该屋面木基层的工程量、综合单价及合价。

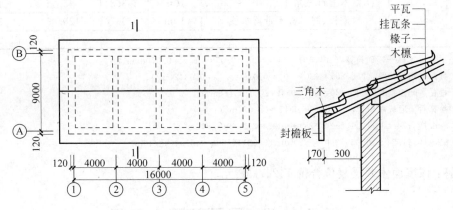

图 5.70 木屋面基层

【解】

(1) 列项目：方木檩条(9-42)，椽子及挂瓦条(9-52)，檩木上钉三角木(9-55)，封檐板、博风板不带落水线(9-59)。

(2) 计算工程量。

① 檩条。

根数：$4.5 \times \sqrt{1+4} \div 1 + 1 = 11$（根）。

檩条体积：$0.12 \times 0.18 \times (16.24 + 2 \times 0.3) \times 11 \times 1.05$（接头）$= 4.20$（m³）。

檩条托木体积：$0.12 \times 0.12 \times 0.24 \times 11 \times 5 = 0.19$（m³）。

小计：$4.20 + 0.19 = 4.39$（m³）。

② 椽子及挂瓦条。

$$(16.24 + 2 \times 0.3) \times (9.0 + 0.24 + 2 \times 0.3) \times \sqrt{1+4} \div 2 = 185.26 \text{（m}^2\text{)}$$

③ 三角木。

$$(16.24 + 0.6) \times 2 = 33.68 \text{（m）}$$

④ 封檐板和博风板。

封檐板：$(16.24 + 2 \times 0.30) \times 2 = 33.68$（m）。

博风板：$[(9.24 + 2 \times 0.32) \times \sqrt{1+4} \div 2 + 0.5] \times 2 = 23.09$（m）。

小计：$33.68 + 23.09 = 56.77$（m）。

(3) 套定额，计算结果如表 5.42 所示。

表 5.42 计算结果

序号	定额编号	项 目 名 称	计量单位	工程量	综合单价/元	合价/元
1	9-42	方木檩条	m³	4.39	2149.96	9438.32
2	9-52 换	椽子及挂瓦条	10m²	18.526	212.49	3936.59

序号	定额编号	项 目 名 称	计量单位	工程量	综合单价/元	合价/元
3	9-55 换	檩木上钉三角木	10m	3.368	45.54	153.38
4	9-59	封檐板、博风板不带落水线	10m	5.677	126.65	718.99
合计						14247.28

注：① 方木椽子断面换算，$(40 \times 50):(40 \times 60)=0.059:x, x=0.0708(\text{m}^3)$。

② 挂瓦条断面换算，$(25 \times 20):(30 \times 30)=0.019:y, y=0.0342(\text{m}^3)$。

③ 挂瓦条间距换算，$300:330=z:0.0342, z=0.0311(\text{m}^3)$。

④ 换算后普通成材用量，$0.0708+0.0311=0.102(\text{m}^3)$。

⑤ 9-52 换，$174.09+(0.102-0.078) \times 1600=212.49(元/10\text{m}^2)$。

⑥ 9-55 换，$41.54+(0.06 \times 0.075 \div 2 \times 10-0.02) \times 1600=45.54(元/10\text{m})$。

答：该屋面木基层复价合价 14247.28 元。

任务十一　屋面及防水工程

本任务定额分 4 个部分共 227 个子目，即屋面防水；平面、立面及其他防水；伸缩缝、止水带；屋面排水。

（1）屋面防水：本任务定额分瓦屋面及彩钢板屋面、卷材屡面、屋面找平层、刚性防水屋面、涂膜屋面 5 个部分，共 98 个子目。

（2）平、立面及其他防水：本定额分涂刷油类、防水砂浆、粘贴卷材纤维 3 个部分，共 165 个子目。

（3）伸缩缝、止水带：本任务定额分伸缩缝、盖缝、止水带 3 个部分，共 37 个子目。

（4）屋面排水：本任务定额分 PVC 管排水、铸铁管排水、玻璃钢管排水 3 个部分，共 27 个子目。

一、相关说明

（1）屋面防水分为瓦、卷材、刚性、涂膜 4 个部分。

① 瓦材规格与定额不同时，瓦的数量可以换算，其他不变。换算公式为

$$\frac{10\text{m}^2}{瓦有效长度 \times 有效宽度} \times 1.025（操作损耗）$$

② 油毡卷材屋面包括刷冷底子油一遍，但不包括天沟、泛水、屋脊、檐口等处的附加层在内，其附加层应另行计算。其他卷材屋面均包括附加层。

③ 本项目以石油沥青、石油沥青玛碲脂为准，设计使用煤沥青、煤沥青玛碲脂，材料调整。

④ 冷胶"二布三涂"项目，其"三涂"是指涂膜构成的防水层数，并非指涂刷遍数，每一涂层的厚度必须符合规范（每一涂层刷两至三遍）要求。

⑤ 高聚物、高分子防水卷材粘贴，实际使用的粘结剂与本定额不同，单价可以换算，其他不变。

（2）平、立面及其他防水是指楼地面及墙面的防水，分为涂刷、砂浆、粘贴卷材 3 个部

分,既适用于建筑物(包括地下室),又适用于构筑物。

各种卷材的防水层均已包括刷冷底子油一遍和平、立面交界处的附加层工料在内。

(3) 在粘结层上单洒绿豆砂者(定额中已包括绿豆砂的项目除外),每 10m² 铺洒面积增加 0.066 工日,绿豆砂 0.078t。

(4) 伸缩缝、盖缝项目中,除已注明规格可调整外,其余项目均不调整。

(5) 无分隔缝的屋面找平层按《计价定额》第十三章相应子目执行。

二、工程量计算规则

(1) 瓦屋面按图示尺寸的水平投影面积乘以屋面坡度延长系数 C(见表 5.43)计算(瓦出线已包括在内),不扣除房上烟囱、风帽底座、风道、屋面小气窗、斜沟等所占面积,屋面小气窗的出檐部分也不增加,如图 5.71 所示。

(2) 瓦屋面的屋脊、蝴蝶瓦的檐口花边、滴水应另列项目按延长米计算,四坡屋面斜脊长度按图 5.72 中的 b 乘以隔延长系数 D(见表 5.43),以延长米计算。山墙泛水长度 $= A \times C$,瓦穿铁丝、钉铁钉、水泥砂浆粉挂瓦条按每 10m² 斜面积计算。

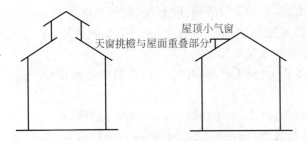

图 5.71 天窗与小气窗出檐

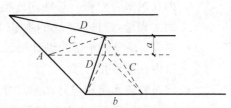

图 5.72 屋面参数示意图

注:屋面坡度大于 45°时,按设计斜面积计算。

表 5.43 屋面坡度延长米系数表

坡度比例 a/b	角度 θ	延长系数 C	隔延长系数 D
1/1	45°	1.4142	1.7321
1/1.5	33°40′	1.2015	1.5620
1/2	26°34′	1.1180	1.5000
1/2.5	21°48′	1.0770	1.4697
1/3	18°26′	1.0541	1.4530

(3) 彩钢夹芯板、彩钢复合板屋面按设计图示尺寸,以面积计算。支架、槽铝、角铝等均包含在定额内。

(4) 彩板屋脊、天沟、泛水、包角、山头按设计长度,以延长米计算。堵头已包含在定额内。

(5) 卷材屋面工程量按以下规定计算。

① 卷材屋面按图示尺寸的水平投影面积乘以规定的坡度系数计算,但不扣除房上烟囱、风帽底座、风道、屋面小气窗和斜沟所占面积。女儿墙、伸缩缝、天窗等处的弯起高度

按图示尺寸计算并入屋面工程量内；如图纸无规定，伸缩缝、女儿墙的弯起高度按250mm 计算，天窗弯起高度按500mm 计算并入屋面工程量内；檐沟、天沟按展开面积并入屋面工程量内。

② 油毡屋面均不包括附加层在内，附加层按设计尺寸和层数另行计算。

③ 其他卷材屋面已包括附加层在内，不另行计算；收头、接缝材料已列入定额。

（6）屋面刚性防水按设计图示尺寸以面积计算，不扣除房上烟囱、风帽底座、风道等所占面积。

（7）屋面涂膜防水工程量计算同卷材屋面。

（8）平、立面防水工程量按以下规定计算。

① 涂刷油类防水，按设计涂刷面积计算。

② 防水砂浆防水，按设计抹灰面积计算，扣除凸出地面的构筑物、设备基础及室内铁道所占的面积，不扣除附墙垛、柱、间壁墙、附墙烟囱及 0.3m² 以内孔洞所占面积。

③ 粘贴卷材、布类。

- 平面：建筑物地面、地下室防水层按主墙（承重墙）间净面积计算，扣除凸出地面的构筑物、柱、设备基础等所占面积，不扣除附墙垛、间壁墙、附墙烟囱及 0.3m² 以内孔洞所占面积。与墙间连接处高度在 300mm 以内者，按展开面积计算，并入平面工程量，超过 300mm 时，按立面防水层计算。
- 立面：墙身防水层按设计图示尺寸，以面积计算，扣除立面孔洞所占面积（0.3m² 以内孔洞不扣）。
- 构筑物防水层按设计图示尺寸，以面积计算，不扣除 0.3m² 以内孔洞面积。

（9）伸缩缝、盖缝、止水带按延长米计算，外墙伸缩缝在墙内、外双面填缝者，工程量应按双面计算。

（10）屋面排水工程量按以下规定计算。

① 玻璃钢、PVC、铸铁水落管、檐沟，均按图示尺寸，以延长米计算。水斗、女儿墙弯头、铸铁落水口（带罩）均按只计算。

② 阳台 PVC 管通水落管按只计算。每只阳台出水口至水落管中心线斜长按 1m 计算（内含 2 只 135°弯头，1 只异径三通）。

三、案例详解

【案例 5.24】　如图 5.70 所示，屋面黏土平瓦规格为 420mm×332mm；单价为4 元/块，长向搭接 75mm，宽向搭接 32mm；脊瓦规格为 432mm×228mm，长向搭接75mm，单价 6 元/块。计算平瓦屋面的工程量、综合单价和复价。

【解】

（1）列项目：铺黏土平瓦（10-1）、铺脊瓦（10-2）。

（2）计算工程量。

瓦屋面面积 = (16.24＋2×0.37)×(9.24＋2×0.37)×1.118 = 189.46(m²)

脊瓦长度 = 16.24＋2×0.37 = 16.98(m)

（3）套定额，计算结果如表 5.44 所示。

表 5.44 计算结果

序号	定额编号	项目名称	计量单位	工程量	综合单价/元	合价/元
1	10-1 换	铺黏土平瓦	10m²	18.946	450.72	8539.34
2	10-2 换	铺脊瓦	10m	1.698	230.22	390.91
合计						8930.25

注：① 黏土平瓦的数量每 $10m^2=10/[(0.42-0.075)\times(0.332-0.032)]\times1.025=99(块)$。

② 10-1 换，$434.72-380.00+0.99\times400=450.72(元/10m^2)$。

③ 脊瓦数量，每 $10m=10/(0.432-0.075)\times1.025=28.71\approx29(块/10m)$。

④ 10-2 换，$131.22-75+0.29\times600=230.22(元/10m)$。

答：该屋面平瓦部分的合价为 8930.25 元。

【案例 5.25】 如图 5.73 所示，四坡水的坡形瓦屋面，其外墙中心线长为 24m，宽为 8m，四面出檐距外墙外边线 0.5m，屋面坡度为 1∶2，外墙为 240mm 砖墙。水泥砂浆铺水泥瓦、脊瓦，水泥砂浆粉挂瓦条 20mm×30mm，间距 345mm，小气窗出檐与屋面重叠为 0.75m²。按定额计算以上项目的工程量、综合单价及合价。

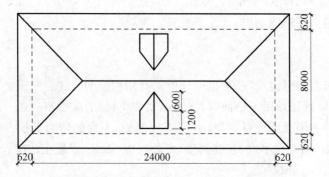

图 5.73 四坡水的坡形瓦屋面

【解】

(1) 列项目：铺水泥瓦(10-7)、铺脊瓦(10-8)、挂瓦条(10-5)。

(2) 计算工程量。

铺水泥瓦工程量：$25.24\times9.24\times1.118=260.74(m^2)$。

脊瓦工程量：$4\times4.62\times1.50+16.00+1.8\times2=47.32(m)$。

挂瓦条工程量：同彩瓦，为 260.74m²。

(3) 套定额，计算结果如表 5.45 所示。

表 5.45 计算结果

序号	定额编号	项目名称	计量单位	工程量	综合单价/元	合价/元
1	10-7	铺水泥瓦	10m²	26.074	368.70	9613.48
2	10-8	铺脊瓦	10m	4.732	298.36	1411.84
3	10-5	挂瓦条	10m²	26.074	68.93	1797.28
合计						12822.60

答：该四坡瓦屋面合价为 12822.60 元。

任务十二　保温、隔热、防腐工程

本任务定额内容共两个部分：第一部分保温隔热工程设置 51 个子目，第二部分防腐工程设置 195 个子目。定额主要内容如下所述。

(1) 保温隔热工程：屋、楼地面保温隔热，计 25 个子目；墙、柱、天棚及其他，计 26 个子目。

(2) 防腐工程。

① 整体面层，内容共分 3 个部分：砂浆、混凝土、胶泥面层；玻璃钢面层；隔离层，计 61 个子目。

② 平面砌块料面层，定额按各种耐酸粘结材料和不同耐酸板材分别编制，计 52 个子目。

③ 池、沟槽砌块料，计 16 个子目。

④ 耐酸防腐涂料，计 61 个子目。

⑤ 烟囱、烟道内涂刷隔绝层，计 5 个子目。

一、相关说明

(1) 外墙聚苯颗粒保温系统，根据设计要求套用相应的工序。

(2) 凡保温、隔热工程用于地面时，增加电动夯实机 0.04 台班/m³。

(3) 整体面层和平面砌块料面层，适用于楼地面、平台的防腐面层。整体面层厚度、砌块料面层的规格、结合层厚度、灰缝宽度、各种胶泥、砂浆、混凝土的配合比，设计与定额不同应换算，但人工、机械不变。

块料贴面结合层厚度、灰缝宽度取定如下：

① 树脂胶泥、树脂砂浆结合层 6mm，灰缝宽度 3mm。

② 水玻璃胶泥、水玻璃砂浆结合层 6mm，灰缝宽度 4mm。

③ 硫磺胶泥、硫磺砂浆结合层 6mm，灰缝宽度 5mm。

④ 花岗岩及其他条石结合层 15mm，灰缝宽度 8mm。

(4) 块料面层以平面砌为准，立面砌时按平面砌的相应子目人工乘以系数 1.38，踢脚板人工乘以系数 1.56，块料乘以系数 1.01，其他不变。

(5) 本项目中浇捣混凝土的项目需立模时，按混凝土垫层项目的含模量计算，按带形基础定额执行。

二、工程量计算规则

(1) 保温隔热工程量按以下规定计算。

① 保温隔热层按隔热材料净厚度(不包括胶结材料厚度)乘以设计图示面积，按体积计算。

② 地墙隔热层，按围护结构墙体内净面积计算，不扣除 0.3m² 以内孔洞所占的面积。

③ 软木、聚苯乙烯泡沫板铺贴平项以图示长乘以宽乘以厚的体积计算。

④ 外墙聚苯乙烯挤塑板外保温、外墙聚苯颗粒保温砂浆、屋面架空隔热板、保温隔热砖、瓦、天棚保温(沥青贴软木除外)层,按设计图示尺寸,以面积计算。

⑤ 墙体隔热:外墙按隔热层中心线,内墙按隔热层净长乘以图示尺寸的高度(如图纸无注明高度,则下部由地坪隔热层起算。带阁楼时,算至阁楼板顶面止;无阁楼时,算至檐口)及厚度,以体积计算,应扣除冷藏门洞口和管道穿墙洞口所占的体积。

⑥ 门口周围的隔热部分,按图示部位,分别套用墙体或地坪的相应子目以体积计算。

⑦ 软木、泡沫塑料板铺贴柱帽、梁面,以设计图示尺寸,按体积计算。

⑧ 梁头、管道周围及其他零星隔热工程,均按设计尺寸,以体积计算,套用柱帽、梁面定额。

⑨ 池槽隔热层按设计图示池槽保温隔热层的长、宽及厚度,以体积计算。其中,池壁按墙面计算,池底按地面计算。

⑩ 包柱隔热层,按设计图示柱的隔热层中心线的展开长度乘以图示尺寸高度及厚度,以体积计算。

(2) 防腐工程项目应区分不同防腐材料种类及厚度,按设计图示尺寸,以面积计算,应扣除凸出地面的构筑物、设备基础所占的面积。砖垛等突出墙面部分按展开面积计算,并入墙面防腐工程量内。

(3) 踢脚板按设计图示尺寸,以面积计算,应扣除门洞所占面积,并相应增加侧壁展开面积。

(4) 平面砌筑双层耐酸块料时,按单层面积乘以系数 2.0 计算。

(5) 防腐卷材接缝附加层收头等工料,已计入定额中,不另行计算。

(6) 烟囱内表面涂抹隔绝层,按筒身内壁的面积计算,并扣除孔洞面积。

三、案例详解

【案例 5.26】 某耐酸池平面及断面如图 5.74 所示,在 350mm 厚的钢筋混凝土基层上粉刷 25mm 耐酸沥青砂浆,用 6mm 厚的耐酸沥青胶泥结合层贴耐酸瓷砖,树脂胶泥勾缝,瓷砖规格 230mm×113mm×65mm,灰缝宽度 3mm,其余与定额规定相同。请计算工程量、综合单价及合价。

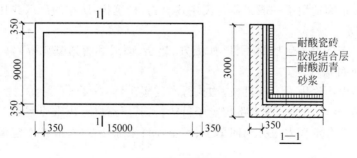

图 5.74 耐酸池

【解】

(1) 列项目:耐酸沥青砂浆 30mm(11-64)、耐酸沥青砂浆 5mm(11-65)、池底贴耐酸瓷砖(11-113)、池壁贴耐酸瓷砖(11-113)。

(2) 计算工程量。

池底、池壁 25mm 耐酸沥青砂浆:$15.0 \times 9.0 + (15.0 + 9.0) \times 2 \times (3.0 - 0.35 - 0.025) = 261.00(\text{m}^2)$。

池底贴耐酸瓷砖:$15.0 \times 9.0 = 135.00(\text{m}^2)$。

池壁贴耐酸瓷砖:$(15.0 + 9.0 - 0.096 \times 2) \times 2 \times (3.0 - 0.35 - 0.096) = 121.61(\text{m}^2)$。

(3) 套定额,计算结果如表 5.46 所示。

表 5.46　计算结果

序号	定额编号	项 目 名 称	计量单位	工程量	综合单价/元	合价/元
1	11-64	耐酸沥青砂浆 30mm	10m²	26.1	1078.06	28137.37
2	11-65	耐酸沥青砂浆 5mm	10m²	−26.1	151.31	−3949.19
3	11-113	池底贴耐酸瓷砖	10m²	13.50	4902.50	66183.75
4	11-113 换	池壁贴耐酸瓷砖	10m²	12.161	5371.22	65319.41
合计						155691.34

注:11-113 换(立面人工乘以 1.38,块料乘以 1.01),$4902.50 + 828.20 \times 0.38 \times (1 + 25\% + 12\%) + 0.01 \times 3756.08 = 5371.22(\text{元}/10\text{m}^2)$。

答:该耐酸池工程复价合计 155691.34 元。

任务十三　厂区道路及排水工程

厂区道路及排水工程定额包括 10 节:整理路床、路肩及边沟砌筑;道路垫层;铺预制混凝土块、道板面层;铺设预制混凝土路牙沿、混凝土面层;排水系统中钢筋混凝土井、池、其他;排水系统中砖砌窨井;井、池壁抹灰、道路伸缩缝;混凝土排水管铺设;PVC 排水管铺设;各种检查井综合定额,共计 70 个子目。

定额适用于一般工业与民用建筑物(构筑物)所在的厂区或住宅小区内的道路、广场及排水。

一、相关说明

(1) 本项目定额适用于一般工业与民用建筑物(构筑物)所在的厂区或住宅小区内的道路、广场及排水。

(2) 本项目定额中未包括的项目(如土方、垫层、面层和管道基础等),应按本定额其他分部的相应子目执行。

(3) 管道铺设不论用人工或机械,均执行本定额。

(4) 停车场、球场、晒场,按道路相应子目执行,其压路机台班乘以系数 1.20。

(5) 检查井综合定额中,挖土、回填土、运土项目未综合在内,应按本定额土方分部的相应子目执行。

二、工程量计算规则

(1) 整理路床、路肩和道路垫层、面层,均按设计图示尺寸,以面积计算,不扣除窨井所占面积。

（2）路牙（沿）以延长米计算。

（3）钢筋混凝土井（池）底、壁、顶和砖砌井（池）壁，不分厚度，以实体积计算；池壁与排水管连接的壁上孔洞，其排水管径在300mm以内所占的壁体积不予扣除；超过300mm时，应予扣除。所有井（池）壁孔洞上部砖券已包括在定额内，不另计算。井（池）底、壁抹灰合并计算。

（4）路面伸缩缝锯缝、嵌缝均按延长米计算。

（5）混凝土、PVC排水管按不同管径分别按延长米计算，长度按两井间净长度计算。

三、案例详解

【案例5.27】　计算如图5.75所示混凝土排水管的工程量。

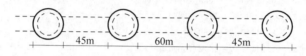

图5.75　混凝土排水管

【解】

计算排水管长度：$L_总＝45＋60＋45＝150$(m)。

答：该混凝土排水管的工程量为150m。

【案例5.28】　某单位施工停车场（土方不考虑）。该停车场面积为30m×120m，做法为：片石垫层25cm厚，道渣垫层15cm厚，C30混凝土面层15cm厚，路床用12t光轮压路机碾压，长边方向每间隔20m留伸缩缝（锯缝），深度100mm，采用聚氯乙烯胶泥嵌缝，嵌缝断面100mm×6mm。请计算其工程量、综合单价及合价。

【解】

（1）列项：路床原土碾压（1-284）、道路片石垫层20cm（12-5）、道路片石垫层每增1cm（12-6）、道渣垫层10cm（12-7）、道渣垫层每增1cm（12-8）、C30混凝土面层10cm（12-18）、C30混凝土面层每增1cm（12-19）、锯缝机锯缝深度50mm（12-37）、锯缝机锯缝深度每增10mm（11-38）、胶泥嵌缝（12-39）。

（2）计算工程量。

路床原土碾压、片石垫层、道渣垫层、混凝土面层：$30×120＝3600$(m²)。

锯缝、嵌缝：$30×(120÷20-1)＝150$(m)。

（3）套定额，计算结果如表5.47所示。

表5.47　计算结果

序号	定额编号	项目名称	计量单位	工程量	综合单价/元	合价/元
1	1-284换	路床原土碾压	1000m²	3.6	117.16	421.78
2	12-5换	道路片石垫层20cm	10m²	360	323.78	116560.80
3	12-6换×5	道路片石垫层增5cm	10m²	360	14.60×5＝73.00	26280.00
4	12-7换	道渣垫层10cm	10m²	360	160.81	57891.60

续表

序号	定额编号	项 目 名 称	计量单位	工程量	综合单价/元	合价/元
5	12-8 换×5	道渣垫层增 5cm	10m²	360	14.21×5＝71.05	25578.00
6	12-18	C30 混凝土面层 10cm	10m²	360	499.07	179665.20
7	12-19×10	C30 混凝土面层增 10cm	10m²	360	41.16×10＝411.60	148176.00
8	12-37	锯缝机锯缝深度 50mm	10m	15	93.53	1402.95
9	12-38×5	锯缝机锯缝深度增 50mm	10m	15	20.27×5＝101.35	1520.25
10	12-39 换	胶泥嵌缝	10m	15	90.48	1357.20
合计						558853.78

注：停车场、球场、晒场按本任务相应项目执行，其压路机台班乘以系数 1.2；整理路床用压路机碾压，按相应项目基价乘以系数 0.5。

① 1-284 换，$234.31 \times 0.5 = 117.16$（元/1000m²）。

② 12-5 换，$321.50 + 0.2 \times 8.31 \times 1.37 = 323.78$（元/10m²）。

③ 12-6 换，$14.46 + 0.2 \times 0.52 \times 1.37 = 14.60$（元/10m²）。

④ 12-7 换，$158.53 + 0.2 \times 8.31 \times 1.37 = 160.81$（元/10m²）。

⑤ 12-8 换，$14.07 + 0.2 \times 0.52 \times 1.37 = 14.21$（元/10m²）。

⑥ 12-39 换，$37.70 \times \dfrac{100 \times 6}{50 \times 5} = 90.48$（元/10m²）。

答：该停车场复价合计 558853.78 元。

《计价定额》下装饰工程工程量的计算

任务一　楼地面工程

本项目定额内容共分 6 节,即垫层;找平层;整体面层;块料面层;木地板、栏杆、扶手;散水、斜坡、明沟,共计 168 个子目。

(1) 垫层:仅适用于地面工程相关项目,不再与基础工程混用,共计 14 个子目。

(2) 找平层:分水泥砂浆、细石混凝土和沥青砂浆 3 个小节,共计 7 个子目。

(3) 整体面层:分水泥砂浆、水磨石、自流平地面及抗静电地面 4 小节,共计 22 个子目。

(4) 块料面层:分石材块料面层;石材块料面多色简单图案拼贴;缸砖、马赛克、凹凸假麻石块;地砖、橡胶塑料板;玻璃;镶嵌铜条;镶贴面酸洗打蜡 7 小节,共计 68 个子目。

(5) 木地板、栏杆、扶手:分木地板;踢脚线;抗静电活动地板;地毯;栏杆、扶手 5 小节,共计 51 个子目。

(6) 散水、斜坡、明沟:共计编制 6 个子目。

一、相关说明

(1) 本项目中包括各种混凝土、砂浆强度等级、抹灰厚度。设计与定额规定不同时,可以换算。

(2) 本项目整体面层子目中均包括基层与装饰面层。找平层砂浆设计厚度不同,按每增、减 5mm 找平层调整。粘结层砂浆厚度与定额不符时,按设计厚度调整。地面防潮层按相应子目执行。

(3) 整体面层、块料面层中的楼地面项目,均不包括踢脚线工料;水泥砂浆、水磨石楼梯包括踏步、踢脚板、踢脚线、平台、堵头,不包括楼梯底抹灰(楼梯底抹灰另按相应子目执行)。

(4) 踢脚线高度按 150mm 编制。如设计高度不同,整体面层不调整,块料面层按比例调整,其他不变。

(5) 水磨石面层定额项目已包括酸洗打蜡工料,设计中不包括酸洗打蜡,应扣除定额中的酸洗打蜡材料费及人工 0.51 工日/10m²；其余项目均不包括酸洗打蜡,应另列项目计算。

(6) 石材块料面板镶贴不分品种、拼色,均执行相应子目。包括镶贴一道墙四周的镶边线(阴、阳角处含 45°角),设计有两条或两条以上镶边处,按相应子目人工乘以系数 1.10(工程量按镶边的工程量计算),矩形分色镶贴的小方块仍按定额执行。

(7) 石材块料面板局部切除并分色镶贴成折线图案者称为简单图案镶贴,切除分色镶贴成弧线形图案者称为复杂图案镶贴。两种图案镶贴应分别套用定额。

(8) 石材块料面板镶贴及切割费用已包括在定额内,但石材磨边未包括在内。设计磨边处,按相应子目执行。

(9) 对石材块料面板地面或特殊地面要求需成品保护处,不论采用何种材料保护,均按相应子目执行,但必须实际发生时才能计算。

(10) 扶手、栏杆、栏板适用于楼梯、走廊及其他装饰栏杆、栏板、扶手,栏杆定额项目中包括弯头的制作、安装。如设计栏杆、栏板的材料、规格、用量与定额不同,可以调整。定额中栏杆、栏板与楼梯踏步的连接按预埋件焊接考虑。设计用膨胀螺栓连接时,每 10m 另增人工 0.35 工日,M10×100 膨胀螺栓 10 只,铁件 1.25kg,合金钢钻头 0.13 只,电锤 0.13 台班。

(11) 楼梯、台阶不包括防滑条。设计用防滑条处,按相应子目执行。螺旋形、圆弧形楼梯贴块料面层按相应子目的人工乘以系数 1.20,块料面层材料乘以系数 1.10,其他不变。现场锯割石材块料面板粘贴在螺旋形、圆弧形楼梯面,按实际情况另行处理。

(12) 斜坡、散水、明沟按《室外工程》(苏 J08—2006)编制,均包括挖(填)土、垫层、砌筑、抹面。采用其他图集时,材料含量可以调整,其他不变。

(13) 通往地下室车道的土方、垫层、混凝土、钢筋混凝土按相应子目执行。

(14) 本项目不含铁件。如发生,另行计算,按相应子目执行。

二、工程量计算规则

(1) 地面垫层按室内主墙间净面积乘以设计厚度,以立方米计算,应扣除凸出地面的构筑物、设备基础、室内铁道、地沟等所占体积,不扣除柱、垛、间壁墙、附墙烟囱及面积在 0.3m² 以内孔洞所占体积,但门洞、空圈、暖气包槽、壁龛的开口部分亦不增加。

(2) 整体面层、找平层均按主墙间净空面积以平方米计算,应扣除凸出地面建筑物、设备基础、地沟等所占面积,不扣除柱、垛、间壁墙、附墙烟囱及面积在 0.3m² 以内的孔洞所占面积,但门洞、空圈、暖气包槽、壁龛的开口部分亦不增加。看台台阶、阶梯教室地面整体面层按展开后的净面积计算。

(3) 地板及块料面层,按图示尺寸实铺面积,以平方米计算,应扣除凸出地面的构筑物、设备基础、柱、间壁墙等不做面层的部分,0.3m² 以内的孔洞面积不扣除。门洞、空圈、暖气包槽、壁龛的开口部分的工程量另增并入相应的面层内计算。

(4) 楼梯整体面层按楼梯的水平投影面积以平方米计算,包括踏步、踢脚板、中间休息平台、踢脚线、梯板侧面及堵头。楼梯井宽在 200mm 以内处,不扣除;超过 200mm 处,应扣除其面积。楼梯间与走廊连接的,应算至楼梯梁的外侧。

（5）楼梯块料面层,按展开实铺面积,以平方米计算;踏步板、踢脚板、休息平台、踢脚线、堵头工程量应合并计算。

（6）台阶(包括踏步及最上一步踏步口外延300mm)整体面层按水平投影面积,以平方米计算;块料面层,按展开(包括两侧)实铺面积,以平方米计算。

（7）水泥砂浆、水磨石踢脚线按延长米计算,其洞口、门口长度不予扣除,但洞口、门口、垛、附墙、烟囱等侧壁也不增加;块料面层踢脚线按图示尺寸,以实贴延长米计算,门洞扣除,侧壁另加。

（8）多色简单、复杂图案镶贴石材块料面板,按镶贴图案的矩形面积计算。成品拼花石材铺贴,按设计图案的面积计算。计算简单、复杂图案之外的面积,扣除简单、复杂图案面积时,也按矩形面积扣除。

（9）楼地面铺设木地板、地毯以实铺面积计算。楼梯地毯压棍安装以套计算。

（10）其他。

① 栏杆、扶手、扶手下托板均按扶手的延长米计算,楼梯踏步部分的栏杆与扶手应按水平投影长度乘以系数1.18计算。

② 斜坡、散水、搓牙均按水平投影面积,以平方米计算。明沟与散水连在一起,明沟按宽300mm计算,其余为散水。散水、明沟应分开计算。散水、明沟应扣除踏步、斜坡、花台等的长度。

③ 明沟按图示尺寸,以延长米计算。

④ 地面、石材面嵌金属和楼梯防滑条均按延长米计算。

三、案例详解

【案例6.1】 如图6.1所示,地面、平台及台阶粘贴镜面同质地砖,设计的构造为:素水泥浆一道;20mm厚1:3水泥砂浆找平层;5mm厚1:2水泥砂浆粘贴800mm×800mm×8mm镜面同质地砖;踢脚线高为150mm;台阶及平台侧面不贴同质砖,底层粉为15mm,面层为5mm。同质砖面层进行酸洗打蜡。用计价表计算同质地砖的工程量、综合单价及合价。

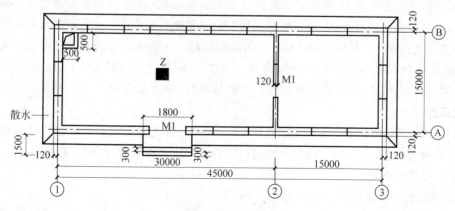

图6.1 地面工程

【解】

(1) 列项目：地面镜面同质砖(13-85)、台阶同质地砖(13-93)、同质砖踢脚线(13-95)、地面酸洗打蜡(13-110)、台阶酸洗打蜡(13-111)。

(2) 计算工程量。

地面镜面同质砖、酸洗打蜡：

$$(45-0.24-0.12)\times(15-0.24)-0.3\times0.3-0.5\times0.5+1.2\times0.12$$
$$+1.2\times0.24+1.8\times0.6=660.06(m^2)$$

台阶同质地砖、酸洗打蜡：

$$1.8\times(3\times0.3+3\times0.15)=2.43(m^2)$$

同质砖踢脚线：

$$(45-0.24-0.12)\times2+(15-0.24)\times4-3\times1.2+2\times0.12+2\times0.24$$
$$+0.3\times4=146.64(m)$$

(3) 套定额，计算结果如表 6.1 所示。

表 6.1　计算结果

序号	定额编号	项目名称	计量单位	工程量	综合单价/元	合价/元
1	13-85	地面镜面同质砖	10m²	66.006	970.83	64080.60
2	13-93	台阶同质地砖	10m²	0.243	1272.24	309.15
3	13-95	同质砖踢脚线	10m	14.664	205.37	3011.55
4	13-110	地面酸洗打蜡	10m²	66.006	57.02	3763.66
5	13-111	台阶酸洗打蜡	10m²	0.243	79.47	19.31
合计						71184.27

答：该块料面层的合价为 71184.27 元。

【案例 6.2】　如图 6.2 所示，某服务大厅内地面垫层上水泥砂浆铺贴大理石板，20mm 厚 1∶3 水泥砂浆找平层，8mm 厚 1∶1 水泥砂浆结合层。具体做法如图 6.2 所示：1200mm×1200mm 大花白大理石板，四周做两道各宽 200mm 中国黑大理石板镶边，转弯处采用 45°对角，大厅内有 4 根直径为 1200mm 圆柱，圆柱四周地面铺贴 1200mm×1200mm 中国黑大理石板，大理石板现场切割；门槛处不贴大理石板；铺贴结束后酸洗打蜡，并进行成品保护。材料市场价格：中国黑大理石 260 元/m²，大花白大理石 320 元/m²。不考虑其他材料的调差，不计算踢脚线。人工工资单价为 110 元/工日，管理费率为 42%，利润率为 15%，请计算该地面装饰工程量、综合单价及合价。

【解】

(1) 列项目：中国黑大理石镶边(13-47)、大花白大理石镶贴(13-47)、圆柱四周中国黑大理石镶贴(13-47)、大理石面层酸洗打蜡(13-110)、大理石成品保护(18-75)。

(2) 计算工程量。

中国黑大理石镶边两道的面积：

$$[15.2\times2+(11.6-0.2\times2)\times2+12\times2+(8.4+0.2\times2)\times2]\times0.2=18.88(m^2)$$

大花白大理石镶贴的面积：

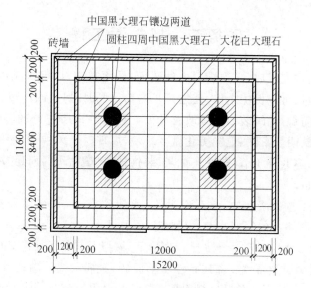

图6.2　服务大厅地面铺贴大理石板

$$15.2\times11.6-[(1.2\times1.2\times4)\times4]-18.88=134.40(\text{m}^2)$$

圆柱四周中国黑大理石镶贴的面积：

$$(1.2\times1.2\times4)\times4-(0.6\times0.6\times3.14)\times4=18.52(\text{m}^2)$$

大理石面层酸洗打蜡、成品保护的面积：

$$15.2\times11.6-(0.6\times0.6\times3.14)\times4=171.80(\text{m}^2)$$

（3）套定额，计算结果如表6.2所示。

表6.2　计算结果

序号	定额编号	项　目　名　称	计量单位	工程量	综合单价/元	合价/元
1	13-47 换	中国黑大理石镶边	10m²	1.888	3479.79	6569.84
2	13-47 换	大花白大理石镶贴	10m²	13.440	4026.16	54111.59
3	13-47 换	圆柱四周中国黑大理石镶贴	10m²	1.852	4101.41	7595.81
4	13-110 换	大理石面层酸洗打蜡	10m²	17.180	81.20	1395.02
5	18-75 换	大理石成品保护	10m²	17.180	21.14	363.19
合计						70035.45

注：① 13-47 换，$[(3.8+0.38)\times110+8.63]\times(1+42\%+15\%)+2642.35+10.20\times(260.00-250.00)=$ $3479.79(\text{元}/10\text{m}^2)$。

② 13-47 换，$[323.00+3.8\times(110.00-85.00)+8.63]\times(1+42\%+15\%)+2642.35+10.20\times(320.00-$ $250.00)=4026.16(\text{元}/10\text{m}^2)$。

③ 13-47 换，$\left[323.00+3.8\times(110.00-85.00)+0.6\times110\times\dfrac{1.507}{1.852}+8.63+0.6\times14.69\times\dfrac{1.507}{1.852}\right]\times(1+42\%+$ $15\%)+2642.35+0.14\times80\times\dfrac{1.507}{1.852}+260\times\dfrac{1.2\times1.2\times4\times4}{18.52}\times10-2550=4101.41(\text{元}/10\text{m}^2)$。

④ 13-110 换，$0.43\times110\times(1+42\%+15\%)+6.94=81.20(\text{元}/10\text{m}^2)$。

⑤ 18-75 换，$0.05\times110\times(1+42\%+15\%)+12.50=21.14(\text{元}/10\text{m}^2)$。

答：该地面装饰工程的合价为 70035.45 元。

任务二　墙柱面工程

　　建筑物主体结构完成后,必须进行内外墙面、柱面装饰,以保护结构,美化环境,满足使用功能。建筑装饰可以保护主体,使之延长寿命。同时,房屋内部声、光、温、湿的调节,对灰尘、射线等的防御,建筑装饰独具改善功能。通过装饰所进行的各种艺术处理,赋予建筑物以清新典雅、明快富丽,更能美化城乡环境,展现时代风貌,标榜民族风格。

　　本项目定额内容共分 4 节,即一般抹灰、装饰抹灰、镶贴块料面层及幕墙、木装修及其他,共计 228 个子目。

　　(1) 一般抹灰:按砂浆品种,分石膏砂浆;水泥砂浆;保温砂浆及抗裂基层;混合砂浆;其他砂浆;砖石墙面勾缝 6 小节,共计 60 个子目。

　　(2) 装饰抹灰:分水刷石;干粘石;斩假石;嵌缝及其他 4 小节,共计 19 个子目。

　　(3) 镶贴块料画层及幕墙:瓷砖;外墙釉面砖、金属面砖;陶瓷锦砖;凹凸假麻石;波形面砖、劈离砖;文化石;石材块料面板;幕墙及封边 8 小节,共计 88 个子目。

　　(4) 木装修及其他:墙面、梁柱面木龙骨骨架;金属龙骨;墙、柱梁面夹板基层;墙、柱梁面各种面层;网塑夹心板墙、GRC 板;彩钢夹心板墙 6 小节,共计 61 个子目。

一、相关说明

1. 一般规定

　　(1) 本项目按中级抹灰考虑,设计砂浆品种、饰面材料规格如与定额取定不同,应按设计调整,但人工数量不变。

　　(2) 外墙保温材料品种不同,可根据相应子目换算调整。地下室外墙粘贴保温板,可参照相应子目,材料可换算,其他不变。柱梁面粘贴复合保温板,可参照墙面执行。

　　(3) 本项目均不包括抹灰脚手架费用。脚手架费用按相应子目执行。

2. 柱墙面装饰

　　(1) 墙、柱的抹灰及镶贴块料面层所取定的砂浆品种、厚度按定额中相关附录规定。设计砂浆品种、厚度与定额不同,均应调整。砂浆用量按比例调整。外墙面砖基层刮糙处理,如基层处理设计采用保温砂浆,此部分砂浆做相应换算,其他不变。

　　(2) 在圆弧形墙面、梁面抹灰或镶贴块料面层(包括挂贴、干挂石材块料面板),按相应子目人工乘以系数 1.18(工程量按其弧形面积计算)计算。块料面层中带有弧边的石材损耗,应按实际情况调整。每 10m 弧形部分,切贴人工增加 0.6 工日,合金钢切割片0.14 片,石料切割机 0.6 台班。

　　(3) 石材块料面板均不包括磨边。设计要求磨边或墙、柱面贴石材装饰线条处,按相应子目执行。设计线条重叠数次,套相应"装饰线条"数次。

　　(4) 外墙面窗间墙、窗下墙同时抹灰,按外墙抹灰相应子目执行;单独圈梁抹灰(包括门、窗洞口顶部),按腰线子目执行;附着在混凝土梁上的混凝土线条抹灰,按混凝土装饰线条抹灰子目执行。但窗间墙单独抹灰或镶贴块料面层,按相应人工乘以系数 1.15 计算。

(5) 门窗洞口侧边、附墙垛等小面粘贴块料面层时,门窗洞口侧边、附墙垛等小面板规格小于块料原规格并需要裁剪的块料面层项目,可套用柱、梁、零星项目。

(6) 内外墙贴面砖的规格与定额取定规格不符,数量应按下式确定:

$$实际数量 = \frac{10m^2 \times (1 + 相应损耗率)}{(砖长 + 灰缝宽) \times (砖宽 + 灰缝厚)}$$

(7) 高在 3.60m 以内的围墙抹灰,均按内墙面相应子目执行。

(8) 石材块料面板上钻孔成槽由供应商完成的,扣除基价中人工的 10% 和其他机械费。斩假石已包括底、面抹灰。

(9) 混凝土墙、柱、梁面的抹灰底层已包括刷一道素水泥浆在内。设计刷两道。每增一道,按相应子目执行。设计采用专用粘结剂时,可套用相应干粉型粘结剂粘贴子目,换算干粉型粘结剂材料为相应专用粘结剂。设计采用聚合物砂浆粉刷的,可套用相应子目,材料换算,其他不变。

(10) 外墙内表面的抹灰按内墙面抹灰子目执行;砌块墙面的抹灰按混凝土墙面相应子目执行。

(11) 干挂石材及大规格面砖所用的干挂胶(AB 胶)每组的用量组成为:A 组为 1.33kg,B 组为 0.67kg。

3. 内墙、柱面木装饰及柱面包钢板

(1) 设计木墙裙的龙骨与定额间距、规格不同时,应按比例换算木龙骨含量。定额仅编制了一般项目中常用的骨架与面层,骨架、衬板、基层、面层均应分开计算。

龙骨含量调整方法如下:

$$断面不同的材积调整 = \frac{设计木楞断面}{定额木楞断面} \times 定额材积$$

$$间距不同的材积调整 = \frac{定额间距(或方格面积)}{设计间距(或方格面积)} \times 定额材积$$

该定额材积是指有断面调整时,应按断面调整以后的材积。

(2) 木饰面子目的木基层均未含防火材料,设计要求刷防火涂料,按相应子目执行。

(3) 装饰面层中均未包括墙裙压顶线、压条、踢脚线、门窗贴脸等装饰线,设计有要求时,应按相应子目执行。

(4) 幕墙材料品种、含量,设计要求与定额不同时,应调整,但人工、机械不变。所有干挂石材、面砖、玻璃幕墙、金属板幕墙子目中不含钢骨架、预埋(后置)铁件的制作安装费,另按相应子目执行。

(5) 不锈钢、铝单板等装饰板块折边加工费及成品铝单板折边面积应计入材料单价,不另计算。

(6) 网塑夹芯板之间设置加固方钢立柱、横梁,应根据设计要求按相应子目执行。

(7) 定额中未包括玻璃、石材的车边、磨边费用。石材车边、磨边按相应子目执行;玻璃车边费用按市场加工费另行计算。

（8）成品装饰面板现场安装，需做龙骨、基层板时，套用墙面相应子目。

二、工程量计算规则

1. 内墙面抹灰

（1）内墙面抹灰面积应扣除门窗洞口和空圈所占的面积，不扣除踢脚线、挂镜线、0.3m² 以内的孔洞和墙与构件交接处的面积；但其洞口侧壁和顶面抹灰亦不增加。垛的侧面抹灰面积应并入内墙面工程量内计算。

内墙面抹灰长度，以主墙间的图示净长计算，其高度按实际抹灰高度确定，不扣除间壁所占的面积。

（2）石灰砂浆、混合砂浆粉刷中已包括水泥护角线，不另行计算。

（3）柱和单梁的抹灰按结构展开面积计算，柱与梁或梁与梁接头的面积不予扣除。砖墙中平墙面的混凝土柱、梁等的抹灰（包括侧壁）应并入墙面抹灰工程量内计算。凸出墙面的混凝土柱、梁面（包括侧壁）抹灰工程量应单独计算，按相应子目执行。

（4）厕所、浴室隔断抹灰工程量，按单面垂直投影面积乘以系数 2.3 计算。

2. 外墙抹灰

（1）外墙面抹灰面积按外墙面的垂直投影面积计算，应扣除门窗洞口和空圈所占的面积，不扣除 0.3m² 以内的孔洞面积。但门窗洞口、空圈的侧壁、顶面及垛等抹灰，应按结构展开面积并入墙面抹灰中计算。外墙面不同品种砂浆抹灰，应分别计算并按相应子目执行。

（2）外墙窗间墙与窗下墙均抹灰，以展开面积计算。

（3）挑檐、天沟、腰线、扶手、单独门窗套、窗台线、压顶等，均以结构尺寸展开面积计算。窗台线与腰线连接时，并入腰线内计算。

（4）外窗台抹灰长度，如设计图纸无规定时，可按窗洞口宽度两边共加 20cm 计算。窗台展开宽度一砖墙按 36cm 计算，每增加半砖宽，则累增 12cm。

单独圈梁抹灰（包括门、窗洞口顶部）、附着在混凝土梁上的混凝土装饰线条抹灰均以展开面积以平方米计算。

（5）阳台、雨篷抹灰按水平投影面积计算。定额中已包括顶面、底面、侧面及牛腿的全部抹灰面积。阳台栏杆、栏板、垂直遮阳板抹灰另列项目计算。栏板以单面垂直投影面积乘以系数 2.1 计算。

（6）水平遮阳板顶面、侧面抹灰按其水平投影面积乘系数 1.5 计算，板底面积并入天棚抹灰内计算。

（7）勾缝按墙面垂直投影面积计算，应扣除墙裙、腰线和挑檐的抹灰面积，不扣除门、窗套、零星抹灰和门、窗洞口等面积，但垛的侧面、门窗洞侧壁和顶面的面积亦不增加。

3. 挂、贴块料面层

（1）内、外墙面、柱梁面、零星项目镶贴块料面层均按块料面层的建筑尺寸（各块料面层＋粘贴砂浆厚度＝25mm)面积计算。门窗洞口面积扣除,侧壁、附垛贴面应并入墙面工程量中。内墙面腰线花砖按延长米计算。

(2) 窗台、腰线、门窗套、天沟、挑檐、盥洗槽、池脚等块料面层镶贴,均以建筑尺寸的展开面积(包括砂浆及块料面层厚度)按零星项目计算。

(3) 石材块料面板挂、贴均按面层的建筑尺寸(包括干挂空间、砂浆、板厚度)展开面积计算。

(4) 石材圆柱面按石材面外围周长乘以柱高(应扣除柱墩、帽高度),以平方米计算。石材柱墩、柱帽按石材圆柱面外围周长乘以其高度,以平方米计算。圆柱腰线按石材圆柱面外围周长计算。

4. 墙、柱木装饰及柱包不锈钢镜面

(1) 墙、墙裙、柱(梁)面:木装饰龙骨、衬板、面层及粘贴切片板按净面积计算,并扣除门、窗洞口及 $0.3m^2$ 以上的孔洞所占的面积,附墙垛及门、窗侧壁并入墙面工程量内计算。

单独门、窗套按相应子目计算。

柱、梁按展开宽度乘以净长计算。

(2) 不锈钢镜面、各种装饰板面均按展开面积计算。若地面天棚面有柱帽、柱脚,则高度应从柱脚上表面至柱帽下表面计算。柱帽、柱脚按面层的展开面积以平方米计算,套柱帽、柱脚子目。

(3) 幕墙以框外围面积计算。幕墙与建筑顶端、两端的封边按图示尺寸以平方米计算,自然层的水平隔离与建筑物的连接按延长米计算(连接层包括上、下镀锌钢板在内)。幕墙上、下设计有窗处,计算幕墙面积时,窗面积不扣除,但每 $10m^2$ 窗面积另增加人工5个工日,增加的窗料及五金按实际计算(幕墙上铝合金窗不再另外计算)。其中,全玻璃幕墙以结构外边按玻璃(带肋)展开面积计算,支座处隐藏部分的玻璃合并计算。

三、案例详解

【案例 6.3】 某房屋如图 6.3 所示,外墙为混凝土墙面,设计为水刷白石子(12mm 厚水泥砂浆 1:3,10mm 厚水泥白石子浆 1:1.5)。计算工程量。

【解】

外墙水刷白石子工程量如下:

$$(8.1+0.12\times2+5.6+0.12\times2)\times2\times(4.6+0.3)$$
$$-1.8\times1.8\times4-0.9\times2.7=123.57(m^2)$$

答:此外墙水刷白石子工程量为 $123.57m^2$。

【案例 6.4】 某酒店大堂一侧墙面在钢骨架上干挂西班牙米黄花岗岩(密缝),花岗岩表面刷防护剂两遍,板材规格为 600mm×1200mm,供应商已完成钻孔成槽;3.2～3.6m高处做吊顶,具体做法如图 6.4 所示。西班牙米黄花岗岩单价为 650 元/m^2;不锈钢连接件按每平方米 5.5 套考虑(总用量取整),配同等数量的 M10×40 不锈钢六角螺栓;钢骨架、铁件(后置)用量按图示(其中,顶端固定钢骨架的铁件用量为 7.27kg);其余材料用量按《计价定额》不做调整,措施费仅考虑脚手架费用(10 号槽钢理论重量为 10.01kg/m;

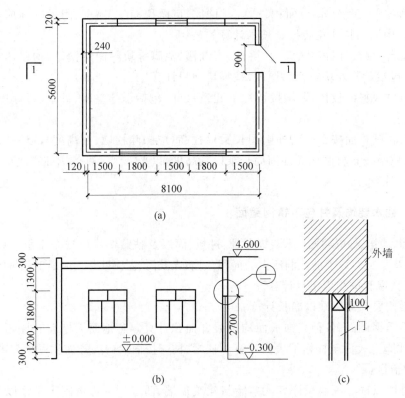

图 6.3　某房屋示意图

（a）平面图；（b）剖面图；（c）详图

角钢∟ 56×5 重量为 4.25kg/m；200×150×12 钢板（铁件）重量为 94.2kg/m² ）。计算该工程相应的工程量、综合单价及合价。

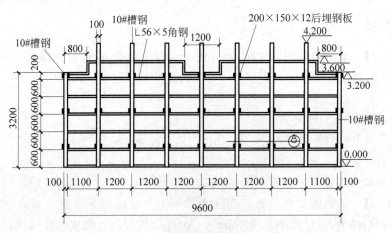

图 6.4　某酒店大堂一侧墙面立面

【解】

（1）列项目：钢骨架上干挂石材块料面板（14-136）、石材面刷防护剂（18-74）、龙骨钢骨架制作(7-61)、钢骨架安装(14-183)、零星铁件制作(7-57)、铁件安装(5-28)、干挂花岗岩脚手(20-24)。

（2）计算工程量。

① 钢骨架上干挂花岗岩：$3.2 \times 9.6 + 0.4 \times (9.6 - 0.8 \times 2 - 1.2) = 33.44(\text{m}^2)$。

② 干挂花岗岩脚手：$4.2 \times 9.6 = 40.32(\text{m}^2)$。

③ 花岗岩表面刷防护剂两遍：33.44m^2。

④ 钢骨架。

10 号槽钢：$(4.2 \times 7 + 3.2 \times 2) \times 10.01 = 358.36(\text{kg})$。

∟ 56×5 角钢：$[7 \times (9.4 - 0.1 \times 7) + 0.4 \times 4] \times 4.25 = 265.63(\text{kg})$。

小计：$358.36 + 265.63 = 623.99(\text{kg})$。

⑤ 铁件。

$200 \times 150 \times 12$ 钢板：$0.2 \times 0.15 \times 27 \times 94.2 = 76.3(\text{kg})$。

顶端固定钢骨架铁件：7.27kg。

小计：$76.3 + 7.27 = 83.57(\text{kg})$。

（3）套定额，计算结果如表 6.3 所示。

表 6.3　计算结果

序号	定额编号	项 目 名 称	计量单位	工程量	综合单价/元	合价/元
1	14-136 换	钢骨架上干挂石材块料面板	10m^2	3.344	8300.88	27758.14
2	18-74	石材面刷防护剂	10m^2	3.344	95.80	320.36
3	7-61	龙骨钢骨架制作	t	0.624	6400.37	3993.83
4	14-183	钢骨架安装	t	0.624	1459.36	910.64
5	7-57	零星铁件制作	t	0.084	8944.78	751.36
6	5-28	铁件安装	t	0.084	3463.13	290.90
7	20-24	干挂花岗岩脚手	10m^2	4.032	83.26	335.70
合计						34360.94

注：干挂花岗岩子目的各材料用量及每 10m^2 的含量。

① 花岗岩，$33.44 \times 1.02 = 34.11(\text{m}^2)$；每 10m^2 的含量为 10.2m^2。

② 不锈钢连接件，$33.44 \times 5.5 = 183.92(\text{套})$，取整 184 套；每 10m^2 的含量：$184/33.44 \times 10 = 55(\text{套})$。

③ $M10 \times 40$ 不锈钢六角螺栓，184 套；每 10m^2 的含量：$184/33.44 \times 10 = 55(\text{套})$。

④ 14-136 换，$[732.7 \times 0.9 + (103.94 - 10)] \times (1 + 25\% + 12\%) + 3124.76 - 2550 + 10.2 \times 650 - 202.5 + 55 \times 4.5 - 85.5 + 55 \times 1.9 = 8300.88(\text{元}/10\text{m}^2)$。

答：该工程的合价为 34360.94 元。

任务三　天棚工程

天棚工程共分 6 节内容，即天棚龙骨、天棚面层及饰面、雨篷、采光天棚、天棚检修道、天棚抹灰，共计 94 个子目。

（1）天棚龙骨：分方木龙骨；轻钢龙骨；铝合金轻钢龙骨；铝合金方板龙骨；铝合金条板龙骨；天棚吊筋 6 小节，共计 41 个子目。

（2）天棚面层及饰面：分夹板面层；纸面石膏板面层；切片板面层；铝合金方板面层；铝合金条板面层；铝塑板面层；矿棉板面层和其他面层 7 小节，共计 32 个子目。

（3）雨篷：分铝合金扣板雨篷和钢化夹胶玻璃雨篷 2 小节，共计 4 个子目。

（4）采光天棚：分铝结构和钢结构玻璃采光天棚 2 个子目。

（5）天棚检修道：分天棚固定检修道、活动走道板 2 个子目。

（6）天棚抹灰：分抹灰面层和贴缝及装饰线 2 小节，共计 13 个子目。

一、相关说明

（1）天棚工程木龙骨、金属龙骨是按面层龙骨的方格尺寸取定的，其龙骨、断面的取定如下。

① 木龙骨断面搁在墙上，大龙骨 50mm×70mm，中龙骨 50mm×50mm；吊在混凝土板下，大、中龙骨 50mm×40mm。

② U 形轻钢龙骨，上人型：大龙骨 60mm×27mm×1.5mm（高×宽×厚）

　　　　　　　　　　　　中龙骨 50mm×20mm×0.5mm（高×宽×厚）

　　　　　　　　　　　　小龙骨 25mm×20mm×0.5mm（高×宽×厚）

　　　　　　　　不上人型：大龙骨 50mm×15mm×1.2mm（高×宽×厚）

　　　　　　　　　　　　中龙骨 50mm×20mm×0.5mm（高×宽×厚）

　　　　　　　　　　　　小龙骨 25mm×20mm×0.5mm（高×宽×厚）

③ T 形铝合金龙骨，上人型：轻钢大龙骨 60mm×27mm×1.5mm（高×宽×厚）

　　　　　　　　　　　铝合金 T 形主龙骨 20mm×35mm×0.8mm（高×宽×厚）

　　　　　　　　　　　铝合金 T 形副龙骨 20mm×22mm×0.6mm（高×宽×厚）

　　　　　　　不上人型：轻钢大龙骨 45mm×15mm×1.2mm（高×宽×厚）

　　　　　　　　　　　铝合金 T 形主龙骨 20mm×35mm×0.8mm（高×宽×厚）

　　　　　　　　　　　铝合金 T 形副龙骨 20mm×22mm×0.6mm（高×宽×厚）

设计与定额不符，应按设计的长度用量加下列损耗调整定额中的含量：木龙骨 6%；轻钢龙骨 6%；铝合金龙骨 7%。

（2）天棚的骨架基层分为简单型、复杂型两种。

简单型是指每间面层在同一标高的平面上。

复杂型是指每一间面层不在同一标高平面上，其高差在 100mm 以上（含 100mm），但必须满足不同标高的少数面积占该间面积的 15% 以上。

（3）天棚吊筋、龙骨与面层应分开计算，按设计套用相应子目。

天棚工程中金属吊筋是按膨胀螺栓连接在楼板上考虑的，每副吊筋的规格、长度、配件及调整办法详见天棚吊筋子目。设计吊筋与楼板底面预埋铁件焊接时，也执行本定额。吊筋子目适用于钢、木龙骨的天棚基层。

设计小房间（厨房、厕所）内不用吊筋时，不能计算吊筋项目，并扣除相应子目中人工含量 0.67 工日/10m²。

（4）天棚工程中轻钢、铝合金龙骨是按双层编制的，设计为单层龙骨（大、中龙骨均在同一平面上）。在套用定额时,应扣除定额中的小(副)龙骨及配件,人工数乘以系数0.87,其他不变;设计小(副)龙骨用中龙骨代替时,其单价应调整。

(5)胶合板面层在现场钻吸声孔时,按钻孔板部分的面积,每 10m² 增加人工 0.64 工日计算。

(6)木质骨架及面层的上表面,未包括刷防火漆。设计要求刷防火漆时,应按相应子目计算。

(7)上人型天棚吊顶检修道分为固定、活动两种,应按设计分别套用定额。

(8)天棚面层中回光槽按相应子目执行。

(9)天棚面的抹灰按中级抹灰考虑,所取定的砂浆品种、厚度详见《计价定额》附录七。设计砂浆品种(纸筋石灰浆除外)厚度与定额不同均应按比例调整,但人工数量不变。

二、工程量计算规则

(1)天棚饰面的面积按净面积计算,不扣除间壁墙、检修孔、附墙烟囱、柱垛和管道所占面积,但应扣除独立柱、0.3m² 以上的灯饰面积(石膏板、夹板天棚面层的灯饰面积不扣除)与天棚相连接的窗帘盒面积。整体金属板中间开孔的灯饰面积不扣除。

(2)天棚中假梁、折线、叠线等圆弧形、拱形、特殊艺术形式的天棚饰面,均按展开面积计算。

(3)天棚龙骨的面积按主墙间的水平投影面积计算。天棚龙骨的吊筋按每 10m² 龙骨面积套相应子目计算;全丝杆的天棚吊筋按主墙间的水平投影面积计算。

(4)圆弧形、拱形的天棚龙骨应按其弧形或拱形部分的水平投影面积计算套用复杂型子目,龙骨用量按设计调整,人工和机械按复杂型天棚子目乘以系数 1.8 计算。

(5)天棚每间以在同一平面上为准,设计有圆弧形、拱形时,按其圆弧形、拱形部分的面积:圆弧形面层人工按其相应子目乘以系数 1.15 计算,拱形面层的人工按相应子目乘以系数 1.5 计算。

(6)铝合金扣板雨篷、钢化夹胶玻璃雨篷均按水平投影面积计算。

(7)天棚面抹灰。

① 天棚面抹灰按主墙间天棚水平面积计算,不扣除间壁墙、垛、柱、附墙烟囱、检查洞、通风洞、管道等所占的面积。

② 密肋梁、井字梁、带梁天棚抹灰面积,按展开面积计算,并入天棚抹灰工程量内。斜天棚抹灰按斜面积计算。

③ 天棚抹面,如抹小圆角处,人工已包括在定额中,材料、机械按附注增加。如带装饰线,其线分别按三道线以内或五道线以内,以延长米计算(线角的道数以每一个突出的阳角为一道线)。

④ 楼梯底面、水平遮阳板底面和檐口天棚,并入相应的天棚抹灰工程量内计算。混凝土楼梯、螺旋楼梯的底板为斜板时,按水平投影面积(包括休息平台)乘以系数 1.18计算;底板为锯齿形时(包括预制踏步板),按其水平投影面积乘以系数 1.5 计算。

三、案例详解

【案例6.5】 如图 6.5 所示为某办公楼楼层走廊吊顶平面布置图,计算吊顶所需工程量。

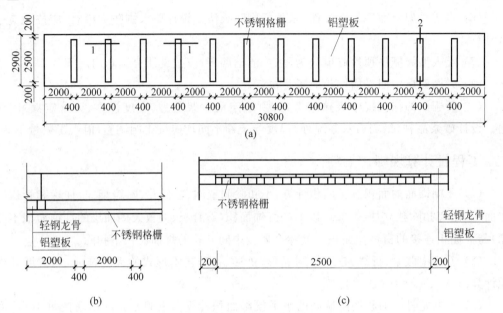

图 6.5　某办公楼楼层走廊吊顶平面布置

(a) 走廊吊顶平面图;(b) 1-1 剖面;(c) 2-2 剖面

【解】

(1) 轻钢龙骨工程量:$30.8 \times 2.9 = 89.32$(m²)。

(2) 面层嵌入式不锈钢格栅工程量:$0.4 \times 2.5 \times 12 = 12$(m²)。

(3) 面层铝合金穿孔面板工程量:$30.8 \times 2.9 - 0.4 \times 2.5 \times 12 = 77.32$(m²)。

答:此吊顶工程量分别为轻钢龙骨 89.32m²,面层嵌入式不锈钢格栅 12m²,面层铝合金穿孔面板 77.32m²。

【案例6.6】 某综合楼的二楼会议室装饰天棚吊顶,室内净高 4.0m,钢筋混凝土柱断面为 300mm×500mm,200mm 厚空心砖墙。天棚布置如图 6.6 所示,采用 ϕ10mm 吊筋(理论重量 0.617kg/m),双层装配式 U 形(不上人)轻钢龙骨,规格为 500mm×500mm,纸面石膏板面层(9.5mm 厚);天棚面批 901 胶白水泥三遍腻子、刷乳胶漆三遍,回光灯槽按《计价定额》执行(内侧不考虑批腻子刷乳胶漆)。天棚与主墙相连处做断面为 120mm×60mm 的石膏装饰线,石膏装饰线的单价为 12 元/m,回光灯槽阳角处贴自粘胶带。人工工资单价按 85 元/工日,管理费率按 42%,利润率按 15%,乳胶漆按 20 元/kg 计,其余按计价定额不做调整。计算该天棚吊顶的工程量、综合单价及合价。

【解】

(1) 列项目:0.4m 高天棚吊筋(15-35)、0.6m 高天棚吊筋(15-35)、复杂天棚龙骨(15-8)、纸面石膏板(15-46)、回光灯槽(18-65)、阳角处贴自粘胶带(17-175)、120mm×

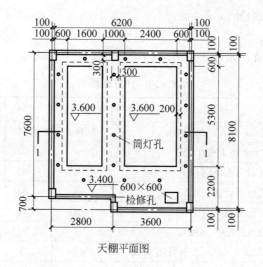

天棚平面图

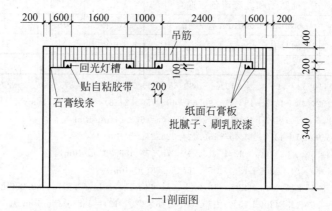

1—1剖面图

图6.6 某综合楼的二楼会议室天棚

60mm石膏阴角线(18-26)、批腻子和乳胶漆各三遍(17-179)、600mm×600mm检修孔(18-60)、筒灯孔(18-63)。

(2)计算工程量。

0.4m高天棚吊筋：$[(1.6+0.2×2)+(2.4+0.2×2)]×(5.3+0.2×2)=27.36(m^2)$。

0.6m高天棚吊筋：$(6.2×8.1-2.8×0.7)-27.36=20.9(m^2)$。

复杂天棚龙骨：$6.2×8.1-2.8×0.7=48.26(m^2)$。

纸面石膏板：$48.26m^2$。

回光灯槽：$[(1.6+0.2)+(5.3+0.2)]×2+[(2.4+0.2)+(5.3+0.2)]×2=30.8(m)$。

阳角处贴自粘胶带：$(2.4+5.3)×2+(1.6+5.3)×2=29.2(m)$。

120mm×60mm石膏阴角线：$(6.2+8.1)×2+0.3×2=29.2(m)$。

天棚批腻子和乳胶漆各三遍：$48.26+[(5.3+2.8)×2+(5.3+2)×2]×0.2+[(5.3+2.4)×2+(5.3+1.6)×2]×0.1=57.34(m^2)$。

600mm×600mm 检修孔：1 个。

筒灯孔：18 个。

（3）套定额，计算结果如表 6.4 所示。

表 6.4　计算结果

序号	定额编号	项 目 名 称	计量单位	工程量	综合单价/元	合价/元
1	15-35 换	0.4m 高天棚吊筋	10m²	2.74	87.49	239.72
2	15-35 换	0.6m 高天棚吊筋	10m²	2.09	94.05	196.56
3	15-8 换	复杂天棚龙骨	10m²	4.83	676.24	3266.24
4	15-46 换	纸面石膏板	10m²	4.83	329.24	1590.23
5	18-65 换	回光灯槽	10m	3.08	489.79	1508.55
6	17-175 换	阳角处贴自粘胶带	10m	2.92	80.68	235.59
7	18-26 换	120mm×60mm 石膏阴角线	100m	0.29	1789.28	518.89
8	17-179 换	批腻子和乳胶漆各三遍	10m²	5.73	368.01	2108.70
9	18-60 换	600mm×600mm 检修孔	10 个	0.1	820.53	82.05
10	18-63 换	筒灯孔	10 个	1.8	31.89	57.40
合计						9803.93

注：① 15-35 换，$10.52\times(1+42\%+15\%)+(90.65-600/750\times24.6)=87.49$（元/10m²）。

② 15-35 换，$10.52\times(1+42\%+15\%)+(90.65-400/750\times24.6)=94.05$（元/10m²）。

③ 15-8 换，$(178.5+3.4)\times(1+42\%+15\%)+390.66=676.24$（元/10m²）。

④ 15-46 换，$113.9\times(1+42\%+15\%)+150.42=329.24$（元/10m²）。

⑤ 18-65 换，$(134.3+5.33)\times(1+42\%+15\%)+270.57=489.79$（元/10m）。

⑥ 17-175 换，$17.85\times(1+42\%+15\%)+52.66=80.68$（元/10m）。

⑦ 18-26 换，$(279.65+15)\times(1+42\%+15\%)+1051.68+110\times(12-9.5)=1789.28$（元/100m）。

⑧ 17-179 换，$161.5\times(1+42\%+15\%)+75.57+4.86\times(20-12)=368.01$（元/10m²）。

⑨ 18-60 换，$363.8\times(1+42\%+15\%)+249.36=820.53$（元/个）。

⑩ 18-63 换，$14.45\times(1+42\%+15\%)+9.2=31.89$（元/个）。

答：该单独装饰工程天棚龙骨面层部分合价为 9803.93 元。

任务四　门　窗　工　程

门窗工程共分 5 节内容，即购入构件成品安装；铝合金门窗制作、安装；木门、窗框扇制作、安装；装饰木门扇；门、窗五金配件安装，共计 346 个子目。

（1）购入构件成品安装：分铝合金门窗；塑钢门窗及塑钢、铝合金纱窗；彩板门窗；电子感应门及旋转门；卷帘门、控栅门；成品木门 6 小节，共计 34 个子目。

（2）铝合金门窗制作、安装：门；窗；无框玻璃门扇；门窗框包不锈钢板 4 小节，共计 22 个子目。

（3）木门、窗框扇制作、安装：分普通木窗；纱窗扇；工业木窗；木百叶窗；无框窗扇、圆形窗；半玻木门；镶板门；胶合板门；企口板门；纱门扇；全玻自由门、半截百叶门 11 小节，共计 234 个子目。

（4）装饰木门扇：分细木工板实芯门扇；其他木门扇；门扇上包金属软包面 3 小节，共计 17 个子目。

（5）门、窗五金配件安装：分门窗特殊五金；铝合金窗五金配件；木门窗五金配件 3 小节，共计 39 个子目。

一、相关说明

（1）购入构件成品安装门窗单价中，除地弹簧、门夹、管子、拉手等特殊五金件外，玻璃及一般五金件已包括在相应的成品单价中。一般五金件的安装人工已包括在定额内，特殊五金件和安装人工应按"门、窗配件安装"的相应子目执行。

（2）铝合金门窗制作、安装。

① 铝合金门窗制作、安装是按在构件厂制作，现场安装编制的，构件厂至现场的运输费用应按当地交通部门的规定运费执行（运费不进入取费基价）。

② 铝合金门窗制作型材分为普通铝合金型材和断桥隔热铝合金型材两种，应按设计分别套用相应子目。各种铝合金型材含量的取定定额仅为暂定。设计型材的含量与定额不符，应按设计用量加 6% 制作损耗调整。

③ 铝合金门窗的五金应按"门、窗五金配件安装"另列项目计算。

④ 门窗框与墙或柱的连接是按镀锌铁脚、尼龙膨胀螺钉连接考虑的，设计不同，定额中的铁脚、螺栓应扣除，其他连接件另外增加。

（3）木门、窗制作、安装。

① 门窗工程编制了一般木门窗制作、安装及成品木门框扇的安装，制作是按机械和手工操作综合编制的。

② 门窗工程均以一、二类木种为准，如采用三、四类木种，分别乘以下列系数：木门、窗制作人工和机械费乘以系数 1.30；木门、窗安装人工乘以系数 1.15。

③ 木材木种划分如表 6.5 所示。

表 6.5　木材木种划分表

一类	红松、水桐木、樟子松
二类	白松、杉木（方杉、冷杉）、杨木、铁杉、柳木、花旗松、椴木
三类	青松、黄花松、秋子松、马尾松、东北榆木、柏木、苦楝木、梓木、黄菠萝、椿木、楠木（桢南、润楠）、柚木、樟木、山毛榉、栓木、白木、云香木、枫木
四类	栎木（柞木）、檀木、色木、槐木、荔木、麻栗木（麻栎、青刚）、桦树、荷木、水曲柳、柳桉、华北榆木、核桃楸、克隆木、门格里斯木

④ 木材规格是按已成型的两个切断面规格料编制的，两个切断面以前的锯缝损耗按总说明规定另外计算。

⑤ 注明的木材断面或厚度均以毛料为准，如设计图纸注明的断面或厚度为净料时，应增加断面刨光损耗：一面刨光加 3mm，两面刨光加 5mm，圆木按直径增加 5mm。

⑥ 木材是以自然干燥条件下的木材编制的。需要烘干时，其烘干费用及损耗由各市确定。

⑦ 门、窗框扇断面除注明者外,均是按《木窗图集》(苏 J73—2)常用项目的Ⅲ级断面编制的,具体取定尺寸如表 6.6 所示。

表 6.6　门窗断面尺寸

门窗	门 窗 类 型	边框断面(含刨光损耗)		扇立梃断(含刨光损耗)	
		定额取定断面/mm	截面积/cm²	定额取定断面/mm	截面积/cm²
门	半截玻璃门	55×100	55	50×100	50
	冒头板门	55×100	55	45×100	45
	双面胶合板门	55×100	55	38×60	22.80
	纱门	—		35×100	35
	全玻自由门	—		50×120	60
	拼板门	70×140(Ⅰ级)	98	50×100	50
	平开、推拉木门	55×100	55	60×120	72
窗	平开窗	55×100	55	45×65	29.25
	纱窗	—		35×65	22.75
	工业木窗	55×120(Ⅱ级)	66	—	—

设计框、扇断面与定额不同时,应按比例换算。框料以边立框断面为准(框裁口处如为钉条者,应加贴条断面),扇料以立梃断面为准,换算公式如下:

$$\frac{设计断面(净料加工刨光损耗)}{定额断面积}×相应子目材积$$

或

(设计断面积 − 定额断面积)× 相应子目框、扇每增减 10cm^2 的材积

⑧ 胶合板门的基价是按四八尺($1220\text{mm}×2440\text{mm}$)编制的,剩余的边角料残值已考虑回收。如建设单位供应胶合板,按两倍门扇数量张数供应,每张裁下的边角料全部退还给建设单位(但残值回收取消)。若使用三七尺($910\text{mm}×2130\text{mm}$)胶合板,定额基价应按括号内的含量换算,并相应扣除定额中的胶合板边角料残值回收值。

⑨ 门窗制作安装的五金、铁件配件按"门窗五金配件安装"相应子目执行,安装人工已包括在相应定额内。设计门、窗玻璃品种、厚度与定额不符,单价应调整,数量不变。

⑩ 木质送、回风口的制作、安装按百叶窗定额执行。

⑪ 设计门、窗有艺术造型等有特殊要求时,因设计差异变化较大,其制作、安装应按实际情况另行处理。

⑫ 本项目子目如涉及钢骨架或者铁件的制作安装,另行套用相应子目。

⑬ "门窗五金配件安装"子目中,五金件规格、品种与设计不符时,应调整。

二、工程量计算规则

(1) 购入成品的各种铝合金门窗安装,按门窗洞口面积,以平方米计算;购入成品的木门扇安装,按购入门扇的净面积计算。

(2) 现场铝合金门窗扇制作、安装,按门窗洞口面积,以平方米计算。

(3) 各种卷帘门按实际制作面积计算。卷帘门上有小门时,其卷帘门工程量应扣除小门面积。卷帘门上的小门按扇计算,卷帘门上电动提升装置以套计算,手动装置的材

料、安装人工已包括在定额内,不另增加。

（4）无框玻璃门按其洞口面积计算。无框玻璃门中,部分为固定门扇、部分为开启门扇时,工程量应分开计算。无框门上带亮子时,其亮子与固定门扇合并计算。

（5）门窗框上包不锈钢板,均按不锈钢板的展开面积,以平方米计算;木门扇上包金属面或软包面,均以门扇净面积计算。无框玻璃门上亮子与门扇之间的钢骨架横撑（外包不锈钢板）,按横撑包不锈钢板的展开面积计算。

（6）门窗扇包镀锌铁皮,按门窗洞口面积以平方米计算;门窗框包镀锌铁皮、钉橡皮条、钉毛毡,按图示门窗洞口尺寸以延长米计算。

（7）木门窗框、扇制作、安装工程量按以下规定计算。

① 各类木门窗（包括纱门、纱窗）制作、安装工程量均按门窗洞口面积,以平方米计算。

② 连门窗的工程量应分别计算,套用相应门、窗定额,窗的宽度算至门框外侧。

③ 普通窗上部带有半圆窗的工程量,应按普通窗和半圆窗分别计算,其分界线以普通窗和半圆窗之间的横框上边线为分界线。

④ 无框窗扇按扇的外围面积计算。

三、案例详解

【案例 6.7】 已知某一层建筑的 M1 为有腰单扇无纱五冒镶板门,洞口尺寸为 900mm×2700mm,框设计断面为 60mm×120mm,共 10 樘,现场制作安装,门扇规格与定额相同,框设计断面均指净料,全部安装球形执手锁。计算门的工程量、综合单价及合价。

【解】

（1）列项目:门框制作（16-161）、门扇制作（16-162）、门框安装（16-163）、门扇安装（16-164）、五金配件（16-339）、球形执手锁（16-312）。

（2）计算工程量。

门框制作安装、门扇制作安装:$0.9 \times 2.7 \times 10 = 24.3 (m^2)$。

五金配件:10 樘。

球形执手锁:10 把。

（3）套定额,计算结果如表 6.7 所示。

表 6.7　计算结果

序号	定额编号	项目名称	计量单位	工程量	综合单价/元	合价/元
1	16-161 换	门框制作	10m²	2.43	637.04	1548.01
2	16-162	门扇制作	10m²	2.43	814.24	1978.60
3	16-163	门框安装	10m²	2.43	63.45	154.18
4	16-164	门扇安装	10m²	2.43	229.20	556.96
5	16-339	五金配件	樘	10	72.15	721.50
6	16-312	球形执手锁	把	10	96.34	963.40
合计						5922.65

注:16-161 换,$507.84 - 299.20 + \dfrac{63 \times 125}{55 \times 100} \times 0.187 \times 1600 = 637.04 (元/10m^2)$。

答:该门的合价为 5922.65 元。

任务五　油漆、涂料、裱糊工程

在建筑工程中,油漆涂料和裱糊是最后的施工工序。油漆和涂料刷浆是将液体涂料涂刷在木材、金属、抹灰面或混凝土等表面,干燥后形成一层与基层牢固粘结的薄膜,以使木材面、金属面和抹灰面与外界空气、水气、酸碱等有害腐蚀性介质隔绝,达到木材防潮、防腐,钢材、铁件防氧化锈蚀的作用。油漆、涂料基本上从材料性能分两大类:油质涂料和水质涂料。水质涂料一般主要用于抹灰面或混凝土面的粉刷。

本项目是由油漆、涂料和裱贴饰面3个部分组成,共计250个子目。

(1)油漆、涂料:主要划分为木材面油漆;金属面油漆和抹灰面油漆;涂料3小节,共计230个子目。

(2)裱贴饰面:分为金(银)、铜(铝)箔;墙纸;墙布3小节,共计20个子目。

一、相关说明

(1)涂料、油漆工程均采用手工操作,喷塑、喷涂、喷油采用机械喷枪操作,实际施工操作方法不同时,均按本定额执行。

(2)油漆项目中,已包括钉眼刷防锈漆的工、料,并综合了各种油漆的颜色。设计油漆颜色与定额不符时,人工、材料均不调整。

(3)定额中已综合考虑分色及门窗内外分色的因素。如果需做美术图案,可按实际情况计算。

(4)定额中规定的喷、涂刷的遍数,如与设计不同,可按每增减一遍相应子目执行。石膏板面套用抹灰面定额。

(5)本定额对硝基清漆磨退出亮定额子目未具体要求刷理遍数,但应达到漆膜面上的白雾光消除,磨退出亮。

(6)色聚氨酯漆已经综合考虑不同色彩的因素,均按本定额执行。

(7)抹灰面乳胶漆、裱糊墙纸饰面是根据现行工艺,将墙面封油刮腻子、清油封底、乳胶漆涂刷及墙纸裱糊分列子目,本定额乳胶漆、裱糊墙纸子目已包括再次找补腻子在内。

(8)浮雕喷涂料小点、大点规格划分如下:小点指点面积在 $1.2cm^2$ 以下;大点指点面积在 $1.2cm^2$ 以上(含 $1.2cm^2$)。

(9)涂料定额是按常规品种编制的,设计用的品种与定额不符,单价换算,可以根据不同的涂料调整定额含量,其余不变。

(10)木材面油漆设计有漂白处理时,由甲、乙双方另行协商。

(11)涂刷金属面防火涂料厚度应达到国家防火规范的要求。

二、工程量计算规则

(1)天棚、墙、柱、梁面的喷(刷)涂料和抹灰面乳胶漆,工程量按实喷(刷)面积计算,但不扣除 $0.3m^2$ 以内的孔洞面积。

(2)木材面油漆:各种木材面的油漆工程量按构件的工程量乘以相应系数计算,其具体系数如下：

① 套用单层木门定额的项目工程量乘以下列系数，如表6.8所示。

表6.8 套用单层木门定额工程量系数表

项 目 名 称	系数	工程量计算方法
单层木门	1.00	
带上亮木门	0.96	
双层（一玻一纱）木门	1.36	
单层全玻门	0.83	
单层半玻门	0.90	
不包括门套的单层木扇	0.81	按洞口面积计算
凹凸线条几何图案造型单层木门	1.05	
木百叶门	1.50	
半木百叶门	1.25	
厂库房木大门、钢木大门	1.30	
双层（单裁口）木门	2.00	

注：① 门、窗贴脸、拔水条、盖口条的油漆已包括在相应定额内，不予调整。
② 双扇木门按相应单扇木门项目乘以系数0.9计算。
③ 厂库房木大门、钢木大门上的钢骨架、零星铁件油漆已包含在系数内。不另计算。

② 套用单层木窗定额的项目工程量乘以下列系数，如表6.9所示。

表6.9 套用单层木窗定额工程量系数表

项 目 名 称	系数	工程量计算方法
单层玻璃窗	1.00	
双层（一玻一纱）窗	1.36	
双层（单裁口）窗	2.00	
三层（二玻一纱）窗	2.60	
单层组合窗	0.83	按洞口面积计算
双层组合窗	1.13	
木百合窗	1.50	
不包括窗套的单层木窗扇	0.81	

③ 套用木扶手定额的项目工程量乘以下列系数，如表6.10所示。

表6.10 套用木扶手定额工程量系数表

项 目 名 称	系数	工程量计算方法
木扶手（不带托板）	1.00	
木扶手（带托板）	2.60	
窗帘盒（箱）	2.04	
窗帘棍	0.35	按延长米计算
装饰线条宽在150mm内	0.35	
装饰线条宽在150mm外	0.52	
封檐板、顺水板	1.74	

④ 套用其他木材面定额的项目工程量乘以下列系数,如表 6.11 所示。

表 6.11　套用其他木材面定额工程量系数表

项 目 名 称	系数	工程量计算方法
纤维板、木板、胶合板天棚	1.00	长×宽
木方格吊顶天棚	1.20	
鱼鳞板墙	2.48	
暖气罩	1.28	
木间壁木隔断	1.90	外围面积长×斜长×高
玻璃间壁露明墙筋	1.65	
木栅栏、木栏杆(带扶手)	1.82	
零星木装修	1.10	展开面积

⑤ 套用木墙裙定额的项目工程量乘以下列系数,如表 6.12 所示。

表 6.12　套用木墙裙定额工程量系数表

项 目 名 称	系数	工程量计算方法
木墙裙	1.00	净长×高
有凹凸、线条几何图案的木墙裙	1.05	

⑥ 踢脚线按延长米计算。如踢脚线与墙裙油漆材料相同,应合并在墙裙工程量中。

⑦ 橱、台、柜工程量按展开面积计算。零星木装修、梁、柱饰面按展开面积计算。

⑧ 窗台板、筒子板(门、窗套),不论有无拼花图案和线条,均按展开面积计算。

⑨ 套用木地板定额的项目工程量乘以下列系数,如表 6.13 所示。

表 6.13　套用木地板定额工程量系数表

项 目 名 称	系数	工程量计算方法
木地板	1.00	长×宽
木楼梯(不包括底面)	2.30	水平投影面积

(3) 抹灰面、构件面油漆、涂料、刷浆。

① 抹灰面的油漆、涂料、刷浆的工程量等于抹灰的工程量。

② 混凝土板底、预制混凝土构件仅油漆、涂料、刷浆的工程量按下列方法计算,套抹灰面相应子目,如表 6.14 所示。

表 6.14　套抹灰面定额工程量计算表

项 目 名 称	系数	工程量计算方法
槽形板、混凝土折板底面	1.30	长×宽
有梁板底(含梁底、侧面)	1.30	
混凝土板式楼梯底(斜板)	1.18	水平投影面积
混凝土板式楼梯底(锯齿形)	1.50	
混凝土花格窗、栏杆	2.00	长×宽

续表

项 目 名 称		系数	工程量计算方法
遮阳板、栏板		2.10	长×宽(高)
混凝土预制构件	屋架、天窗架	40m²	每 m³ 构件
	柱、梁、支撑	12m²	
	其他	20m²	

(4)金属面油漆。

① 套用单层钢门窗定额的项目工程量乘以下列系数,如表6.15所示。

表 6.15 套用单层钢门窗定额工程量计算表

项 目 名 称	系数	工程量计算方法
单层钢门窗	1.00	洞口面积
双层钢门窗	1.50	
单钢门窗带纱门窗扇	1.10	
钢百叶门窗	2.74	
半截百叶钢门	2.22	
满钢门或包铁皮门	1.63	
钢折叠门	2.30	框(扇)外围面积
射线防护门	3.00	
厂库房平开、推拉门	1.70	
间壁	1.90	长×宽
平板屋面	0.74	斜长×宽
瓦垄板屋面	0.89	
镀锌铁皮排水、伸缩缝盖板	0.78	展开面积
吸气罩	1.63	水平投影面积

② 其他金属面油漆,按构件油漆部分表面积计算。

③ 套用金属面定额的项目:原材料每米重量 5kg 以内为小型构件,防火涂料用量乘以系数 1.02,人工乘以系数 1.1;网架上刷防火涂料时,人工乘以系数 1.4。

(5)刷防火涂料计算规则。

① 隔壁、护壁木龙骨按其面层正立面投影面积计算。

② 柱木龙骨按其面层外围面积计算。

③ 天棚龙骨按其水平投影面积计算。

④ 木地板中,木龙骨及木龙骨带毛地板按地板面积计算。

⑤ 隔壁、护壁、柱、天棚面层及木地板刷防火涂料,执行其他木材面刷防火涂料相应子目。

三、案例详解

【案例 6.8】 对本项目任务四中案例 6.7 的门采用聚氨酯漆油漆三遍,计算该门的油漆工程量。

【解】

油漆工程量：$0.9 \times 2.7 \times 10 \times 0.96 = 23.328(\text{m}^2)$。

答：该门的油漆工程量为 23.328m^2。

任务六　其他零星工程

其他零星工程是装饰部分除门窗工程、楼地面工程、墙柱面工程、天棚工程及油漆涂料被糊工程外其他零星装饰的汇总，主要包括与建筑装饰工程相关的招牌、灯箱面层；美术字安装；压条、装饰条线；镜面玻璃；卫生间配件；门窗套；木窗台板；木盖板；暖气罩；天棚面零星项目；灯带、灯槽；窗帘盒；窗帘、窗帘轨道；石材面防护剂；成品保护；隔断；柜类、货架，共 17 节 114 个子目。

一、相关说明

（1）除铁件、钢骨架已包含刷防锈漆一遍外，其余均未包含油漆、防火漆的工料。如设计涂刷油漆、防火漆，按油漆相应子目套用。

（2）招牌不区分平面型、箱体型、简单型、复杂型。各类招牌、灯箱的钢骨架基层制作、安装套用相应子目，按吨计量。

（3）招牌、灯箱内灯具未包括在内。

（4）字体安装均按成品安装考虑，不区分字体，均执行本定额。

（5）装饰线条安装为线条成品安装，定额均以安装在墙面上为准。设计安装在天棚面层时，按以下规定执行（但墙、顶交界处的角线除外）：钉在木龙骨基层上，人工按相应定额乘以系数 1.34 计算；钉在钢龙骨基层上，人工按相应子目乘以系数 1.68 计算；钉木装饰线条图案，人工乘以系数 1.50（木龙骨基层上）及 1.80（钢龙骨基层上）。设计装饰线条成品规格与定额不同时，应换算，但含量不变。

（6）石材装饰线条均按成品安装考虑。石材装饰线条的磨边、异型加工等均包含在成品线条的单价中，不再另计。

（7）石材磨边是按在工厂无法加工而必须在现场制作加工考虑的。实际由外单位加工的，应另行计算。

（8）成品保护是指在已做好的项目面层上覆盖保护层。保护层的材料不同，不得换算。实际施工中未覆盖的，不得计算成品保护。

（9）货柜、柜类定额中未考虑面板拼花及饰面板上贴其他材料的花饰、造型艺术品。货架、柜类图见定额附件。该部分定额子目仅供参考使用。

（10）石材的镜面处理另行计算。

（11）石材面刷防护剂是指通过刷、喷、涂、滚等方法，使石材防护剂均匀分布在石材表面或渗透到石材内部形成一种保护，使石材具有防水、防污、耐酸碱、抗老化、抗冻融、抗生物侵蚀等功能，从而达到提高石材使用寿命和装饰性能的效果。

二、工程量计算规则

（1）灯箱面层按展开面积，以平方米计算。

（2）招牌字按每个字面积在 $0.2m^2$ 内、$0.5m^2$ 内、$0.5m^2$ 外 3 个子目划分。字不论安装在何种墙面或其他部位,均按字的个数计算。

（3）单线木压条、木花式线条、木曲线条、金属装饰条及多线木装饰条、石材线等安装,均按外围延长米计算。

（4）石材及块料磨边、胶合板刨边、打硅酮密封胶,均按延长米计算。

（5）门窗套、筒子板按面层展开面积计算。窗台板按平方米计算。如图纸未注明窗台板长度,可按窗框外围两边共加 100mm 计算。窗口凸出墙面的宽度,按抹灰面另加 30mm 计算。

（6）暖气罩按外框投影面积计算。

（7）窗帘盒及窗帘轨按延长米计算。如设计图纸未注明尺寸,可按洞口尺寸加 30cm 计算。

（8）窗帘装饰布。

① 窗帘布、窗纱布、垂直窗帘的工程量按展开面积计算。

② 窗水波幔帘按延长米计算。

（9）石膏浮雕灯盘、角花按个数计算,检修孔、灯孔、开洞按个数计算,灯带按延长米计算,灯槽按中心线延长米计算。

（10）石材防护剂按实际涂刷面积计算。成品保护层按相应子目工程量计算。台阶、楼梯按水平投影面积计算。

（11）卫生间配件。

① 石材洗漱台板工程量按展开面积计算。

② 浴帘杆按数量以每 10 支计算,浴缸拉手及毛巾架按数量以每 10 副计算。

③ 无基层成品镜面玻璃、有基层成品镜面玻璃,均按玻璃外围面积计算。镜框线条另计。

（12）隔断的计算。

① 半玻璃隔断是指上部为玻璃隔断,下部为其他墙体,其工程量按半玻璃设计边框外边线,以平方米计算。

② 全玻璃隔断是指其高度自下横档底算至上横档顶面,宽度按两边立框外边,以平方米计算。

③ 玻璃砖隔断按玻璃砖格式框外围面积计算。

④ 浴厕木隔断,其高度自下横档底算至上横档项面,以平方米计算。门扇面积并入隔断面积内计算。

⑤ 塑钢隔断按框外围面积计算。

（13）货架、柜橱类均以正立面的高(包括脚的高度在内)乘以宽,以平方米计算。收银台以个计算,其他以延长米为单位计算。

三、案例详解

【案例 6.9】 如图 6.7 所示门窗的内部装饰详图(土建三类),门做筒子板和贴脸,窗在内部做筒子板和贴脸,贴脸采用 5mm×5mm 成品木线条(3 元/m),45°斜角连接,门、窗筒子板采用木针与墙面固定,胶合板三夹底、普通切片三夹板面,筒子板与贴脸采用清漆油漆两遍。计算门窗内部装饰的工程量、综合单价及合价。

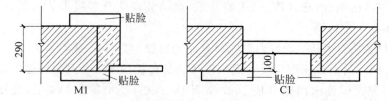

图 6.7　筒子板及贴脸

【解】

(1) 列项目:贴脸安装(17-21)、筒子板安装(17-60)、筒子板油漆(16-57)。

(2) 计算工程量。

① 贴脸。

M1 贴脸:$(2\times2+1.2+0.05\times2)\times2=10.6(m)$。

C1 贴脸:$(1.2+1.5+0.05\times2)\times2\times8=44.8(m)$。

小计:$10.6+44.8=55.4(m)$。

② 筒子板。

门:$(1.2+2\times2)\times0.29=1.51(m^2)$。

窗:$(1.2+1.5)\times0.1\times2\times8=4.32(m^2)$。

小计:$1.51+4.32=5.83(m^2)$。

③ 油漆:$5.83m^2$(贴脸部分油漆含在门窗油漆中,不另计算)。

(3) 套定额,计算结果如表 6.16 所示。

表 6.16　计算结果

序号	定额编号	项　目　名　称	计量单位	工程量	综合单价/元	合价/元
1	17-21 换	贴脸安装	100m	0.554	439.35	243.40
2	17-60	筒子板安装	10m²	0.583	673.09	392.41
3	16-57	筒子板油漆	10m²	0.583	65.03	37.91
合计						673.72

注:17-21 换,$424.23-308.88+108\times3=439.35$(元/100m)。

答:该门窗内部装饰的合价为 673.72 元。

任务七　建筑物超高增加费用

一、相关说明

1. 建筑物超高增加费

(1) 建筑物设计室外地面至檐口的高度(不包括女儿墙、屋顶水箱、突出屋面的电梯间、楼梯间等的高度)超过 20m 或建筑物超过 6 层时,应计算超高费。

(2)超高费内容包括:人工降效、除垂直运输机械外的机械降效费用、高压水泵摊销、上下联络通信等所需费用。超高费包干使用,不论实际发生多少,均按定额执行,不调整。

(3)超高费按下列规定计算。

① 建筑物檐高超过 20m 或层数超过 6 层部分的,按其超过部分的建筑面积计算。

② 建筑物檐高超过 20m,但其最高一层或其中一层楼面未超过 20m 且在 6 层以内时,该楼层在 20m 以上部分的超高费,每超过 1m(不足 0.1m 按 0.1m 计算),按相应定额的 20%计算。

③ 建筑物 20m 或 6 层以上楼层,如层高超过 3.6m,层高每增高 1m(不足 0.1m 按 0.1m 计算),层高超高费按相应定额的 20%计取。

④ 同一建筑物中有 2 个或 2 个以上不同檐口高度时,应分别按不同高度竖向切面的建筑面积套用定额。

⑤ 单层建筑物(无楼隔层者)高度超过 20m,其超过部分除构件安装按《计价定额》第八章的规定执行外,另再按任务中相应项目计算每增高 1m 的层高超高费。

2. 单独装饰工程超高人工降效

(1)"高度"和"层数",只要其中一个指标达到规定,即可套用该项目。

(2)当同一个楼层中的楼面和天棚不在同一计算段内时,按天棚面标高段为准计算。

二、工程量计算规则

(1)建筑物超高费以超过 20m 或 6 层部分的建筑面积计算。

(2)单独装饰工程超高人工降效,以超过 20m 或 6 层部分的工日分段计算。

项目七 **Chapter 7**

措施项目费用的计算

任务一 脚手架工程

一、相关说明

1. 脚手架工程

脚手架分为综合脚手架和单项脚手架两部分。单项脚手架适用于单独地下室、装配式和多(单)层工业厂房、仓库、独立的展览馆、体育馆、影剧院、礼堂、饭堂(包括附属厨房)、锅炉房、檐高未超过3.60m的单层建筑、超过3.60m高的屋顶构架、构筑物和单独装饰工程等。除此之外的单位工程均执行综合脚手架项目。

1) 综合脚手架

(1) 檐高在3.60m内的单层建筑不执行综合脚手架定额。

(2) 综合脚手架项目仅包括脚手架本身的搭拆,不包括建筑物洞口临边、电器防护设施等费用,以上费用已在安全文明施工措施费中列支。

(3) 单位工程在执行综合脚手架时,遇有下列情况应另列项目计算,不再计算超过20m脚手架材料增加费。

① 各种基础自设计室外地面起深度超过1.50m(砖基础至大放脚砖基底面、钢筋混凝土基础至垫层上表面),同时混凝土带形基础底宽超过3m、满堂基础或独立柱基(包括设备基础)混凝土底面积超过16m²,应计算砌墙、混凝土浇捣脚手架。砖基础以垂直面积按单项脚手架中里架子、混凝土浇捣按相应满堂脚手架定额执行。

② 层高超过3.60m的钢筋混凝土框架柱、梁、墙混凝土浇捣脚手架,按单项定额规定计算。

③ 独立柱、单梁、墙高度超过3.60m混凝土浇捣脚手架,按单项定额规定计算。

④ 层高在2.20m以内的技术层外墙脚手架,按相应单项定额规定执行。

⑤ 施工现场需搭设高压线防护架、金属过道防护棚脚手架,按单项定额规定执行。

⑥ 屋面坡度大于45°时,屋面基层、盖瓦的脚手架费用应另行计算。

⑦ 未计算到建筑面积的室外柱、梁等,其高度超过3.60m时,应另按单项脚手架相应定额计算。

⑧ 地下室的综合脚手架,按檐高在 12m 以内的综合脚手架相应定额乘以系数 0.5执行。

⑨ 檐高 20m 以下采用悬挑脚手架的,可计取悬挑脚手架增加费用;20m 以上悬挑脚手架增加费已包括在脚手架超高材料增加费中。

2) 单项脚手架

(1) 本定额适用于综合脚手架以外的檐高在 20m 以内的建筑物,突出主体建筑物顶的女儿墙、电梯间、楼梯间、水箱等不计入檐口高度。前、后檐高不同,按平均高度计算。檐高在 20m 以上的建筑物,脚手架除按本定额计算外,其超过部分所需增加的脚手架加固措施等费用,均按超高脚手架材料增加费子目执行。构筑物、烟囱、水塔、电梯井按其相应子目执行。

(2) 除高压线防护架外,本定额已按扣件式钢管脚手架编制,实际施工中不论使用何种脚手架材料,均按本定额执行。

(3) 需采用型钢悬挑脚手架时,除计算脚手架费用外,应计算外架子悬挑脚手架增加费。

(4) 本定额满堂脚手架不适用于满堂扣件式钢管支撑架(简称满堂支撑架)。满堂支撑架应按搭设方案计价。

(5) 单层轻钢厂房脚手架适用于单层轻钢厂房钢结构施工用脚手架,分钢柱梁安装脚手架、屋面瓦等水平结构安装脚手架和墙板、门窗、雨篷、天沟等竖向结构安装脚手架,不包括厂房内土建、装饰工作脚手架。实际发生时,另执行相关子目。

(6) 外墙镶(挂)贴脚手架定额适用于单独外装饰工程脚手架搭设。

(7) 高度在 3.60m 以内的墙面、天棚、柱、梁抹灰(包括钉间壁、钉天棚)用的脚手架费用套用 3.60m 以内的抹灰脚手架。如室内(包括地下室)净高超过 3.60m,天棚需抹灰(包括钉天棚),应按满堂脚手架计算,但其内墙抹灰不再计算脚手架。高度在 3.60m 以上的内墙面抹灰(包括钉间壁),如无满堂脚手架可以利用,可按墙面垂直投影面积计算抹灰脚手架。

(8) 建筑物室内天棚面层净高在 3.60m 内,吊筋与楼层的连接点高度超过 3.60m,应按满堂脚手架相应定额综合单价乘以系数 0.6 计算。

(9) 墙、柱梁面刷浆、油漆的脚手架按抹灰脚手架相应定额乘以系数 0.1 计算。室内天棚净高超过 3.60m 的板下勾缝、刷浆、油漆可另行计算一次脚手架费用,按满堂脚手架相应项目乘以系数 0.1 计算。

(10) 天棚、柱、梁、墙面不抹灰,但满批腻子时,脚手架执行同抹灰脚手架定额。

(11) 瓦屋面坡度大于 45°时,屋面基层、盖瓦的脚手架费用应另按实际情况计算。

(12) 当结构施工搭设的电梯井脚手架延续至电梯设备安装使用时,套用安装用电梯井脚手架时,应扣除定额中的人工及机械。

(13) 构件吊装脚手架按表 7.1 执行,单层轻钢厂房钢构件吊装脚手架执行单层轻钢厂房钢结构施工用脚手架,不再执行表 7.1。

表 7.1　构件吊装脚手架费用表

混凝土构件/(元/m³)				钢构件/(元/t)			
柱	梁	屋架	其他	柱	梁	屋架	其他
1.58	1.65	3.20	2.30	0.70	1.00	1.50	1.00

（14）满堂支撑架适用于架体顶部承受钢结构、钢筋混凝土等施工荷载，对支撑构件起支撑平台作用的扣件式脚手架。脚手架周转材料使用量大时，可区分租赁和自备材料两种情况计算。施工过程中对满堂支撑架的使用时间、材料的投入情况应及时核实，并办理好相关手续；租赁费用应由甲、乙双方协商、核定后结算。乙方自备材料，按定额中满堂支撑架使用费计算。

（15）建筑物外墙设计采用幕墙装饰，不需要砌筑墙体。根据施工方案，需搭设外围防护脚手架，且幕墙施工不利用外防架，应按砌墙脚手架相应子目另计防护脚手架费。

2. 超高脚手架材料增加费

（1）本定额中脚手架是按建筑物檐高在 20m 以内编制的。檐高超过 20m 时，应计算脚手架材料增加费。

（2）檐高超过 20m 脚手架材料增加费内容包括：脚手架使用周期延长摊销费、脚手架加固。脚手架材料增加费包干使用，无论实际发生多少，均按本项目执行，不调整。

（3）檐高超过 20m 脚手材料增加费按下列规定计算。

① 综合脚手架。

• 檐高超过 20m 部分的建筑物，应按其超过部分的建筑面积计算。

• 层高超过 3.60m，每增高 0.10m 按增高 1m 的比例换算（不足 0.10m，按 0.10m 计算），按相应项目执行。

• 建筑物檐高高度超过 20m，但其最高一层或其中一层楼面未超过 20m 时，该楼层在 20m 以上部分仅能计算每增高 1m 的增加费。

• 同一建筑物中有 2 个或 2 个以上的不同檐口高度时，应分别按不同高度竖向切面的建筑面积套用相应子目。

• 单层建筑物（无楼隔层者）高度超过 20m，其超过部分除构件安装按《计价定额》第八章的规定执行外，另再按本任务中相应项目计算脚手架材料增加费。

② 单项脚手架。

• 檐高超过 20m 的建筑物，应根据脚手架计算规则，按全部外墙脚手架面积计算。

• 同一建筑物中有 2 个或 2 个以上的不同檐口高度时，应分别按不同高度竖向切面的外脚手架面积套用相应子目。

二、工程量计算规则

1. 综合脚手架

综合脚手架按建筑面积计算。单位工程中不同层高的建筑面积应分别计算。

2. 单项脚手架

(1) 脚手架工程量计算一般规则。

① 凡砌筑高度超过 1.50m 的砌体,均需计算脚手架。

② 砌墙脚手架均按墙面(单面)垂直投影面积,以平方米计算。

③ 计算脚手架时,不扣除门洞口、窗洞口、空圈、车辆通道、变形缝等所占面积。

④ 同一建筑物高度不同时,按建筑物的竖向不同高度分别计算。

(2) 砌筑脚手架工程量计算规则。

① 外墙脚手架按外墙外边线长度(如外墙有挑阳台,则每个阳台计算一个侧面宽度,计入外墙面长度内;两户阳台连在一起的,也只算一个侧面)乘以外墙高度,以平方米计算。外墙高度指室外设计地面至檐口(或女儿墙上表面)高度,坡屋面至屋面板下(或橼子顶面)墙中心高度,墙算至山尖 1/2 处的高度。

② 内墙脚手架以内墙净长乘以内墙净高计算。有山尖时,高度算至山尖 1/2 处;有地下室时,高度自地下室室内地坪算至墙顶面。

③ 砌体高度在 3.60m 以内,套用里脚手架;高度超过 3.60m,套用外脚手架。

④ 山墙自设计室外地坪至山尖 1/2 处的高度超过 3.60m 时,该整个外山墙按相应外脚手架计算,内山墙按单排外架子计算。

⑤ 独立砖(石)柱高度在 3.60m 以内,脚手架以柱的结构外围周长乘以柱高计算,执行砌墙脚手架里架子;柱高超过 3.60m,以柱的结构外围周长加 3.60m 乘以柱高计算,执行砌墙脚手架外架子(单排)。

⑥ 砌石墙到顶的脚手架,工程量按砌墙相应脚手架乘以系数 1.5。

⑦ 外墙脚手架包括一面抹灰脚手架在内,另一面墙可计算抹灰脚手架。

⑧ 砖基础自设计室外地坪至垫层(或混凝土基础)上表面的深度超过 1.50m 时,按相应砌墙脚手架执行。

⑨ 突出屋面部分的烟囱,高度超过 1.50m 时,其脚手架按外围周长加 3.60m 乘以实砌高度,按 12m 内单排外脚手架计算。

(3) 外墙镶(挂)贴脚手架工程量计算规则。

① 外墙镶(挂)贴脚手架工程量计算规则同砌筑脚手架中的外墙脚手架。

② 吊篮脚手架按装修墙面垂直投影面积,以平方米计算(计算高度从室外地坪至设计高度)。安拆费按施工组织设计或实际数量确定。

(4) 现浇钢筋混凝土脚手架工程量计算规则。

① 钢筋混凝土基础自设计室外地坪至垫层上表面的深度超过 1.50m 时,同时带形基础底宽超过 3m、独立基础或满堂基础及大型设备基础的底面积超过 $16m^2$ 的混凝土浇捣脚手架,应按槽、坑土方规定放工作面后的底面积计算,按满堂脚手架相应定额乘以系数 0.3 计算脚手架费用(使用泵送混凝土,混凝土浇捣脚手架不得计算)。

② 现浇钢筋混凝土独立柱、单梁、墙高度超过 3.60m,应计算浇捣脚手架。柱的浇捣脚手架以柱的结构周长加 3.60m 乘以柱高计算;梁的浇捣脚手架按梁的净长乘以地面(或楼面)至梁顶面的高度计算;墙的浇捣脚手架以墙的净长乘以墙高计算。套柱、梁、墙

混凝土浇捣脚手架工程量。

③ 层高超过 3.60m 的钢筋混凝土框架柱、墙（楼板、屋面板为现浇板）所增加的混凝土浇捣脚手架费用，以框架轴线水平投影面积，按满堂脚手架相应子目乘以系数 0.3 执行；层高超过 3.60m 的钢筋混凝土框架柱、梁、墙（楼板、屋面板为预制空心板）所增加的混凝土浇捣脚手架费用，以框架轴线水平投影面积，按满堂脚手架相应子目乘以系数 0.4 执行。

（5）贮仓脚手架，不分单筒或贮仓组，高度超过 3.60m，均按外边线周长乘以设计室外地坪至贮仓上口之间高度，以平方米计算。高度在 12m 内，套双排外脚手架，乘以系数 0.7 执行；高度超过 12m，套 20m 内双排外脚手架，乘以系数 0.7 执行（均包括外表面抹灰脚手架在内）；贮仓内表面抹灰，按抹灰脚手架工程量计算规则执行。

（6）抹灰脚手架、满堂脚手架工程量计算规则。

① 抹灰脚手架。

a. 钢筋混凝土单梁、柱、墙按以下规定计算脚手架。

• 单梁：以梁净长乘以地坪（或楼面）至梁顶面高度计算。

• 柱：以柱结构外围周长加 3.60m 乘以柱高计算。

• 墙：以墙净长乘以地坪（或楼面）至板底高度计算。

b. 墙面抹灰：以墙净长乘以净高计算。

c. 如有满堂脚手架可以利用，不再计算墙、柱、梁面抹灰脚手架。

d. 天棚抹灰高度在 3.60m 以内，按天棚抹灰面（不扣除柱、梁所占的面积），以平方米计算。

② 满堂脚手架：天棚抹灰高度超过 3.60m，按室内净面积计算满堂脚手架，不扣除柱、垛、附墙烟囱所占面积。

a. 基本层：高度在 8m 以内，计算基本层。

b. 增加层：高度超过 8m，每增加 2m，计算一层增加层，公式为

$$增加层数 = \frac{室内净高(m) - 8m}{2m}$$

增加层数计算结果保留整数，小数小于 0.6 舍去，大于或等于 0.6 进位。

c. 满堂脚手架高度以室内地坪面（或楼面）至天棚面或屋面板的底面为准（斜的天棚或屋面板按平均高度计算）。室内挑台栏板外侧共享空间的装饰如无满堂脚手架利用时，按地面（或楼面）至顶层栏板顶面高度乘以栏板长度，以平方米计算，套相应抹灰脚手架定额。

（7）其他脚手架工程量计算规则。

① 外架子悬挑脚手架增加费按悬挑脚手架部分的垂直投影面积计算。

② 单层轻钢厂房脚手架柱梁、屋面瓦等水平结构安装，按厂房水平投影面积计算；墙板、门窗、雨篷等竖向结构的安装，按厂房垂直投影面积计算。

③ 高压线防护架按搭设长度，以延长米计算。

④ 金属过道防护棚按搭设水平投影面积，以平方米计算。

⑤ 斜道、烟囱、水塔、电梯井脚手架区别不同高度，以座计算。滑升模板施工的烟囱、

水塔,其脚手架费用已包括在滑模计价表内,不另计算脚手架费用。烟囱内壁抹灰是否搭设脚手架,按施工组织设计规定办理,费用按相应满堂脚手架执行,人工费增加20%,其余不变。

⑥ 高度超过3.60m的贮水(油)池,其混凝土浇捣脚手架按外壁周长乘以池的壁高,以平方米计算,按池壁混凝土浇捣脚手架项目执行;抹灰处,按抹灰脚手架另计。

⑦ 满堂支撑架搭拆按脚手钢管重量计算;使用费(包括搭设、使用和拆除时间,不计算现场囤积和转运时间)按脚手钢管重量和使用天数计算。

3. 檐高超过20m脚手架材料增加费

(1)综合脚手架:建筑物檐高超过20m,可计算脚手架材料增加费。建筑物檐高超过20m,脚手架材料增加费以建筑物超过20m部分建筑面积计算。

(2)单项脚手架:建筑物檐高超过20m,可计算脚手架材料增加费。建筑物檐高超过20m,脚手架材料增加费同外墙脚手架计算规则,从设计室外地面起算。

三、案例详解

【案例7.1】 如图7.1所示为某一层砖混房屋,计算该房屋的地面以上部分砌墙、墙体粉刷和天棚粉刷脚手架工程量、综合单价和合价。

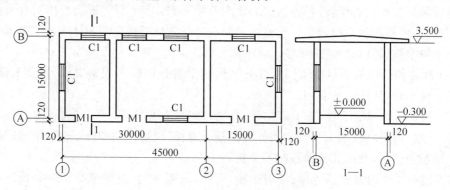

图7.1 砌墙脚手架

【解】

(1)列项目:砌筑外墙脚手架(含外粉)(20-10)、砌筑内墙脚手架(20-9)、内墙粉刷脚手架(20-23)、天棚粉刷脚手架(20-23)。

(2)计算工程量。

砌筑外墙脚手架(含外粉):$(45.24+15.24) \times 2 \times (3.5+0.3) = 459.65 (m^2)$。

砌筑内墙脚手架:$(15-0.24) \times 2 \times 3.5 = 103.32 (m^2)$。

内墙粉刷脚手架(包括外墙内部粉刷):$[(45-0.24-0.24 \times 2) \times 2 + (15-0.24) \times 6] \times 3.5 = 619.92 (m^2)$。

天棚粉刷脚手架:$(45-0.24-0.24 \times 2) \times (15-0.24) = 653.57 (m^2)$。

(3)套定额,计算结果如表7.2所示。

表 7.2　计算结果

序号	定额编号	项 目 名 称	计量单位	工程量	综合单价/元	合价/元
1	20-10	砌筑外墙脚手架(含外粉)	10m²	45.965	137.43	6316.97
2	20-9	砌筑内墙脚手架	10m²	10.332	16.33	168.72
3	20-23	内墙粉刷脚手架	10m²	61.992	3.90	241.77
4	20-23	天棚粉刷脚手架	10m²	65.357	3.90	254.89
合计						6982.35

注：外墙外侧的粉刷脚手架含在外墙砌筑脚手架中。

答：该脚手架工程的合价为 6982.35 元。

任务二　模板工程

一、相关说明

模板工程分为现浇构件模板、现场预制构件模板、加工厂预制构件模板和构筑物工程模板四个部分,使用时应分别套用。为便于施工企业快速报价,《计价定额》在附录中列出了混凝土构件的模板含量表,供使用单位参考。按设计图纸计算模板接触面积,或使用混凝土含模量折算模板面积,两种方法仅能使用其中一种,相互不得混用。使用含模量者,竣工结算时,模板面积不得调整。构筑物工程中的滑升模板按混凝土体积以立方米计算。倒锥形水塔水箱提升以"座"为单位。

(1) 现浇构件模板子目按不同构件分别编制了组合钢模板配钢支撑、复合木模板配钢支撑。使用时,任选一种套用。

(2) 预制构件模板子目,按不同构件,分别以组合钢模板、复合木模板、木模板、定型钢模板、长线台钢拉模、加工厂预制构件配混凝土地模、现场预制构件配砖胎模、长线台配混凝土地胎模编制,使用其他模板时不予换算。

(3) 模板工作内容包括清理、场内运输、安装、刷隔离剂、浇灌混凝土时模板维护、拆模、集中堆放、场外运输。木模板包括制作(预制构件包括刨光,现浇构件不包括刨光),组合钢模板、复合木模板包括装箱。

(4) 现浇钢筋混凝土柱、梁、墙、板的支模高度以净高(底层无地下室者其高度需另加室内外高差)在 3.60m 以内为准。净高超过 3.60m 的构件,其钢支撑、零星卡具及模板人工费分别乘以表 7.3 中所列的系数。根据施工规范要求,属于高大支模的,其费用另行计算。

表 7.3　构件净高超过 3.60m 增加系数表

增加内容	净　高	
	5m 以内	8m 以内
独立柱、梁、板、钢支撑及零星卡具	1.10	1.30
框架柱(墙)、梁、板钢支撑及零星卡具	1.07	1.15
模板人工费(不分框架和独立柱梁板)	1.30	1.60

注：轴线未形成封闭框架的柱、梁、板,称为独立柱、梁、板。

（5）支模高度净高。

① 柱：无地下室底层是指设计室外地面至上层板底面、楼层板顶面至上层板底面。

② 梁：无地下室底层是指设计室外地面至上层板底面、楼层板顶面至上层板底面。

③ 板：无地下室底层是指设计室外地面至上层板底面、楼层板顶面至上层板底面。

④ 墙：整板基础板顶面（或反梁顶面）至上层板底面、楼层板顶面至上层板底面。

（6）设计 T 形、L 形、＋形柱，其单面每边宽在 1000mm 内按 T 形、L 形、＋形柱相应子目执行，其余按直形墙相应定额执行。T 形、L 形、＋形柱边的确定如图 7.2 所示。

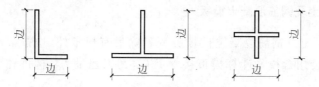

图 7.2　T 形、L 形、十形柱边的确定

（7）模板项目中，仅列出周转木材而无钢支撑的定额，其支撑量已含在周转木材中，模板与支撑按 7∶3 拆分。

（8）模板材料已包含砂浆垫块与钢筋绑扎用的 22 号镀锌铁丝在内，现浇构件和现场预制构件不用砂浆垫块而改用塑料卡，每 10m² 模板另加塑料卡费用，每只 0.2 元，计 30 只。

（9）有梁板中的弧形梁模板按弧形梁定额执行（含模量等于肋形板含模量），弧形板部分的模板按板定额执行。砖墙基上带形混凝土防潮层模板按圈梁定额执行。

（10）混凝土满堂基础底板面积在 1000m² 内，若使用含模量计算模板面积，基础有砖侧模时，砖侧模的费用应另外增加，同时扣除相应的模板面积（总量不得超过总含模量）；超过 1000m² 时，按混凝土接触面积计算。

（11）地下室后浇墙带的模板应按已审定的施工组织设计另行计算，但混凝土墙体模板含量不扣。

（12）带字形基础、设备基础、栏板、地沟如遇圆弧形，除按相应定额的复合模板执行外，其人工、复合木模板乘以系数 1.3，其他不变（其他弧形构件按相应定额执行）。

（13）用钢滑升模板施工的烟囱、水塔、贮仓使用的钢提升杆是按 ϕ25 一次性用量编制的，设计要求不同时另行换算。施工是按无井架计算的，并综合了操作平台，不再计算脚手架和竖井架。

（14）钢筋混凝土水塔、砖水塔基础采用毛石混凝土、混凝土基础时，按烟囱相应定额执行。

（15）烟囱钢滑升模板定额均已包括烟囱筒身、牛腿、烟道口；水塔钢滑升模板均已包括直筒、门窗洞口等模板用量。

（16）倒锥壳水塔塔身钢滑升模板定额也适用于一般水塔塔身滑升模板工程。

（17）栈桥子目适用于现浇矩形柱、矩形连系梁、有梁斜板栈桥，其超过 3.60m 支撑按模板工程有关说明执行。

（18）混凝土、钢筋混凝土地沟是指建筑物室外的地沟，室内钢筋混凝土地沟按本项目相应子目执行。

（19）现浇有梁板、无梁板、平板、楼梯、雨篷及阳台，底面设计不抹灰处，增加模板缝贴胶带纸人工 0.27 工日/10m²。

（20）飘窗上下挑板、空调板按板式雨篷模板执行。

（21）混凝土线条按小型构件定额执行。

二、工程量计算规则

1. 现浇混凝土及钢筋混凝土模板

（1）现浇混凝土及钢筋混凝土模板工程量除另有规定外，均按混凝土与模板的接触面积计算。若使用含模量计算模板接触面积，其工程量为：构件体积×相应项目含模量。

（2）钢筋混凝土墙、板上单孔面积在 0.3m² 以内的孔洞不予扣除，洞侧壁模板不另增加，但突出墙面的侧壁模板应相应增加。单孔面积在 0.3m² 以外的孔洞应予扣除，洞侧壁模板面积并入墙、板模板工程量之内计算。

（3）现浇钢筋混凝土框架分别按柱、梁、墙、板有关规定计算，墙上单面附墙柱、暗梁、暗柱并入墙内工程量计算，双面附墙柱按柱计算，但后浇墙、板带的工程量不扣除。

（4）设各螺栓套孔或设备螺栓分别按不同深度以个计算；二次灌浆按实灌体积计算。

（5）预制混凝土板间或边补现浇板缝，缝宽在 100mm 以上者，模板按平板定额计算。

（6）构造柱外露均应按图示外露部分计算面积（锯齿形，则按锯齿形最宽面计算模板宽度），构造柱与墙接触面不计算模板面积。

（7）现浇混凝土雨篷、阳台、水平挑板，按图示挑出墙面以外板底尺寸的水平投影面积计算（附在阳台梁上的混凝土线条不计算水平投影面积）。挑出墙外的牛腿及板边模板已包括在内。复式雨篷挑口内侧净高超过 250mm 时，其超过部分按挑檐定额计算（超过部分的含模量按天沟含模量计算）。

（8）整体直形楼梯包括楼梯段、中间休息平台、平台梁、斜梁及楼梯与楼板连接的梁，按水平投影面积计算，不扣除宽度小于 500mm 的楼梯井，伸入墙内部分不另增加。

（9）圆弧形楼梯按楼梯的水平投影面积计算（包括圆弧形梯段、休息平台、平台梁、斜梁及楼梯与楼板连接的梁）。

（10）楼板后浇带以延长米计算（整板基础的后浇带不包括在内）。

（11）现浇圆弧形构件除定额已注明者外，均按垂直圆弧形的面积计算。

（12）栏杆按扶手长度计算，栏板竖向挑板按模板接触面积计算。扶手、栏板的斜长按水平投影长度乘以系数 1.18 计算。

（13）劲性混凝土柱模板按现浇柱定额执行。

（14）砖侧模分不同厚度，按砌筑面积计算。

（15）后浇板带模板、支撑增加费，工程量按后浇板带设计长度以延长米计算。

（16）整板基础后浇带铺设热镀锌钢丝网，按实铺面积计算。

2. 现场预制钢筋混凝土构件模板

（1）现场预制构件模板工程量，除另有规定者外，均按模板接触面积以平方米计算。若使用含模量计算模板面积者，其工程量＝构件体积×相应项目的含模量。砖地模费用已包括在定额含量中，不再另行计算。

（2）镂空花格窗、花格芯按外围面积计算。

（3）预制桩不扣除桩尖虚体积。

（4）加工厂预制构件有此子目，而现场预制无此子目，实际在现场预制时，模板按加工厂预制模板子目执行。现场预制构件有此子目，加工厂预制构件无此子目，实际在加工厂预制时，其模板按现场预制模板子目执行。

3. 加工厂预制构件的模板

（1）除镂空花格窗、花格芯外，混凝土构件体积一律按施工图纸的几何尺寸，以实体积计算，空腹构件应扣除空腹体积。

（2）镂空花格窗、花格芯按外围面积计算。

4. 构筑物工程模板

构筑物工程中的现浇构件模板除注明外，均按模板与混凝土的接触面积以平方米计算。

1）烟囱

（1）钢筋混凝土烟囱基础，包括基础底板及筒座，筒座以上为筒身。烟囱基础按接触面积计算。

（2）烟囱筒身。

① 烟囱筒身不分方形、圆形，均按体积计算。筒身体积应以筒壁平均中心线长度乘以厚度。圆筒壁周长不同时，可分段计算并取和。

② 砖烟囱的钢筋混凝土圈梁和过梁按接触面积计算，套用模板工程中现浇钢筋混凝土构件的相应子目。

③ 烟囱的钢筋混凝土集灰斗（包括分隔墙、水平隔墙、柱、梁等）应按模板工程中现浇钢筋混凝土构件相应子目计算、套用。

④ 烟道中的其他钢筋混凝土构件模板应按相应钢筋混凝土构件的相应定额计算、套用。

⑤ 钢筋混凝土烟道可按本项目地沟定额计算，但架空烟道不能套用。

2）水塔

（1）基础：各种基础均以接触面积计算（包括基础底板和筒座），筒座以上为塔身，以下为基础。

（2）筒身。

① 钢筋混凝土筒式塔身以筒座上表面或基础底板上表面为分界线，柱式塔身以柱脚与基础底板或梁交界处为分界线，与基础底板相连接的梁并入基础内计算。

② 钢筋混凝土筒式塔身与水箱以水箱底部的圈梁为界,圈梁底以下为筒式塔身。水箱的槽底(包括圈梁)、塔顶、水箱(槽)壁工程量均应分别按接触面积计算。

③ 钢筋混凝土筒式塔身以接触面积计算,应扣除门窗洞口面积,依附于筒身的过梁、雨篷、挑檐等工程量并入筒身面积内,按筒式塔身计算;柱式塔身不分斜柱、直柱和梁,均按接触面积合并计算,按柱式塔身定额执行。

④ 钢筋混凝土、砖塔身内设置钢筋混凝土平台、回廊,以接触面积计算。

⑤ 砖砌筒身设置的钢筋混凝土圈梁以接触面积计算,按模板工程中相应子目执行。

(3) 塔顶及槽底。

① 钢筋混凝土塔顶及槽底的工程量合并计算。塔顶包括顶板和圈梁,槽底包括底板、挑出斜壁和圈梁。回廊及平台另行计算。

② 槽底不分平底、拱底,塔顶不分锥形、球形,均按定额执行。

(4) 水槽内、外壁。

① 与塔顶、槽底(或斜壁)相连的圈梁之间的直壁为水槽内、外壁;设保温水槽的外保护壁为外壁;直接承受水侧压力的水槽壁为内壁。非保温水箱的水槽壁按内壁计算。

② 水槽内、外壁以接触面积计算;依附于外壁的柱、梁等并入外壁面积中计算。

(5) 倒锥壳水塔。

① 基础按相应水塔基础的规定计算;其筒身、水箱制作按混凝土的体积,以立方米计算。

② 环梁以混凝土接触面积计算。

③ 水箱提升按不同容积和不同的提升高度分别套用定额,以座计算。

3) 贮水(油)池

(1) 池底按图示尺寸的接触面积计算。池底为平底执行平底子目,平底体积包括池壁下部的扩大部分;池底有斜坡时,执行锥形底子目。

(2) 池壁有壁基梁时,锥形底应算至壁基梁底面,池壁应从壁基梁上口开始,壁基梁应从锥形底上表面算至池壁下口;无壁基梁时,锥形底算至坡上表面,池壁应从锥形底的上表面开始。

(3) 无梁池盖柱的柱高应由池底上表面算至池盖的下表面,包括柱帽、柱座的模板面积。

(4) 池壁应按圆形壁、矩形壁分别计算,高度不包括池壁上下处的扩大部分;无扩大部分时,高度自池底上表面(或壁基梁上表面)至池盖下表面。

(5) 无梁盖应包括与池壁相连的扩大部分的面积;肋形盖应包括主、次梁及盖板部分的面积;球形盖应自池壁顶面以上,包括边侧梁的面积在内。

(6) 沉淀池水槽是指池壁上的环形溢水槽及纵横水槽、U形水槽,但不包括与水槽相连接的矩形梁;矩形梁可按现浇构件矩形梁定额计算。

4) 贮仓

(1) 矩形仓:分立壁和漏斗,各按不同厚度计算接触面积。立壁和漏斗按相互交点的水平线为分界线;壁上圈梁并入漏斗工程量内。基础、支撑漏斗的柱和柱间的连系梁分别按现浇构件的相应子目计算。

（2）圆筒仓。

① 本定额适用于高度在 30m 以下、仓壁厚度不变、上下断面一致、采用钢滑模施工工艺的圆形贮仓，如盐仓、粮仓、水泥库等。

② 圆形仓工程量应分仓底板、顶板、仓壁三部分。底板、顶板按接触面积计算；仓壁按实际体积，以立方米计算。

③ 圆形仓底板以下的钢筋混凝土柱、梁、基础，按现浇构件的相应定额计算。

④ 仓顶板的梁与仓顶板合并计算，按仓顶板定额执行。

⑤ 仓壁高度应自仓壁底面算至顶板底面，扣除 $0.05m^2$ 以上的孔洞。

5）地沟及支架

（1）本定额适用于室外的方形（封闭式）、槽形（开口式）、阶梯形（变截面式）的地沟。底、壁、顶应分别按接触面积计算。

（2）沟壁与底的分界，以底板上表面为界。沟壁与顶的分界以顶板下表面为界。八字角部分的数量并入沟壁工程量内。

（3）地沟预制顶板按本项目相应定额计算。

（4）支架均以接触面积计算（包括支架各组成部分），框架形或 A 字形支架应将柱、梁的体积合并计算；支架带操作平台者，其支架与操作平台的体积亦合并计算。

（5）支架基础应按相应定额计算。

6）栈桥

（1）柱、连系梁（包括斜梁）接触面积合并、肋梁与板的面积合并均按图示尺寸，《计价定额》以接触面积计算。

（2）栈桥斜桥部分，不分板顶高度，均按板高在 12m 内子目执行。

（3）栈桥柱、梁、板的混凝土浇捣脚手架按《计价定额》第十九章相应子目执行（工程量按相应规定）。

（4）板顶高度超过 20m，每增加 2m 仅指柱、连系梁（不包括有梁板）。

7）滑升模板

滑升模板均按混凝土体积以立方米计算。构件划分依照上述计算规则执行。

三、案例详解

【案例 7.2】　用计价表按接触面积计算如图 5.61 所示工程的模板工程量、综合单价及合价。

【解】

（1）列项目：矩形柱组合钢模板（21-26）、C30 有梁板组合钢模板（21-56）。

（2）计算工程量。

矩形柱组合钢模板：$6 \times 4 \times 0.4 \times (8.5 + 1.85 - 0.4 - 0.35 - 2 \times 0.1) - 0.3 \times 0.3 \times 14 \times 2 = 87.72(m^2)$。

C30 有梁板组合钢模板。

KL-1：$3 \times 0.3 \times (6 - 0.4) \times 3 \times 2 - 0.25 \times 0.2 \times 4 \times 2 = 29.84(m^2)$。

KL-2：$0.3 \times 3 \times (4.5 - 2 \times 0.2) \times 4 \times 2 = 29.52(m^2)$。

KL-3：$(0.2×2+0.25)×(4.5+0.2-0.3-0.15)×2×2=11.05(m^2)$。

B：$[6.4×9.4-0.4×0.4×6-0.3×5.6×3-0.3×4.1×4-0.25×4.25×2+(6.4×2+9.4×2)×0.1]×2=100.55(m^2)$。

小计：$29.84+29.52+11.05+100.55=170.96(m^2)$。

（3）套定额，计算结果如表 7.4 所示。

表 7.4　计算结果

序号	定额编号	项 目 名 称	计量单位	工程量	综合单价/元	合价/元
1	21-26 换	矩形柱组合钢模板	10m²	8.772	706.18	6194.61
2	21-56 换	C30 有梁板组合钢模板	10m²	17.096	547.89	9366.73
合计						15561.34

注：① 21-25 换，$581.58+0.07×(17.32+14.96)+0.30×297.66×(1+25\%+12\%)=706.18(元/10m^2)$。

② 21-56 换，$461.37+0.07×(17.67+24.26)+0.30×203.36×(1+25\%+12\%)=547.89(元/10m^2)$。

答：矩形柱组合钢模板面积 $87.72m^2$，C30 有梁板组合钢模板面积 $170.96m^2$，模板部分的合价共计 15561.34 元。

任务三　施工排水、降水

一、相关说明

（1）人工土方施工排水费是在人工开挖湿土、淤泥、流砂等施工过程中发生的机械排放地下水费用。

（2）基坑排水费是指地下常水位以下且基坑底面积超过 $150m$，（两个条件同时具备）的土方开挖以后，在基础或地下室施工期间所发生的排水包干费用（不包括±0.00 以上有设计要求待框架、墙体完成以后再回填基坑土方期间的排水）。

（3）井点降水项目适用于降水深度在 6m 以内。井点降水使用时间按施工组织设计确定。井点降水材料使用摊销量中已包括井点拆除时材料损耗量。井点间距根据地质和降水要求由施工组织设计确定，一般轻型井点管间距为 1.2m。

（4）强夯法加固地基坑内排水费是指击点坑内的积水排抽台班费用。

（5）机械土方工作面中的排水费已包含在土方中，但不包括地下水位以下的施工排水费。如发生，依据施工组织设计规定，排水人工、机械费用另行计算。

二、工程量计算规则

（1）人工土方施工排水不分土层类别、挖土深度，按挖湿土工程量以立方米计算。

（2）人工挖淤泥、流砂施工排水，按挖淤泥、流砂工程量以立方米计算。

（3）基坑、地下室排水，按土方基坑的底面积以平方米计算。

（4）强夯法加固地基坑内排水，按强夯法加固地基工程量以平方米计算。

（5）井点降水 50 根为一套，累计根数不足一套者按一套计算。井点使用定额单位为套天，一天按 24 小时计算。

井管的安装、拆除以"根"计算。

（6）深井管井降水安装、拆除按座计算，使用按座天计算，一天按 24 小时计算。

任务四　建筑工程垂直运输

一、相关说明

1. 建筑物垂直运输

（1）"檐高"是指设计室外地坪至檐口的高度，突出主体建筑物项的女儿墙、电梯间、楼梯间、水箱等不计入檐口高度以内；"层数"是指地面以上建筑物的层数，地下室、地面以上部分净高小于 2.1m 的半地下室不计入层数。

（2）建筑工程垂直运输工作内容包括在江苏省调整后的国家工期定额内完成单位工程全部工程项目所需的垂直运输机械台班，不包括机械的场外运输、一次安装、拆卸、路基铺垫和轨道铺拆等费用。施工塔吊与电梯基础、施工塔吊和电梯与建筑物连接的费用单独计算。

（3）项目划分是以建筑物"檐高""层数"两个指标界定的，只要其中一个指标达到定额规定，即可套用该定额子目。

（4）一个工程出现两个或两个以上檐口高度（层数），使用同一台垂直运输机械时，定额不做调整；使用不同垂直运输机械时，应依照国家工期定额分别计算。

（5）当建筑物垂直运输机械数量与定额不同时，可按比例调整定额含量。按卷扬机施工配 2 台卷扬机，塔式起重机施工配 1 台塔吊 1 台卷扬机（施工电梯）考虑。如仅采用塔式起重机施工，不采用卷扬机时，塔式起重机台班含量按卷扬机含量取定，卷扬机扣除。

（6）垂直运输高度小于 3.60m 的单层建筑物、单独地下室和围墙，不计算垂直运输机械台班。

（7）预制混凝土平板、空心板、小型构件的吊装机械费用已包括在定额中。

（8）现浇框架系指柱、梁、板全部为现浇的钢筋混凝土框架结构。如部分现浇，部分预制，按现浇框架乘以系数 0.96 计算。

（9）柱、梁、墙、板构件全部现浇的钢筋混凝土框筒结构、框剪结构按现浇框架执行，筒体结构按剪力墙（滑模施工）执行。

（10）预制屋架的单层厂房，不论柱为预制还是现浇，均按预制排架定额计算。

（11）单独地下室工程项目定额工期按不含打桩工期自基础挖土开始计算。多幢房屋下有整体连通地下室时，上部房屋分别套用对应单项工程工期定额，整体连通地下室按单独地下室工程执行。

（12）在计算定额工期时，未承包施工的打桩、挖土等的工期不扣除。

（13）混凝土构件，使用泵送混凝土浇筑者，卷扬机施工定额台班乘以系数 0.96；塔式起重机施工定额中的塔式起重机台班含量乘以系数 0.92。

（14）建筑物高度超过定额取定时，另行计算。

（15）采用履带式、轮胎式、汽车式起重机（除塔式起重机外）吊（安）装预制大型构件的工程，除按规定计算垂直运输费外，另按《计价定额》第八章有关规定计算构件吊（安）装费。

2. 烟囱、水塔、筒仓垂直运输

烟囱、水塔、筒仓的"高度"是指设计室外地坪至构筑物的顶面高度，凸出构筑物主体顶的机房等高度不计入构筑物高度内。

二、工程量计算规则

（1）建筑物垂直运输机械台班用量，区分不同结构类型、檐口高度（层数），按国家工期定额套用单项工程工期以日历天计算。

（2）单独装饰工程垂直运输机械台班，区分不同施工机械、垂直运输高度、层数，按定额工日分别计算。

（3）烟囱、水塔、筒仓垂直运输机械台班，以"座"计算。超过定额规定高度时，按每增高 1m 定额项目计算。高度不足 1m，按 1m 计算。

（4）施工塔吊、电梯基础，塔吊及电梯与建筑物连接件，按施工塔吊及电梯的不同型号以"台"计算。

任务五　场内二次搬运

一、相关说明

（1）现场堆放材料有困难，材料不能直接运到单位工程周边，需再次中转；建设单位不能按正常合理的施工组织设计提供材料、构件堆放场地和临时设施用地的工程而发生的二次搬运费用，执行场内二次搬运定额。

（2）场内二次搬运应以工程所发生的第一次搬运为准。

（3）水平运距的计算，分别以取料中心点为起点，以材料堆放中心点为终点。超运距增加运距不足整数者，进位取整计算。

（4）已考虑运输道路 15% 以内的坡度，超过时另行处理。

（5）松散材料运输不包括做方，但要求堆放整齐。如需做方者，应另行处理。

（6）机动翻斗车最大运距为 600m，单（双）轮车最大运距为 120m。超过时，应另行处理。

二、工程量计算规则

（1）砂子、石子、毛石、块石、炉渣、矿渣、石灰膏按堆积原方计算。

（2）混凝土构件及水泥制品按实际体积计算。

（3）玻璃按标准箱计算。

（4）其他材料按表中计量单位计算。

工程量清单计价概述

任务一　《清单计价》概述

2013 编制的计价规范总结了《建设工程工程量清单计价规范》(GB 50500—2008)实施以来的经验,针对执行中存在的问题,为进一步适应建设市场计量、计价的需要,对《建设工程工程量清单计价规范》(GB 50500—2008)附录 A 建筑工程部分、附录 B 装饰装修工程进行修订并增加了新项目。修订过程中,编制组在全国范围内广泛征求意见,与正在实施和正在修订的有关国家标准进行了协调。经多次讨论、反复修改,最终形成本规范。

2013 计价规范经中华人民共和国住房和城乡建设部批准为国家标准,于 2013 年7 月 1 日正式施行。

一、清单计价及计算规范组成

2013 版清单法计价规范共计十册,分别为《建设工程工程量清单计价规范》(GB 50500—2013)(以下简称《计价规范》)、《房屋建筑与装饰工程工程量计算规范》(GB 50854—2013)、《仿古建筑工程工程量计算规范》(GB 50855—2013)、《通用安装工程工程量计算规范》(GB 50856—2013)、《市政工程工程量计算规范》(GB 50857—2013)、《园林绿化工程工程量计算规范》(GB 50858—2013)、《矿山工程工程量计算规范》(GB 50859—2013)、《构筑物工程工程量计算规范》(GB 50860—2013)、《城市轨道交通工程工程量计算规范》(GB 50861—2013)、《爆破工程工程量计算规范》(GB 50862—2013)(以下简称《计算规范》)。

计价规范正文部分由总则、术语、一般规定、工程量清单编制、招标控制价、投标报价、合同价款约定、工程计量、合同价款调整、合同价款期中支付、竣工结算与支付、合同解除的价款结算与支付、合同价款争议的解决、工程造价鉴定、工程计价资料与档案、工程计价定额等章节组成;附录包括:附录 A 为物价变化合同价款调整办法,附录 B 为工程计价文件封面,附录 C 为工程计价文件扉页,附录 D 为工程计价总说明,附录 E 为工程计价汇总表,附录 F 为分部分项工程和措施项目计价定额,附录 G 为其他项目计价定额,附录 H 为规费、税金项目计价定额,附录 J 为工程计量申请(核准)表,附录 K 为合同价款支付申请(核准)表,附录 L 为主要材料、工程设备一览表等组成。

各册计算规范正文部分均由总则、术语、工程计量、工程量清单编制等章节组成；附录则根据各专业工程特点分别设置。

《房屋建筑与装饰工程工程量计算规范》(GB 50854—2013)的附录包括：附录 A 为土石方工程，附录 B 为地基处理与边坡支护工程，附录 C 为桩基工程，附录 D 为砌筑工程，附录 E 为混凝土及钢筋混凝土工程，附录 F 为金属结构工程，附录 G 为木结构工程，附录 H 为门窗工程，附录 J 为屋面及防水工程，附录 K 为保温、隔热、防腐工程，附录 L 为楼地面装饰工程，附录 M 为墙、柱面装饰与隔断、幕墙工程，附录 N 为天棚工程，附录 P 为油漆、涂料、裱糊工程，附录 Q 为其他装饰工程、附录 R 为拆除工程等。

二、清单计价及计算规范的编制原则

1. 清单计价规范

1）依法原则

建设工程计价活动受《中华人民共和国合同法》等多部法律、法规的管辖。因此，计价规范对规范条文做到依法设置。例如，有关招标控制价的设置，遵循《政府采购法》的相关规定；有关招投标控制价投诉的设置，遵循《招标投标法》的相关规定；有关合理工期的设置，遵循《建设工程质量管理条例》的相关规定；有关工程结算的设置，遵循《合同法》以及相关司法解释的相关规定。

2）权责对等原则

在建设工程施工活动中，不论发包人还是承包人，有权利就必然有责任。计价规范仍然坚持这一原则，杜绝只有权利没有责任的条款。

3）公平交易原则

建设工程计价从本质上讲，就是发包人与承包人之间的交易价格，在社会主义市场经济条件下应做到公平进行。计价规范关于计价风险合理分担的条文，及其在条文说明中对于计价风险的分类和风险幅度的指导意见，得到了工程建设各方的认同。因此，计价规范将其正式条文化。

4）可操作性原则

计价规范尽量避免条文点到就止，十分重视条文有无可操作性。例如，招投标控制价的投诉问题，计价规范仅规定可以投诉，但没有操作方面的规定；计价规范对投诉时限、投诉内容、受理条件、复查结论等做了较为详细的规定。

5）从约原则

建设工程计价活动是发承包双方在法律框架下签约、履约的活动。因此，遵从合同约定，履行合同义务是双方的应尽之责。计价规范在条文上坚持"按合同约定"的规定，但在合同约定不明或没有约定的情况下，发承包双方发生争议时不能协商一致，规范的规定就会在处理争议方面发挥积极作用。

2. 计算规范

1）项目编码唯一性原则

2013 计价规范虽然按专业计算规范分开编制，房屋建筑与装修工程合编为 15 个计算规范,但项目编码仍按 2008 计价规范设置的方式保持不变。前两位定义为每本计算规范的代码,使每个项目清单的编码都是唯一的,没有重复。

2）项目设置简明适用原则

计算规范在项目设置上以符合工程实际、满足计价需要为前提,力求增加新技术、新工艺、新材料的项目,删除技术规范已经淘汰的项目。

3）项目特征满足组价原则

计算规范在项目特征上,对凡是体现项目自身价值的都做出规定,不以工作内容已有而不在项目特征中做出要求。

4）计量单位方便计量原则

计量单位应以方便计量为前提,注意与现行工程定额的规定衔接。若有两个或两个以上计量单位均可满足某一工程项目计量要求的,均予以标注,由招标人根据工程实际情况选用。

5）工程量计算规则统一原则

计算规范不使用"估算"之类的词语;对使用两个或两个以上计量单位的,分别规定了不同计量单位的工程量计算规则;对易引起争议的,用文字说明。

三、实行工程量清单计价的目的、意义

（1）实行工程量清单计价,是工程造价深化改革的产物。长期以来,我国承发包计价、定价以工程预算定额为主要依据。1992 年,为了适应建设市场改革的要求,针对工程预算定额编制和使用中存在的问题,据出了"控制量、指导价、竞争费"的改革措施,工程造价管理由静态管理模式逐步变为动态管理模式。其中对工程预算定额改革的主要思路和原则是：将工程预算定额中的人工、材料、机械的消耗量和相应的单价分离,人、材、机的消耗量由国家根据有关规范、标准以及社会的平均水平来确定。控制量的目的就是保证工程质量,指导价就是要逐步走向市场形成价格,这一措施在我国实行社会主义市场经济初期起到了积极的作用。但随着建设市场化进程的发展,这种做法仍然难以改变工程预算定额在中国指令性的状况,难以满足招标投标和评标的要求。因为,控制的量反映的是社会平均消耗水平,不能准确地反映各个企业的实际消耗量（个体水平）,不能全面地体现企业技术装备水平、管理水平和劳动生产率,也不能充分体现市场公平竞争,而工程量清单计价将改革以工程预算定额为计价依据的计价模式。

（2）实行工程量清单计价,是规范建设市场秩序,适应社会主义市场经济发展的需要。工程造价是工程建设的核心内容,也是建设市场运行的核心内容。建设市场上存在许多不规范行为,大多与工程造价有关。过去的工程预算定额在工程发包与承包工程计价中调节双方利益、反映市场价格等方面显得滞后,特别是在公开、公平、公正竞争方面,缺乏合理、完善的机制,甚至出现了一些漏洞。实现建设市场的良性发展,除了法律法规和行政监督以外,发挥市场规律中"竞争"和"价格"的作用也是治本之策。工程量清单计价是市场形成工程造价的主要形式,工程量清单计价有利于发挥企业自主报价的能力,实现政府定价的转变,也有利于规范业主在招标中的行为,有效改变招标单位在招标中盲目压价的行为,从而真正体现公开、公平、公正的原则,反映市场经济规律。

(3) 实行工程量清单计价,是促进建设市场有序竞争和企业健康发展的需要。采用工程量清单计价模式招标投标,对于发包单位,由于工程量清单是招标文件的组成部分,招标单位必须编制出准确的工程量清单,并承担相应的风险,促进了招标单位提高管理水平。由于工程量清单是公开的,所以可以避免工程招标中的弄虚作假、暗箱操作等不规范行为。对于承包企业,采用工程量清单报价,必须对单位工程成本、利润进行分析,统筹考虑、精心选择施工方案,并根据企业的定额合理确定人工、材料、施工机械等要素的投入与配置,优化组合,合理控制现场费用和施工技术措施费用,确定投标价,改变过去过分依赖国家发布定额的状况,企业根据自身的条件编制出自己的企业定额。

工程量清单计价的实行,有利于规范建筑市场计价行为,规范建设市场秩序,促进建设市场有序竞争;有利于控制建设项目投资,合理利用资源;有利于促进技术进步,提高劳动生产率;有利于提高造价工程师的素质,使其成为懂技术、懂经济、懂管理的全面发展的复合型人才。

(4) 实行工程量清单计价,有利于我国工程造价管理政府职能的转变。按照政府部门"真正履行经济调节、市场监管、社会管理和公共服务"职能的要求,政府对工程造价政府管理的模式要相应地改变,将推行政府宏观调控、企业自主报价、市场竞争形成价格、社会全面监督的工程造价管理思路。实行工程量清单计价,将有利于政府管理职能的转变,由过去政府控制的指令性定额转变为制定适应市场经济规律需要的工程量清单计价方法,由过去行政直接干预转变为对工程造价依法监管,有效地强化政府对工程造价的宏观调控。

(5) 实行工程量清单计价,是适应我国加入 WTO,融入世界大市场的需要。随着我国改革开放的进一步加快,中国经济日益融入全球市场,特别是我国加入 WTO 后,行业壁垒下降,建设市场将进一步对外开放。国外的企业以及投资的项目越来越多地进入国内市场,我国企业走出国门,在海外投资和经营的项目也在增加。为了适应这种对外开放建设市场的形势,必须与国际通行的计价方法相适应,为建设市场主体创造一个与国际惯例接轨的市场竞争环境。工程量清单计价是国际通行的计价做法,在我国实行工程量清单计价,有利于提高国内建设各方主体参与国际化竞争的能力,有利于提高工程建设的管理水平。

四、房屋与装饰工程计算规范附录共性问题的说明

(1)《计算规范》第 4.1.3 条第一款规定,编制工程量清单,出现附录中未包括的项目,编制人可做相应补充,具体做法如下。

① 补充项目的编码由本规范的代码 01 与 B 和 3 位阿拉伯数字组成,并应从 01B001 起顺序编制,同一招标工程的项目不得重码。

② 在工程量清单中应附补充项目的项目名称、项目特征、计量单位、工程量计算规则和工作内容,并应报省工程造价管理机构备案。

(2) 能计量的措施项目(即单价措施项目),与分部分项工程一样,编制工程量清单时必须列出项目编码、项目名称、项目特征,计量单位。措施项目中仅列出项目编码、项目名称,未列出项目特征、计量单位和工程量计算规则的项目。编制工程量清单时,应按计算

规范附录 S 措施项目规定的项目编码、项目名称确定。

(3) 项目特征是描述清单项目的重要内容,是投标人投标报价的重要依据,在描述工程量清单项目特征时,有关情况应按以下原则进行。

① 项目特征描述的内容应按附录中的规定,结合拟建工程的实际,能满足确定综合单价的需要。

② 土层分类应按计算规范土层分类表确定,如土层类别不能准确划分,招标人可注明为"综合,由投标人根据地勘报告决定报价"。

③ 对于地基处理与桩基工程的地层情况描述,按土层分类表和岩石分类表的规定;并根据岩土工程勘察报告,按单位工程各地层所占比例(包括范围值)进行描述。对无法准确描述的地层情况,可注明"由投标人根据岩土工程勘察报告自行决定报价"。

④ 若采用标准图集或施工图纸能够全部或部分满足项目特征描述的要求,项目特征描述可直接采用"详见××图集"或"××图号"的方式,但应注明标注图集的编码、页号及节点大样。对不能满足项目特征描述要求的部分,仍应用文字描述。

⑤ 拆除工程中对于只拆面层的项目,在项目特征中,不必描述基层(或龙骨)类型(或种类);对于基层(或龙骨)和面层同时拆除的项目,在项目特征中必须描述(基层或龙骨)类型(或种类)。

(4) 计算规范附录中有两个或两个以上计量单位的,应结合拟建工程项目的实际情况,确定其中一个为计量单位。在同一个建设项目(或标段、合同段)中,有多个单位工程的相同项目计量单位必须保持一致。

(5) 清单工程量小数点后有效位数的统一。

① 以"t"为单位,保留小数点后 3 位数字,第 4 位小数四舍五入。

② 以"m""m²""m³""kg"等为单位,保留小数点后 2 位数字,第 3 位小数四舍五入。

③ 以"个""件""根""组""系统"等为单位,取整数。

(6) 计算规范各项目仅列出了主要工作内容,除另有规定和说明者外,应视为已经包括完成该项目所列或未列的全部工作内容。具体应按以下 3 个方面规定执行。

① 计算规范对项目的工作内容进行了规定,除另有规定和说明外,应视为已经包括完成该项目的全部工作内容,未列内容或未发生,不应另行计算。

② 计算规范附录项目工作内容列出了主要施工内容。施工过程中必然发生的机械移动、材料运输等辅助内容虽然未列出,但应包括。

③ 计算规范以成品考虑的项目,若采用现场制作,应包括制作的工作内容。

(7) 工程量具有明显不确定性的项目,如挖淤泥、流砂,注浆地基,现浇构件中固定位置的支撑钢筋,双层钢筋用的铁马等,应在工程量清单文件中以文字明确:编制工程量清单时,设计没有明确,其工程数量可为暂估量,结算时按现场签证数量计算。

(8) 计算规范中的工程量计算规则与计价定额中的工程量计算规则是有区别的,是不尽相同的,招标文件中的工程量清单应按计算规范中的工程量计算规则计算工程量,投标人投标报价(包括综合单价分析)应按计价规范相关规定执行。当采用计价定额进行综合单价组价时,应按照计价定额规定的工程量计算规则计算工程量。

投标报价时,应根据招标文件中的工程量清单和有关要求、施工现场实际情况及拟定的施工方案或施工组织设计,依据企业定额和市场价格信息,或参照建设行政主管部门发布的社会平均消耗量定额进行编制。

(9) 附录清单项目中的工程量是按建筑物或构筑物的实体净量计算,施工中所用的材料、成品、半成品在制作、运输、安装中等所发生的一切损耗,应包括在报价内。

(10) 附录清单项目中所发生的钢材(包括钢筋、型钢、钢管等)均按理论质量计算,其理论质量与实际质量的偏差,应包括在报价内;对于甲方供应的钢材,其理论质量与实际质量的偏差,应由双方在合同中或通过书面约定进行处理。

(11) 沟槽、基坑、一般土方的划分已与市政工程保持一致。沟槽、基坑、一般土方的划分为:底宽≤7m、底长>3倍底宽的,为沟槽;底长等于3倍底宽、底面积≤150m² 的,为基坑;超出上述范围的,为一般土方。

(12) 当按照附录B"地基处理与边坡支护工程"与附录C"桩基工程"清单项目编码列项时,并不影响实际清单项目本身分部分项项目或措施项目的属性。

(13) 现浇构件中伸出构件的锚固钢筋应并入钢筋工程量内,除设计(包括规范规定)标明的搭接外,其他施工搭接不计算工程量,在综合单价中综合考虑。

(14) 现浇构件中固定位置的支撑钢筋、双层钢筋用的"铁马"、伸出构件的锚固钢筋、预制构件的吊钩等,应并入钢筋工程量内。

(15) 现浇混凝土工程项目"工作内容"中包括模板工程的内容,同时在措施项目中单列了现浇混凝土模板工程项目。对此,招标人应根据工程实际情况选用。若招标人在措施项目清单中未编列现浇混凝土模板项目清单,即表示现浇混凝土模板项目不单列,现浇混凝土工程项目的综合单价中应包括模板工程费用。

(16) 混凝土输送泵由施工单位提供,应将泵车进(退)场费列入措施项目费内;泵送费列在分部分项工程量清单报价内。混凝土输送泵由商品混凝土厂家提供,其泵车进(退)场费和泵送费应包括在商品混凝土价格内,同时扣除计价定额项目中的泵送费。

(17) 预制混凝土构件以现场预制编制项目,工作内容中包括模板工程,模板的措施费用不再单列。编制清单项目时,不得将模板、混凝土、构件运输、安装分开列项,组成综合单价时应包含如上内容。若采用现场预制,预制构件钢筋按计算规范附录E混凝土及钢筋混凝土工程中"E.15钢筋工程"相应项目编码列项;若采用成品预制混凝土构件,成品价(包括模板、钢筋、混凝土等所有费用)计入综合单价中,即成品的出厂价格及运杂费等进入综合单价。

(18) 钢结构工程量按设计图示尺寸以质量计算,金属构件切边、切肢、不规则及多边形钢板发生的损耗在综合单价中考虑。

(19) 楼(地)面防水反边高度≤300mm 算作地面(平面)防水。反边高度>300mm,自底端起按墙面(立面)防水计算,墙面、楼(地)面、屋面防水搭接及附加层用量不另行计算。

(20) 金属结构、木结构、木门窗、墙面装饰板、柱(梁)装饰、天棚装饰均取消项目中的"刷油漆",单独执行附录P油漆、涂料、裱糊工程。与此同时,金属结构以成品编制项目,各项目中增补了"补刷油漆"的内容。

(21) 附录R为拆除工程项目,适用于房屋工程的维修、加固、二次装修前的拆除,不适用于房屋的整体拆除。房屋建筑工程,仿古建筑、构筑物、园林景观工程等项目拆除,可按此附录编码列项。江苏省修缮定额所列的拆除项目,应作为分部分项项目,按附录 R相应项目编码列项。

（22）建筑物超高人工和机械降效不进入综合单价,与高压水泵及上下通信联络费用一道进入"超高施工增加"项目;但其中的垂直运输机械降效已包含在江苏省《计价定额》垂直运输机械费中,"超高施工增加"项目内并不包含该部分费用。

（23）设计规定或施工组织设计规定的已完工工程保护所发生的费用列入工程量清单措施项目费;分部分项项目成品保护发生的费用应包括在分部分项项目报价内。

五、计算规范与建筑与装饰工程计价定额之间的关系

（1）工程量清单表格应按照计算规范及江苏省规定设置,按照计算规范附录要求计列项目;计价定额的定额项目用于计算确定清单项目中工程内容的含量和价格。

（2）工程量清单的工程量计算规则应按照计算规范附录的规定执行;而清单项目中工程内容的工程量计算规则应按照计价定额规定执行。

（3）工程量清单的计量单位应按照计算规范附录中的计量单位选用确定;清单项目中工程内容的计量单位应按照计价定额规定的计量单位确定。

（4）工程量清单的综合单价,是由单个或多个工程内容按照计价定额规定计算出来的价格的汇总。

（5）在编制单位工程的清单项目时,一般要同时使用多本专业计算规范,但清单项目应以本专业计算规范附录为主;没有时,应按规范规定在相关专业附录之间相互借用,但应使用本专业计价定额相关子目进行组价。

任务二　工程量清单编制要点

1. 编制工程量清单的依据

（1）《房屋建筑与装饰工程工程量计量规范》(GB 50854—2013)和《建设工程工程量清单计价规范》(GB 50500—2013)。

（2）国家或省级、行业建设主管部门颁发的计价依据和办法。

（3）建设工程设计文件。

（4）与建设工程项目有关的标准、规范、技术资料。

（5）招标文件及其补充通知、答疑纪要。

（6）施工现场情况、工程特点及常规施工方案。

（7）其他相关资料。

2. 分部分项工程量清单包括的内容

分部分项工程量清单应包括项目编码、项目名称、项目特征、计量单位和工程量。2013 编制的《计价规范》规定:"分部分项工程项目清单必须根据相关工程现行国家计量

规范规定的项目编码、项目名称、项目特征、计量单位和工程量计算规则进行编制。"

1）项目编码

项目编码是分部分项工程和措施项目工程量清单项目名称的阿拉伯数字标识。《房屋建筑与装饰工程工程量计量规范》（GB 50854—2013）项目编码应采用12位阿拉伯数字表示，1～9位应按附录的规定设置，10～12位应根据拟建工程的工程量清单项目名称设置，同一招标工程的项目编码不得重码。1、2位为专业工程代码（01—房屋建筑与装饰工程；02—仿古建筑工程；03—通用安装工程；04—市政工程；05—园林绿化工程；06—矿山工程；07—构筑物工程；08—城市轨道交通工程；09—爆破工程。以后进入国标的专业工程代码以此类推）；3、4位为附录分类顺序码；5、6位为分部工程顺序码；7～9位为分项工程项目名称顺序码；10～12位为清单项目名称顺序码。

当同一标段（或合同段）的一份工程量清单中含有多个单位工程但工程量清单是以单位工程为编制对象时，应特别注意对项目编码10～12位的设置不得有重号的规定。例如1个标段（或合同段）的工程量清单中含有3个单位工程，每一单位工程中都有项目特征相同的实心砖墙砌体，在工程量清单中又需反映3个不同单位工程的实心砖墙砌体工程量时，则第1个单位工程的实心砖墙的项目编码应为010401003001，第2个单位工程的实心砖墙的项目编码应为010401003002，第3个单位工程的实心砖墙的项目编码应为010401003003，并分别列出各单位工程实心砖墙的工程量。

2）项目名称

2013编制的《计价规范》规定："分部分项工程量清单的项目名称应按附录的项目名称结合拟建工程项目实际情况综合确定。"

编制工程量清单出现附录中未包括的项目，编制人应做补充，并报省级或行业工程造价管理机构备案，省级或行业工程造价管理机构应汇总报住房和城乡建设部标准定额研究所。

补充项目的编码由专业工程码与B和3位阿拉伯数字组成，并应从×B001起按顺序编制，同一招标工程的项目不得重码。工程量清单中需附有补充项目的名称、项目特征、计量单位、工程量计算规则、工程内容。

3）项目特征

项目特征是构成分部分项工程量清单项目、措施项目自身价值的本质特征。分部分项工程量清单项目特征应按附录中规定的项目特征，结合技术规范、标准图集、施工图纸，按照工程结构、使用材质及规格或安装位置等予以详细而准确的表述和说明。凡项目特征中未描述到的其他独有特征，由清单编制人视项目具体情况确定，以准确描述清单项目为准。

在进行项目特征描述时，可掌握以下要点。

（1）必须描述的内容。

① 涉及正确计量的内容，如门窗洞口尺寸或框外围尺寸。

② 涉及结构要求的内容，如混凝土构件的混凝土的强度等级。

③ 涉及材质要求的内容，如油漆的品种、管材的材质等。

④ 涉及安装方式的内容，如管道工程中的钢管的连接方式。

（2）可不描述的内容。

① 对计量计价没有实质影响的内容，如对现浇混凝土柱的高度、断面大小等特征可以不描述。

② 应由投标人根据施工方案确定的内容，如对石方的预裂爆破的单孔深度及装药量的特征规定。

③ 应由投标人根据当地材料和施工要求确定的内容，如对混凝土构件中的混凝土拌合料使用的石子种类及粒径、砂的种类的特征规定。

④ 应由施工措施解决的内容，如对现浇混凝土板、梁的标高的特征规定。

（3）可不详细描述的内容。

① 无法准确描述的内容，如土层类别，可考虑将土层类别描述为综合，并注明由投标人根据地勘资料自行确定土层类别，决定报价。

② 施工图纸、标准图集标注明确的内容，对这些项目可描述为"见××图集××页号"及节点大样等。

③ 清单编制人在项目精征描述中应注明由投标人自定的内容，如土方工程中的"取土运距""弃土运距"等。

4）计量单位

分部分项工程量清单的计量单位应按附录规定的计量单位确定。

计量单位应采用基本单位，除各专业另有特殊规定外，均按以下单位计算。

（1）以重量计算的项目——吨或千克（t 或 kg）。

（2）以体积计算的项目——立方米（m^3）。

（3）以面积计算的项目——平方米（m^2）。

（4）以长度计算的项目——米（m）。

（5）以自然计量单位计算的项目——个、套、块、樘、组、台等。

（6）没有具体数量的项目——系统、项等。

各专业有特殊计量单位的，另外加以说明。当计量单位有两个或两个以上时，应根据所编工程量清单项目的特征要求，选择最适宜表现该项目特征并方便计量的单位。

5）工程内容

工程内容是指完成该清单项目可能发生的具体工程，可供招标人确定清单项目和投标人投标报价参考。以建筑工程的砖墙为例，可能发生的具体工程有砂浆制作、材料运输、砌砖、勾缝等。

工程内容中未列全的其他具体工程，由投标人按照招标文件或图纸要求编制，以完成清单项目为准，综合考虑到报价中。

6）工程数量的计算

2013 编制的《计价规范》规定，分部分项工程量清单应根据相关工程现行国家计量规范规定的工程量计算规则计算。

《清单计价》下建筑与装饰工程费用的计算

任务一　土石方工程

一、相关说明

1. 土方工程

(1) 挖土方平均厚度应按自然地面测量标高至设计地坪标高间的平均厚度确定。基础土方开挖深度应按基础垫层底表面标高至交付施工场地标高确定,无交付施工场地标高时,应按自然地面标高确定。

(2) 建筑物场地厚度≤±300mm 的挖、填、运、找平,应按平整场地项目编码列项。厚度>±300mm 的竖向布置挖土或山坡切土,应按表 9.1 中挖一般土方项目编码列项。

(3) 沟槽、基坑、一般土方的划分为:底宽≤7m 且底长>3 倍底宽,为沟槽;底长≤3 倍底宽且底面积≤150m² ,为基坑;超出上述范围,则为一般土方。

(4) 挖土方如需截桩头,应按桩基工程相关项目列项。

(5) 桩间挖土不扣除桩的体积,并在项目特征中加以描述。

(6) 弃、取土运距可以不描述,但应注明由投标人根据施工现场实际情况自行考虑,决定报价。

(7) 土壤的分类应按表 5.1 确定,如土壤类别不能准确划分,招标人可注明为“综合”,由投标人根据地勘报告决定报价。

(8) 土方体积应按挖掘前的天然密实体积计算。非天然密实土方应按表 5.5 折算。

(9) 挖沟槽、基坑、一般土方因工作面和放坡增加的工程量(管沟工作面增加的工程量)是否并入各土方工程量中,应按各省、自治区、直辖市或行业建设主管部门的规定实施。如并入各土方工程量中,办理工程结算时,按经发包人认可的施工组织设计规定计算。编制工程量清单时,可按表 5.7~表 5.9 规定计算,江苏省规定放坡工程量并入土方工程量一并计算。

(10) 挖方出现流砂、淤泥时,如设计未明确,在编制工程量清单时,其工程数量可为暂估量;结算时,应根据实际情况由发包人与承包人双方现场签证确认工程量。

(11)管沟土方项目适用于管道(给排水、工业、电力、通信)、光(电)缆沟[包括:人(手)孔、接口坑]及连接井(检查井)等。

2.石方工程

(1)挖石应按自然地面测量标高至设计地坪标高的平均厚度确定。基础石方开挖深度应按基础垫层底表面标高至交付施工现场地标高确定;无交付施工场地标高时,应按自然地面标高确定。

(2)厚度>±300mm的竖向布置挖石或山坡凿石,应按表9.2中挖一般石方项目编码列项。

(3)沟槽、基坑、一般石方的划分为:底宽≤7m且底长>3倍底宽,为沟槽;底长≤3倍底宽且底面积≤150m²,为基坑;超出上述范围,则为一般石方。

(4)弃渣运距可以不描述,但应注明由投标人根据施工现场实际情况自行考虑,决定报价。

(5)岩石的分类应按表5.2确定。

(6)石方体积应按挖掘前的天然密实体积计算。

(7)管沟石方项目适用于管道(给排水、工业、电力、通信)、光(电)缆沟[包括:人(手)孔、接口坑]及连接井(检查井)等。

3.回填

(1)填方密实度要求,在无特殊要求情况下,项目特征可描述为满足设计和规范的要求。

(2)填方材料品种可以不描述,但应注明由投标人根据设计要求验方后方可填入,并符合相关工程的质量规范要求。

(3)填方粒径要求,在无特殊要求情况下,项目特征可以不描述。

(4)如需买土回填,应在项目特征填方来源中描述,并注明买土方数量。

二、清单工程量计算规则

(1)土方工程工程量清单项目设置、项目特征描述的内容、计量单位及工程量计算规则,应按表9.1的规定执行。

表9.1 土方工程(编码:010101)

项目编码	项目名称	项目特征	计量单位	工程量计算规则	工作内容
010101001	平整场地	1. 土壤类别 2. 弃土运距 3. 取土运距	m²	按设计图示尺寸,以建筑物首层建筑面积计算	1. 土方挖填 2. 场地找平 3. 运输

项目编码	项目名称	项目特征	计量单位	工程量计算规则	工作内容
010101002	挖一般土方	1. 土壤类别 2. 挖土深度 3. 弃土运距	m³	按设计图示尺寸，以体积计算	1. 排地表水 2. 土方开挖 3. 围护（挡土板）及拆除 4. 基底钎探 5. 运输
010101003	挖沟槽土方			按设计图示尺寸，以基础垫层底面积乘以挖土深度计算	
010101004	挖基坑土方				
010101005	冻土开挖	1. 冻土厚度 2. 弃土运距		按设计图示尺寸，开挖面积乘以厚度，以体积计算	1. 爆破 2. 开挖 3. 清理 4. 运输
010101006	挖淤泥、流砂	1. 挖掘深度 2. 弃淤泥、流砂距离		按设计图示位置、界限，以体积计算	1. 开挖 2. 运输
010101007	管沟土方	1. 土壤类别 2. 管外径 3. 挖沟深度 4. 回填要求	1. m 2. m³	1. 以米计量，按设计图示，以管道中心线长度计算 2. 以立方米计量，按设计图示管底垫层面积乘以挖土深度计算；无管底垫层，按管外径的水平投影面积乘以挖土深度计算。不扣除各类井的长度，井的土方并入	1. 排地表水 2. 土方开挖 3. 围护（挡土板）、支撑 4. 运输 5. 回填

（2）石方工程工程量清单项目设置、项目特征描述的内容、计量单位及工程量计算规则，应按表 9.2 的规定执行。

表 9.2　石方工程（编码：010102）

项目编码	项目名称	项目特征	计量单位	工程量计算规则	工作内容
010102001	挖一般石方	1. 岩石类别 2. 开凿深度 3. 弃渣运距	m³	按设计图示尺寸，以体积计算	1. 排地表水 2. 凿石 3. 运输
010102002	挖沟槽石方			按设计图示尺寸，沟槽底面积乘以挖石深度，以体积计算	
010102003	挖基坑石方			按设计图示尺寸，基坑底面积乘以挖石深度，以体积计算	
010102004	挖管沟石方	1. 岩石类别 2. 管外径 3. 挖沟深度	1. m 2. m³	1. 以米计量，按设计图示，以管道中心线长度计算 2. 以立方米计量，按设计图示截面积乘以长度计算	1. 排地表水 2. 凿石 3. 回填 4. 运输

（3）回填工程量清单项目设置、项目特征描述的内容、计量单位及工程量计算规则，应按表9.3的规定执行。

表9.3 回填（编码：010103）

项目编码	项目名称	项目特征	计量单位	工程量计算规则	工作内容
010103001	回填方	1. 密实度要求 2. 填方材料品种 3. 填方粒径要求 4. 填方来源、运距	m³	按设计图示尺寸，以体积计算 1. 场地回填：回填面积乘以平均回填厚度 2. 室内回填：主墙间面积乘以回填厚度，不扣除间隔墙 3. 基础回填：按挖方清单项目工程量减去自然地坪以下埋设的基础体积（包括基础垫层及其他构筑物）	1. 运输 2. 回填 3. 压实
010103002	余方弃置	1. 废弃料品种 2. 运距		按挖方清单项目工程量减去利用回填方体积（正数）计算	余方点装料运输至弃置点

三、案例详解

【案例9.1】 根据项目五任务二中案例5.2的题意，按计价表计算土（石）方工程的清单综合单价。

【解】

（1）列项目：挖基础土方010101003001（1-28、1-92）、基础土方回填010103001001（1-1、1-92、1-104）。

（2）计算工程量。

010101003001 挖基础土方：155.00m³。

010103001001 基础土方回填：132.68m³。

（3）工程量清单如表9.4所示。

表9.4 工程量清单

序号	项目编码	项目名称	项目特征	计量单位	工程数量
1	010101003001	挖基础土方	1. 土壤类别：三类干土 2. 挖土深度：2.3m 3. 弃土运距：50m	m³	155.00
2	010103001001	基础土方回填	1. 密实度要求：夯填 2. 填方材料品种：一类干土 3. 填方来源、运距：基础挖方土，50m	m³	132.68

（4）清单计价如表9.5所示。

表 9.5　清单计价

序号	项目编码	项目名称	计量单位	工程数量	金额/元	
					综合单价	合　价
1	010101003001	挖基础土方	m³	155.00	73.85	11446.75
	1-28	人工挖沟槽	m³	155.00	53.80	8339.00
	1-92	人工运出土运距 50m	m³	155.00	20.05	3107.75
2	010103001001	基础土方回填	m³	132.68	61.77	8195.64
	1-1	人工挖一类回填土	m³	132.68	10.55	1399.77
	1-92	人工运回土运距 50m	m³	132.68	20.05	2660.23
	1-104	基槽回填土	m³	132.68	31.17	4135.64

答：挖基础土方的清单综合单价为 73.85 元/m³，基础土方回填的清单综合单价为 61.77 元/m³。

任务二　地基处理与边坡支护工程

一、相关说明

（1）地层情况按表 5.1 和表 5.2 的规定，并根据岩土工程勘察报告按单位工程各地层所占比例（包括范围值）进行描述。对无法准确描述的地层情况，可注明由投标人根据岩土工程勘察报告自行决定报价。

（2）地基处理。

① 项目特征中的桩长应包括桩尖，孔深为自然地面至设计桩底的深度。

$$空桩长度＝孔深－桩长$$

② 高压喷射注浆类型包括旋喷、摆喷、定喷，高压喷射注浆方法包括单管法、双重管法、三重管法。

③ 如采用泥浆护壁成孔，工作内容包括土方和废泥浆外运。如采用沉管灌注成孔，工作内容包括桩尖制作与安装。

（3）基坑边坡支护。

① 土钉置入方法包括钻孔置入、打入或射入等。

② 混凝土种类：指清水混凝土、彩色混凝土等。如在同一地区既使用预拌（商品）混凝土，又允许现场搅拌混凝土，也应注明（下同）。

③ 地下连续墙和喷射混凝土（砂浆）的钢筋网、咬合灌注桩的钢筋笼及钢筋混凝土支撑的钢筋制作、安装，按《计算规范》附录 E 中相关项目列项。本部分未列的基坑与边坡支护的排桩，按《计算规范》附录 C 中相关项目列项。水泥土墙、坑内加固，按《计算规范》表 B.1 中相关项目列项。砖、石挡土墙、护坡，按《计算规范》附录 D 中相关项目列项。混凝土挡土墙，按《计算规范》附录 E 中相关项目列项。

二、清单工程量计算规则

（1）地基处理工程量清单项目设置、项目特征描述的内容、计量单位及工程量计算规则，应按表9.6的规定执行。

表9.6　地基处理（编码：010201）

项目编码	项目名称	项 目 特 征	计量单位	工程量计算规则	工 作 内 容
010201001	换填垫层	1. 材料种类及配比 2. 压实系数 3. 掺加剂品种	m^3	按设计图示尺寸，以体积计算	1. 分层铺填 2. 碾压、振密或夯实 3. 材料运输
010201002	铺设土工合成材料	1. 部位 2. 品种 3. 规格		按设计图示尺寸，以面积计算	1. 挖填锚固沟 2. 铺设 3. 固定 4. 运输
010201003	预压地基	1. 排水竖井种类、断面尺寸、排列方式、间距、深度 2. 预压方法 3. 预压荷载、时间 4. 砂垫层厚度	m^2	按设计图示处理范围，以面积计算	1. 设置排水竖井、盲沟、滤水管 2. 铺设砂垫层、密封膜 3. 堆载、卸载或抽气设备安拆、抽真空 4. 材料运输
010201004	强夯地基	1. 夯击能量 2. 夯击遍数 3. 夯击点布置形式、间距 4. 地耐力要求 5. 夯填材料种类			1. 铺设夯填材料 2. 强夯 3. 夯填材料运输
010201005	振冲密实（不填料）	1. 地层情况 2. 振密深度 3. 孔距			1. 振冲加密 2. 泥浆运输
010201006	振冲桩（填料）	1. 地层情况 2. 空桩长度、桩长 3. 桩径 4. 填充材料种类		1. 以米计量，按设计图示尺寸，以桩长计算 2. 以立方米计量，按设计桩截面乘以桩长，以体积计算	1. 振冲成孔、填料、振实 2. 材料运输 3. 泥浆运输
010201007	砂石桩	1. 地层情况 2. 空桩长度、桩长 3. 桩径 4. 成孔方法 5. 材料种类、级配	1. m 2. m^3	1. 以米计量，按设计图示尺寸，以桩长（包括桩尖）计算 2. 以立方米计量，按设计桩截面乘以桩长（包括桩尖），以体积计算	1. 成孔 2. 填充、振实 3. 材料运输

项目编码	项目名称	项 目 特 征	计量单位	工程量计算规则	工 作 内 容
010201008	水泥粉煤灰碎石桩	1. 地层情况 2. 空桩长度、桩长 3. 桩径 4. 成孔方法 5. 混合料强度等级	m	按设计图示尺寸,以桩长(包括桩尖)计算	1. 成孔 2. 混合料制作、灌注、养护 3. 材料运输
010201009	深层搅拌桩	1. 地层情况 2. 空桩长度、桩长 3. 桩截面尺寸 4. 水泥强度等级、掺量		按设计图示尺寸,以桩长计算	1. 预搅下钻、水泥浆制作、喷浆搅拌提升成桩 2. 材料运输
010201010	粉喷桩	1. 地层情况 2. 空桩长度、桩长 3. 桩径 4. 粉体种类、掺量 5. 水泥强度等级、石灰粉要求			1. 预搅下钻、喷粉搅拌提升成桩 2. 材料运输
010201011	夯实水泥土桩	1. 地层情况 2. 空桩长度、桩长 3. 桩径 4. 成孔方法 5. 水泥强度等级 6. 混合料配比		按设计图示尺寸,以桩长(包括桩尖)计算	1. 成孔、夯底 2. 水泥土拌合、填料、夯实 3. 材料运输
010201012	高压喷射注浆桩	1. 地层情况 2. 空桩长度、桩长 3. 桩截面 4. 注浆类型、方法 5. 水泥强度等级		按设计图示尺寸,以桩长计算	1. 成孔 2. 水泥浆制作、高压喷射注浆 3. 材料运输
010201013	石灰桩	1. 地层情况 2. 空桩长度、桩长 3. 桩径 4. 成孔方法 5. 掺和料种类、配合比		按设计图示尺寸,以桩长(包括桩尖)计算	1. 成孔 2. 混合料制作、运输、夯填
010201014	灰土(土)挤密桩	1. 地层情况 2. 空桩长度、桩长 3. 桩径 4. 成孔方法 5. 灰土级配			1. 成孔 2. 灰土拌和、运输、填充、夯实
010201015	柱锤冲扩桩	1. 地层情况 2. 空桩长度、桩长 3. 桩径 4. 成孔方法 5. 桩体材料种类、配合比		按设计图示尺寸,以桩长计算	1. 安装、拔除套管 2. 冲孔、填料、夯实 3. 桩体材料制作、运输

续表

项目编码	项目名称	项目特征	计量单位	工程量计算规则	工作内容
010201016	注浆地基	1. 地层情况 2. 空钻深度、注浆深度 3. 注浆间距 4. 浆液种类及配比 5. 注浆方法 6. 水泥强度等级	1. m 2. m³	1. 以米计量,按设计图示尺寸,以钻孔深度计算 2. 以立方米计量,按设计图示尺寸,以加固体积计算	1. 成孔 2. 注浆导管制作、安装 3. 浆液制作、压浆材料运输
010201017	褥垫层	1. 厚度 2. 材料品种及比例	1. m² 2. m³	1. 以平方米计量,按设计图示尺寸,以铺设面积计算 2. 以立方米计量,按设计图示尺寸,以体积计算	材料拌合、运输、铺设、压实

(2) 基坑与边坡支护工程量清单项目设置、项目特征描述的内容、计量单位及工程量计算规则,应按表 9.7 的规定执行。

表 9.7 基坑与边坡支护(编码:010202)

项目编码	项目名称	项目特征	计量单位	工程量计算规则	工作内容
010202001	地下连续墙	1. 地层情况 2. 导墙类型、截面 3. 墙体厚度 4. 成槽深度 5. 混凝土种类、强度等级 6. 接头形式	m³	按设计图示墙中心线长乘以厚度乘以槽深,以体积计算	1. 导墙挖填、制作、安装、拆除 2. 挖土成槽、周壁、清底置换 3. 混凝土制作、运输、灌注、养护 4. 接头处理 5. 土方、废泥浆外运 6. 打桩场地硬化及泥浆池、泥浆沟
010202002	咬合灌注桩	1. 地层情况 2. 桩长 3. 桩径 4. 混凝土种类、强度等级 5. 部位	1. m 2. 根	1. 以米计量,按设计图示尺寸,以桩长计算 2. 以根计量,按设计图示数量计算	1. 成孔、固壁 2. 混凝土制作、运输、灌注、养护 3. 套管压拔 4. 土方、废泥浆外运 5. 打桩场地硬化及泥浆池、泥浆沟

续表

项目编码	项目名称	项目特征	计量单位	工程量计算规则	工作内容
010202003	圆木桩	1. 地层情况 2. 桩长 3. 材质 4. 尾径 5. 桩倾斜度	1. m 2. 根	1. 以米计量,按设计图示尺寸,以桩长(包括桩尖)计算 2. 以根计量,按设计图示数量计算	1. 工作平台搭拆 2. 桩机移位 3. 桩靴安装 4. 沉桩
010202004	预制钢筋混凝土板桩	1. 地层情况 2. 送桩深度、桩长 3. 桩截面 4. 沉桩方法 5. 连接方式 6. 混凝土强度等级			1. 工作平台搭拆 2. 桩机移位 3. 沉桩 4. 板桩连接
010202005	型钢桩	1. 地层情况或部位 2. 送桩深度、桩长 3. 规格型号 4. 桩倾斜度 5. 防护材料种类 6. 是否拔出	1. t 2. 根	1. 以吨计量,按设计图示尺寸,以质量计算 2. 以根计量,按设计图示数量计算	1. 工作平台搭拆 2. 桩机移位 3. 打(拔)桩 4. 接桩 5. 刷防护材料
010202006	钢板桩	1. 地层情况 2. 桩长 3. 板桩厚度	1. t 2. m²	1. 以吨计量,按设计图示尺寸,以质量计算 2. 以平方米计量,按设计图示墙中心线长乘以桩长,以面积计算	1. 工作平台搭拆 2. 桩机移位 3. 打拔钢板桩
010202007	锚杆(锚索)	1. 地层情况 2. 锚杆(索)类型、部位 3. 钻孔深度 4. 钻孔直径 5. 杆体材料品种、规格、数量 6. 预应力 7. 浆液种类、强度等级	1. m 2. 根	1. 以米计量,按设计图示尺寸,以钻孔深度计算 2. 以根计量,按设计图示数量计算	1. 钻孔、浆液制作、运输、压浆 2. 锚杆(锚索)制作、安装 3. 张拉锚固 4. 锚杆(锚索)施工平台搭设、拆除
010202008	土钉	1. 地层情况 2. 钻孔深度 3. 钻孔直径 4. 置入方法 5. 杆体材料品种、规格、数量 6. 浆液种类、强度等级			1. 钻孔、浆液制作、运输、压浆 2. 土钉制作、安装 3. 土钉施工平台搭设、拆除

续表

项目编码	项目名称	项目特征	计量单位	工程量计算规则	工作内容
010202009	喷射混凝土、水泥砂浆	1. 部位 2. 厚度 3. 材料种类 4. 混凝土(砂浆)类别、强度等级	m²	按设计图示尺寸,以面积计算	1. 修整边坡 2. 混凝土(砂浆)制作、运输、喷射、养护 3. 钻排水孔、安装排水管 4. 喷射施工平台搭设、拆除
010202010	钢筋混凝土支撑	1. 部位 2. 混凝土种类 3. 混凝土强度等级	m³	按设计图示尺寸,以体积计算	1. 模板(支架或支撑)制作、安装、拆除、堆放、运输及清理模内杂物、刷隔离剂等 2. 混凝土制作、运输、浇筑、振捣、养护
010202011	钢支撑	1. 部位 2. 钢材品种、规格 3. 探伤要求	t	按设计图示尺寸,以质量计算。不扣除孔眼质量,焊条、铆钉、螺栓等不另增加质量	1. 支撑、铁件制作(摊销、租赁) 2. 支撑、铁件安装 3. 探伤 4. 刷漆 5. 拆除 6. 运输

三、案例详解

【案例 9.2】 某幢别墅工程基底为可塑黏土,不能满足设计承载力要求。采用水泥粉煤灰碎石桩进行地基处理,桩径为 400mm,桩体强度等级为 C20,桩数为 52 根。设计桩长为 10m,桩端进入硬塑黏土层不少于 1.5m,桩顶在地面以下 1.5~2m,水泥粉煤灰碎石桩采用振动沉管灌注桩施工,桩顶采用 200mm 厚人工级配砂石(砂:碎石=3:7,最大粒径 30mm)作为褥垫层,如图 9.1 和图 9.2 所示。根据以上背景资料及现行国家标准,试列出该工程地基处理分部分项工程量清单。

【解】

(1) 列项:010201008001 水泥粉煤灰碎石桩、010201017001 褥垫层、010301004001 截(凿)桩头。

(2) 计算工程量。

① 010201008001 水泥粉煤灰碎石桩:$L=52\times10=520$(m)。

② 010201017001 褥垫层。

J-1:$(1.20+0.3\times2)\times(1.0+0.3\times2)=2.88$(m²)。

J-2:$(1.40+0.3\times2)\times(1.4+0.3\times2)\times2=8.00$(m²)。

J-3:$(1.60+0.3\times2)\times(1.6+0.3\times2)\times3=14.52$(m²)。

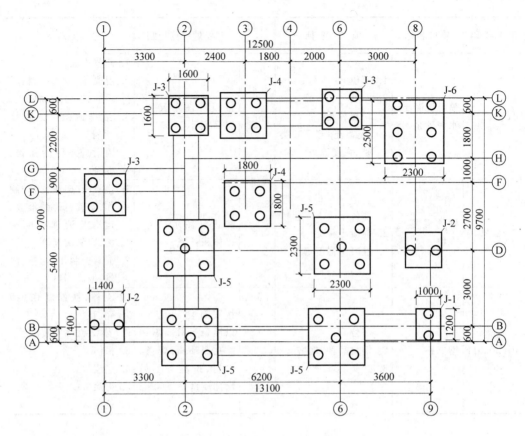

图 9.1 某幢别墅水泥粉煤灰碎石桩平面图

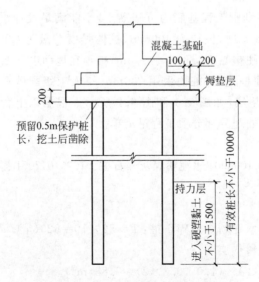

图 9.2 水泥粉煤灰碎石桩详图

J-4：$(1.80+0.3\times2)\times(1.8+0.3\times2)\times2=11.52(m^2)$。

J-5：$(2.30+0.3\times2)\times(2.3+0.3\times2)\times4=33.64(m^2)$。

J-6：$(2.30+0.3\times2)\times(2.5+0.3\times2)=8.99(m^2)$。

$S=2.88+8.00+14.52+11.52+33.64+8.99=79.55(m^2)$。

③ 010301004001 截（凿）桩头：52根。

（3）工程量清单如表9.8所示。

表 9.8 工程量清单

序号	项目编码	项目名称	项目特征	计量单位	工程数量
1	010201008001	水泥粉煤灰碎石桩	1. 地层情况：三类土 2. 空桩长度、桩长：1.5～2m、10m 3. 桩径：400mm 4. 成孔方法：振动沉管 5. 混合料强度等级：C20	m	520
2	010201017001	褥垫层	1. 厚度：200mm 2. 材料品种及比例：人工级配砂石（最大粒径30mm），砂：碎石＝3：7	m²	79.55
3	010301004001	截（凿）桩头	1. 桩类型：水泥粉煤灰碎石桩 2. 桩头截面、高度：400mm、0.5m 3. 混凝土强度等级：C20 4. 有无钢筋：无	根	52

任务三 桩 基 工 程

一、相关说明

（1）地层情况按表5.1和表5.2的规定，并根据岩土工程勘察报告按单位工程各地层所占比例（包括范围值）进行描述。对无法准确描述的地层情况，可注明由投标人根据岩土工程勘察报告自行决定报价。

（2）打桩。

① 项目特征中的桩截面、混凝土强度等级、桩类型等可直接用标准图代号或设计桩型进行描述。

② 预制钢筋混凝土方桩、预制钢筋混凝土管桩项目以成品桩编制，应包括成品桩购置费。如果要现场预制，应包括现场预制桩的所有费用。

③ 打试验桩和打斜桩应按相应项目单独列项，并应在项目特征中注明试验桩或斜桩（斜率）。

④ 截（凿）桩头项目适用于《计算规范》附录B、附录C所列桩的桩头截（凿）。

⑤ 预制钢筋混凝土管桩桩顶与承台的连接构造，按《计算规范》附录E相关项目列项。

（3）灌注桩。

① 项目特征中的桩长应包括桩尖，空桩长度等于孔深减去桩长，孔深为自然地面至

设计桩底的深度。

②　项目特征中的桩截面(桩径)、混凝土强度等级、桩类型等可直接用标准图代号或设计桩型进行描述。

③　泥浆护壁成孔灌注桩是指在泥浆护壁条件下成孔,采用水下灌注混凝土的桩。其成孔方法包括冲击钻成孔、冲抓锥成孔、回旋钻成孔、潜水钻成孔、泥浆护壁的旋挖成孔等。

④　沉管灌注桩的沉管方法包括锤击沉管法、振动沉管法、振动冲击沉管法、内夯沉管法等。

⑤　干作业成孔灌注桩是指在不用泥浆护壁和套管护壁的情况下,用钻机成孔后,下钢筋笼,灌注混凝土的桩,适用于地下水位以上的土层使用。其成孔方法包括螺旋钻成孔、螺旋钻成孔扩底、干作业的旋挖成孔等。

⑥　混凝土种类包括清水混凝土、彩色混凝土、水下混凝土等。如在同一地区既使用预拌(商品)混凝土,又允许现场搅拌混凝土,也应注明(下同)。

⑦　混凝土灌注桩的钢筋笼制作、安装,按《计算规范》附录 E 中相关项目编码列项。

二、清单工程量计算规则

(1) 打桩工程量清单项目设置、项目特征描述的内容、计量单位及工程量计算规则,应按表 9.9 的规定执行。

表 9.9　打桩(编码:010301)

项目编码	项目名称	项目特征	计量单位	工程量计算规则	工作内容
010301001	预制钢筋混凝土方桩	1. 地层情况 2. 送桩深度、桩长 3. 桩截面 4. 桩倾斜度 5. 沉桩方法 6. 接桩方式 7. 混凝土强度等级	1. m 2. m³ 3. 根	1. 以米计量,按设计图示尺寸,以桩长(包括桩尖)计算 2. 以立方米计量,按设计图示截面积乘以桩长(包括桩尖),以实际体积计算 3. 以根计量,按设计图示数量计算	1. 工作平台搭拆 2. 桩机竖拆、移位 3. 沉桩 4. 接桩 5. 送桩
010301002	预制钢筋混凝土管桩	1. 地层情况 2. 送桩深度、桩长 3. 桩外径、壁厚 4. 桩倾斜度 5. 沉桩方法 6. 桩尖类型 7. 混凝土强度等级 8. 填充材料种类 9. 防护材料种类			1. 工作平台搭拆 2. 桩机竖拆、移位 3. 沉桩 4. 接桩 5. 送桩 6. 桩尖制作安装 7. 填充材料、刷防护材料

续表

项目编码	项目名称	项目特征	计量单位	工程量计算规则	工作内容
010301003	钢管桩	1. 地层情况 2. 送桩深度、桩长 3. 材质 4. 管径、壁厚 5. 桩倾斜度 6. 沉桩方法 7. 填充材料种类 8. 防护材料种类	1. t 2. 根	1. 以吨计量,按设计图示尺寸,以质量计算 2. 以根计量,按设计图示数量计算	1. 工作平台搭拆 2. 桩机竖拆、移位 3. 沉桩 4. 接桩 5. 送桩 6. 切割钢管、精割盖帽 7. 管内取土 8. 填充材料、刷防护材料
010301004	截(凿)桩头	1. 桩类型 2. 桩头截面、高度 3. 混凝土强度等级 4. 有无钢筋	1. m³ 2. 根	1. 以立方米计量,按设计桩截面乘以桩头长度,以体积计算 2. 以根计量,按设计图示数量计算	1. 截(切割)桩头 2. 凿平 3. 废料外运

（2）灌注桩工程量清单项目设置、项目特征描述的内容、计量单位及工程量计算规则,应按表 9.10 的规定执行。

表 9.10　灌注桩(编码：010302)

项目编码	项目名称	项目特征	计量单位	工程量计算规则	工作内容
010302001	泥浆护壁成孔灌注桩	1. 地层情况 2. 空桩长度、桩长 3. 桩径 4. 成孔方法 5. 护筒类型、长度 6. 混凝土种类、强度等级		1. 以米计量,按设计图示尺寸,以桩长(包括桩尖)计算	1. 护筒埋设 2. 成孔、固壁 3. 混凝土制作、运输、灌注、养护 4. 土方、废泥浆外运 5. 打桩场地硬化及泥浆池、泥浆沟
010302002	沉管灌注桩	1. 地层情况 2. 空桩长度、桩长 3. 复打长度 4. 桩径 5. 沉管方法 6. 桩尖类型 7. 混凝土种类、强度等级	1. m 2. m³ 3. 根	2. 以立方米计量,按不同截面在桩上范围内,以体积计算 3. 以根计量,按设计图示数量计算	1. 打(沉)拔钢管 2. 桩尖制作、安装 3. 混凝土制作、运输、灌注、养护
010302003	干作业成孔灌注桩	1. 地层情况 2. 空桩长度、桩长 3. 桩径 4. 扩孔直径、高度 5. 成孔方法 6. 混凝土种类、强度等级			1. 成孔、扩孔 2. 混凝土制作、运输、灌注、振捣、养护

续表

项目编码	项目名称	项目特征	计量单位	工程量计算规则	工作内容
010302004	挖孔桩土(石)方	1. 地层情况 2. 挖孔深度 3. 弃土(石)运距	m³	按设计图示尺寸(含护壁)截面积乘以挖孔深度,以立方米计算	1. 排地表水 2. 挖土、凿石 3. 基底钎探 4. 运输
010302005	人工挖孔灌注桩	1. 桩芯长度 2. 桩芯直径、扩底直径、扩底高度 3. 护壁厚度、高度 4. 护壁混凝土种类、强度等级 5. 桩芯混凝土种类、强度等级	1. m³ 2. 根	1. 以立方米计量,按桩芯混凝土体积计算 2. 以根计量,按设计图示数量计算	1. 护壁制作 2. 混凝土制作、运输、灌注、振捣、养护
010302006	钻孔压浆桩	1. 地层情况 2. 空钻长度、桩长 3. 钻孔直径 4. 水泥强度等级	1. m 2. 根	1. 以米计量,按设计图示尺寸,以桩长计算 2. 以根计量,按设计图示数量计算	钻孔、下注浆管、投放骨料、浆液制作、运输、压浆
010302007	灌注桩后压浆	1. 注浆导管材料、规格 2. 注浆导管长度 3. 单孔注浆量 4. 水泥强度等级	孔	按设计图示,以注浆孔数计算	1. 注浆导管制作、安装 2. 浆液制作、运输、压浆

三、案例详解

【案例9.3】 根据项目五中案例5.7的题意,按现行国家标准,试列出该桩基工程分部分项工程量清单及清单综合单价。

【解】

(1) 列项目:010301002001 预制钢筋混凝土管桩(3-22、3-27、3-24)。

(2) 计算工程量。

预制钢筋混凝土管桩:250 根。

(3) 工程量清单如表9.11所示。

表9.11　工程量清单

项目编码	项目名称	项目特征	计量单位	工程数量
010301002001	预制钢筋混凝土管桩	1. 送桩深度 29.3m,桩长 26m 2. 桩外径 700mm,壁厚 110mm 3. 沉桩方法:静力压桩 4. 桩尖类型:a 型桩尖	根	250

（4）清单计价如表 9.12 所示。

表 9.12 清单计价

定额编号	子目名称	计量单位	工程量	综合单价	合价
				金额/元	
010301002001	预制钢筋混凝土管桩	根	250	12202.48	3050618.89
3-22 换	压桩	m³	1342.44	384.18	515738.60
3-27 换	接桩	个	250	67.29	16822.50
3-24	送桩	m³	193.60	458.47	88759.79
	成品桩	m³	1324.61	1800	2384298.00
	a 型桩尖	个	250	180	45000.00

答：该桩基工程的清单综合单价为 12202.48 元/根。

任务四 砌 筑 工 程

一、相关说明

1. 砖砌体

（1）标准砖尺寸应为 240mm×115mm×53mm；标准砖墙厚度应按表 9.13 所示计算。

表 9.13 标准墙计算厚度表

砖数（厚度）	1/4	1/2	3/4	1	$1\frac{1}{2}$	2	$2\frac{1}{2}$	3
计算厚度/mm	53	115	180	240	365	490	615	740

（2）"砖基础"项目适用于各种类型砖基础、柱基础、墙基础、管道基础等。

（3）基础与墙（柱）身使用同一种材料时，以设计室内地面为界（有地下室者，以地下室室内设计地面为界），以下为基础，以上为墙（柱）身。基础与墙身使用不同材料时，位于设计室内地面高度≤±300mm 时，以不同材料为分界线；高度＞±300mm 时，以设计室内地面为分界线。

（4）砖围墙以设计室外地坪为界，以下为基础，以上为墙身。

（5）框架外表面的镶贴砖部分，按零星项目编码列项。

（6）附墙烟囱、通风道、垃圾道应按设计图示尺寸，以体积（扣除孔洞所占体积）计算，并入所依附的墙体体积内。当设计规定孔洞内需抹灰时，应按《计算规范》附录 M 中零星抹灰项目编码列项。

（7）空斗墙的窗间墙、窗台下、楼板下、梁头下等的实砌部分，按零星砌砖项目编码列项。

（8）"空花墙"项目适用于各种类型的空花墙，使用混凝土花格砌筑的空花墙，实砌墙体与混凝土花格应分别计算,混凝土花格按混凝土及钢筋混凝土中预制构件相关项目编码列项。

（9）台阶、台阶挡墙、梯带、锅台、炉灶、蹲台、池槽、池槽腿、砖胎模、花台、花池、楼梯栏板、阳台栏板、地垄墙、≤0.3m² 的孔洞填塞等,应按零星砌砖项目编码列项。砖砌锅台与炉灶可按外形尺寸以个计算,砖砌台阶可按水平投影面积以平方米计算,小便槽、地垄墙可按长度计算,其他工程以立方米计算。

2. 砌块砌体

（1）砌体内加筋、墙体拉结的制作、安装,应按《计算规范》附录 E 中相关项目编码列项。

（2）砌块排列应上、下错缝搭砌。如果搭错缝长度满足不了规定的压搭要求,应采取压砌钢筋网片的措施,具体构造要求按设计规定。若设计无规定,应注明由投标人根据工程实际情况自行考虑;钢筋网片按《计算规范》附录 F 中相应编码列项。

（3）砌体垂直灰缝宽＞30mm 时,采用 C20 细石混凝土灌实。灌注的混凝土应按《计算规范》附录 E 相关项目编码列项。

3. 石砌体

（1）石基础、石勒脚、石墙的划分:基础与勒脚应以设计室外地坪为界。勒脚与墙身应以设计室内地面为界。石围墙内外地坪标高不同时,应以较低地坪标高为界,以下为基础;内外标高之差为挡土墙时,挡土墙以上为墙身。

（2）石基础项目适用于各种规格（粗料石、细料石等）、各种材质（砂石、青石等）和各种类型（柱基、墙基、直形、弧形等）基础。

（3）石勒脚、石墙项目适用于各种规格（粗料石、细料石等）、各种材质（砂石、青石、大理石、花岗石等）和各种类型（直形、弧形等）勒脚和墙体。

（4）石挡土墙项目适用于各种规格（粗料石、细料石、块石、毛石、卵石等）、各种材质（砂石、青石、石灰石等）和各种类型（直形、弧形、台阶形等）挡土墙。

（5）石柱项目适用于各种规格、各种石质、各种类型的石柱。

（6）石栏杆项目适用于无雕饰的一般石栏杆。

（7）石护坡项目适用于各种石质和各种石料（粗料石、细料石、片石、块石、毛石、卵石等）。

（8）石台阶项目包括石梯带（垂带）,不包括石梯膀。石梯膀应按《计算规范》附录 C 石挡土墙项目编码列项。

（9）如施工图设计标注做法见标准图集时,应在项目特征描述中注明标注图集的编码、页号及节点大样。

4. 垫层

除混凝土垫层应按《计算规范》附录 E 中相关项目编码列项外,没有包括垫层要求的清单项目,应按垫层项目编码列项。

二、清单工程量计算规则

（1）砖砌体工程量清单项目设置、项目特征描述的内容、计量单位及工程量计算规则，应按表9.14的规定执行。

表 9.14　砖砌体（编码：010401）

项目编码	项目名称	项目特征	计量单位	工程量计算规则	工作内容
010401001	砖基础	1. 砖品种、规格、强度等级 2. 基础类型 3. 砂浆强度等级 4. 防潮层材料种类		按设计图示尺寸，以体积计算，包括附墙垛基础宽出部分体积，扣除地梁（圈梁）、构造柱所占体积，不扣除基础大放脚T形接头处的重叠部分及嵌入基础内的钢筋、铁件、管道、基础砂浆防潮层和单个面积≤0.3m²的孔洞所占体积，靠墙暖气沟的挑檐不增加基础长度；外墙按外墙中心线，内墙按内墙净长线计算	1. 砂浆制作、运输 2. 砌砖 3. 防潮层铺设 4. 材料运输
010401002	砖砌挖孔桩护壁	1. 砖品种、规格、强度等级 2. 砂浆强度等级		按设计图示尺寸，以立方米计算	1. 砂浆制作、运输 2. 砌砖 3. 材料运输
010401003	实心砖墙		m³		
010401004	多孔砖墙			按设计图示尺寸，以体积计算，扣除门窗、洞口、嵌入墙内的钢筋混凝土柱、梁、圈梁、挑梁、过梁及凹进墙内的壁龛、管槽、暖气槽、消火栓箱所占体积，不扣除梁头、板头、檩头、垫木、木楞头、沿缘木、木砖、门窗走头、砖墙内加固钢筋、木筋、铁件、钢管及单个面积＜0.3m²的孔洞所占的体积。凸出墙面的腰线、挑檐、压顶、窗台线、虎头砖、门窗套的体积亦不增加。凸出墙面的砖垛并入墙体体积内计算	
010401005	空心砖墙	1. 砖品种、规格、强度等级 2. 墙体类型 3. 砂浆强度等级、配合比			1. 砂浆制作、运输 2. 砌砖 3. 刮缝 4. 砖压顶砌筑 5. 材料运输

续表

项目编码	项目名称	项目特征	计量单位	工程量计算规则	工作内容
010401006	空斗墙	1. 砖品种、规格、强度等级 2. 墙体类型 3. 砂浆强度等级、配合比	m³	按设计图示尺寸，以空斗墙外形体积计算。墙角、内外墙交接处、门窗洞口立边、窗台砖、屋檐处的实砌部分体积并入空斗墙体积内	1. 砂浆制作、运输 2. 砌砖 3. 装填充料 4. 刮缝 5. 材料运输
010401007	空花墙			按设计图示尺寸，以空花部分外形体积计算，不扣除空洞部分体积	
010401008	填充墙	1. 砖品种、规格、强度等级 2. 墙体类型 3. 填充材料种类及厚度 4. 砂浆强度等级、配合比		按设计图示尺寸，以填充墙外形体积计算	
010401009	实心砖柱	1. 砖品种、规格、强度等级 2. 柱类型 3. 砂浆强度等级、配合比		按设计图示尺寸，以体积计算。扣除混凝土及钢筋混凝土梁垫、梁头、板头所占体积	1. 砂浆制作、运输 2. 砌砖 3. 刮缝 4. 材料运输
010401010	多孔砖柱				
010401011	砖检查井	1. 井截面、深度 2. 砖品种、规格、强度等级 3. 垫层材料种类、厚度 4. 底板厚度 5. 井盖安装 6. 混凝土强度等级 7. 砂浆强度等级 8. 防潮层材料种类	座	按设计图示数量计算	1. 砂浆制作、运输 2. 铺设垫层 3. 底板混凝土制作、运输、浇筑、振捣、养护 4. 砌砖 5. 刮缝 6. 井池底、壁抹灰 7. 抹防潮层 8. 材料运输
010401012	零星砌砖	1. 零星砌砖名称、部位 2. 砖品种、规格、强度等级 3. 砂浆强度等级、配合比	1. m³ 2. m² 3. m 4. 个	1. 以立方米计量，按设计图示尺寸截面积乘以长度计算 2. 以平方米计量，按设计图示尺寸水平投影面积计算 3. 以米计量，按设计图示尺寸长度计算 4. 以个计量，按设计图示数量计算	1. 砂浆制作、运输 2. 砌砖 3. 刮缝 4. 材料运输

续表

项目编码	项目名称	项目特征	计量单位	工程量计算规则	工作内容
010401013	砖散水、地坪	1. 砖品种、规格、强度等级 2. 垫层材料种类、厚度 3. 散水、地坪厚度 4. 面层种类、厚度 5. 砂浆强度等级	m²	按设计图示尺寸,以面积计算	1. 土方挖、运、填 2. 地基找平、夯实 3. 铺设垫层 4. 砌砖散水、地坪 5. 抹砂浆面层
010401014	砖地沟、明沟	1. 砖品种、规格、强度等级 2. 沟截面尺寸 3. 垫层材料种类、厚度 4. 混凝土强度等级 5. 砂浆强度等级	m	以米计量,按设计图示,以中心线长度计算	1. 土方挖、运、填 2. 铺设垫层 3. 底板混凝土制作、运输、浇筑、振捣、养护 4. 砌砖 5. 刮缝、抹灰 6. 材料运输

（2）砌块砌体工程量清单项目设置、项目特征描述的内容、计量单位及工程量计算规则,应按表9.15的规定执行。

表 9.15　砌块砌体(编码：010402)

项目编码	项目名称	项目特征	计量单位	工程量计算规则	工作内容
010402001	砌块墙	1. 砌块品种、规格、强度等级 2. 墙体类型 3. 砂浆强度等级	m³	按设计图示尺寸,以体积计算 扣除门窗、洞口、嵌入墙内的钢筋混凝土柱、梁、圈梁、挑梁、过梁及凹进墙内的壁龛、管槽、暖气槽、消火栓箱所占体积,不扣除梁头、板头、檩头、垫木、木楞头、沿缘木、木砖、门窗走头、砌块墙内加固钢筋、木筋、铁件、钢管及单个面积≤0.3m²的孔洞所占的体积。凸出墙面的腰线、挑檐、压顶、窗台线、虎头砖、门窗套的体积亦不增加。凸出墙面的砖垛并入墙体体积内计算	1. 砂浆制作、运输 2. 砌砖、砌块 3. 勾缝 4. 材料运输
010402002	砌块柱			按设计图示尺寸,以体积计算,扣除混凝土及钢筋混凝土梁垫、梁头、板头所占体积	

（3）石砌体工程量清单项目设置、项目特征描述的内容、计量单位及工程量计算规则,应按表9.16的规定执行。

表 9.16　石砌体(编码：010403)

项目编码	项目名称	项目特征	计量单位	工程量计算规则	工作内容
010403001	石基础	1. 石料种类、规格 2. 基础类型 3. 砂浆强度等级	m³	按设计图示尺寸,以体积计算,包括附墙垛基础宽出部分体积,不扣除基础砂浆防潮层及单个面积≤0.3m²的孔洞所占体积,靠墙暖气沟的挑檐不增加体积。基础长度:外墙按中心线,内墙按净长计算	1. 砂浆制作、运输 2. 吊装 3. 砌石 4. 防潮层铺设 5. 材料运输
010403002	石勒脚			按设计图示尺寸,以体积计算,扣除单个面积>0.3m²的孔洞所占的体积	
010403003	石墙	1. 石料种类、规格 2. 石表面加工要求 3. 勾缝要求 4. 砂浆强度等级、配合比		按设计图示尺寸,以体积计算 扣除门窗、洞口、嵌入墙内的钢筋混凝土柱、梁、圈梁、挑梁、过梁及凹进墙内的壁龛、管槽、暖气槽、消火栓箱所占体积,不扣除梁头、板头、檩头、垫木、木楞头、沿缘木、木砖、门窗走头、石墙内加固钢筋、木筋、铁件、钢管及单个面积≤0.3m²的孔洞所占的体积。凸出墙面的腰线、挑檐、压顶、窗台线、虎头砖、门窗套的体积亦不增加。凸出墙面的砖垛并入墙体体积内计算	1. 砂浆制作、运输 2. 吊装 3. 砌石 4. 石表面加工 5. 勾缝 6. 材料运输
010403004	石挡土墙			按设计图示尺寸,以体积计算	1. 砂浆制作、运输 2. 吊装 3. 砌石 4. 变形缝、泄水孔、压顶抹灰 5. 滤水层 6. 勾缝 7. 材料运输
010403005	石柱				1. 砂浆制作、运输 2. 吊装 3. 砌石 4. 石表面加工 5. 勾缝 6. 材料运输
010403006	石栏杆		m	按设计图示,以长度计算	
010403007	石护坡	1. 垫层材料种类、厚度 2. 石料种类、规格 3. 护坡厚度、高度 4. 石表面加工要求 5. 勾缝要求 6. 砂浆强度等级、配合比	m³	按设计图示尺寸,以体积计算	1. 铺设垫层 2. 石料加工 3. 砂浆制作、运输 4. 砌石 5. 石表面加工 6. 勾缝 7. 材料运输
010403008	石台阶				
010403009	石坡道		m²	按设计图示,以水平投影面积计算	

续表

项目编码	项目名称	项目特征	计量单位	工程量计算规则	工作内容
010403010	石地沟、明沟	1. 沟截面尺寸 2. 土壤类别、运距 3. 垫层材料种类、厚度 4. 石料种类、规格 5. 石表面加工要求 6. 勾缝要求 7. 砂浆强度等级、配合比	m	按设计图示,以中心线长度计算	1. 土方挖、运 2. 砂浆制作、运输 3. 铺设垫层 4. 砌石 5. 石表面加工 6. 勾缝 7. 回填 8. 材料运输

（4）垫层工程量清单项目设置、项目特征描述的内容、计量单位及工程量计算规则,应按表 9.17 的规定执行。

表 9.17　垫层（编码：010404）

项目编码	项目名称	项目特征	计量单位	工程量计算规则	工作内容
010404001	垫层	垫层材料种类、配合比、厚度	m³	按设计图示尺寸,以立方米计算	1. 垫层材料的拌制 2. 垫层铺设 3. 材料运输

（5）墙体中几个尺寸的确定。

① 墙长度：外墙按中心线、内墙按净长计算。

② 墙高度。

- 外墙：斜（坡）屋面无檐口天棚者,算至屋面板底；有屋架且室内外均有天棚者,算至屋架下弦底,另加 200mm；无天棚者,算至屋架下弦底,另加 300mm；出檐宽度超过 600mm,按实砌高度计算；与钢筋混凝土楼板隔层者,算至板顶。平屋顶算至钢筋混凝土板底。
- 内墙：位于屋架下弦者,算至屋架下弦底；无屋架者,算至天棚底,另加 100mm；有钢筋混凝土楼板隔层者,算至楼板顶；有框架梁时,算至梁底。
- 女儿墙：从屋面板上表面算至女儿墙顶面（如有混凝土压顶,算至压顶下表面）。
- 内、外山墙：按其平均高度计算。

③ 框架间墙：不分内、外墙,按墙体净尺寸,以体积计算。

④ 围墙：高度算至压顶上表面（如有混凝土压顶时算至压顶下表面）,围墙柱并入围墙体积内。

三、案例详解

【案例 9.4】　根据项目五中案例 5.10 的题意,按现行国家标准,试列出该砖基工程分部分项工程量清单及清单综合单价。

【解】

（1）列项目：010401001001 砖基础(4-1)、010401003001 砖外墙(4-35)、010401003002 砖

内墙(4-41)。

　　(2)计算工程量。

　　010401001001 砖基础:32.99m³。

　　010401003001 砖外墙:34.28m³。

　　010401003002 砖内墙:58.20m³。

　　(3)工程量清单如表9.18所示。

表9.18　工程量清单

序号	项目编码	项目名称	项目特征	计量单位	工程数量
1	010401001001	砖基础	1. 砖品种、规格:标准砖 240mm×115mm×53mm 2. 基础类型:砖砌条形基础 3. 砂浆强度等级:M10 水泥砂浆	m³	32.99
2	010401003001	砖外墙	1. 砖品种、规格:标准砖 240mm×115mm×53mm 2. 墙体类型:实心一砖墙 3. 砂浆强度等级:M5 混合砂浆	m³	34.28
3	010401003002	砖内墙	1. 砖品种、规格:标准砖 240mm×115mm×53mm 2. 墙体类型:实心一砖墙 3. 砂浆强度等级:M5 混合砂浆	m³	58.20

　　(4)清单计价如表9.19所示。

表9.19　清单计价

序号	定额编号	子目名称	计量单位	工程量	综合单价	合价
1	010401001001	砖基础	m³	32.99	408.95	13491.26
	4-1	M10 水泥砂浆砖基础	m³	32.99	408.95	13491.26
2	010401003001	砖外墙	m³	34.28	442.66	15174.38
	4-35	M5 混合砂浆砖外墙	m³	34.28	442.66	15174.38
3	010401003002	砖内墙	m³	58.20	426.57	24826.37
	4-41	M5 混合砂浆砖内墙	m³	58.20	426.57	24826.37

金额/元 栏包含 综合单价 与 合价 两列。

　　答:该工程的清单综合单价为,砖基础 408.95 元/m³,砖外墙 442.66 元/m³,砖内墙 426.57 元/m³。

任务五　混凝土及钢筋混凝土工程

一、相关说明

1.现浇混凝土构件

　　(1)有肋带形基础、无肋带形基础应按表9.19中相关项目列项,并注明肋高。

　　(2)箱式满堂基础中,柱、梁、墙、板分别按表9.20~表9.23相关项目分别编码列项;

箱式满堂基础底板按满堂基础项目列项。

（3）框架式设备基础中,柱、梁、墙、板分别按表 9.20～表 9.23 相关项目编码列项;基础部分按相关项目编码列项。

（4）如为毛石混凝土基础,项目特征应描述毛石所占比例。

（5）现浇混凝土种类包括清水混凝土和彩色混凝土等。如在同一地区既使用预拌（商品）混凝土,又允许现场搅拌混凝土,也应注明（下同）。

（6）短肢剪力墙是指截面厚度不大于 300mm、各肢截面高度与厚度之比的最大值大于 4 但不大于 8 的剪力墙。各肢截面高度与厚度之比的最大值不大于 4 的剪力墙,按柱项目编码列项。

（7）现浇挑檐、天沟板、雨篷、阳台与板（包括屋面板、楼板）连接时,以外墙外边线为分界线;与圈梁（包括其他梁）连接时,以梁外边线为分界线。外边线以外为挑檐、天沟、雨篷或阳台。

（8）整体楼梯（包括直形楼梯、弧形楼梯）水平投影面积包括休息平台、平台梁、斜梁和楼梯的连接梁。当整体楼梯与现浇楼板无梯梁连接时,以楼梯的最后一个踏步边缘加 300mm 为界。

（9）现浇混凝土小型池槽、垫块、门框等,应按其他构件项目编码列项。

（10）架空式混凝土台阶,按现浇楼梯计算。

2. 预制混凝土构件

（1）预制混凝土柱、梁、屋架、板、楼梯以及其他预制构件分别以根、榀、套、块计量时,必须描述单件体积。

（2）三角形屋架按本表中折线型屋架项目编码列项。

（3）不带肋的预制遮阳板、雨篷板、挑檐板、拦板等,应按表 9.24 中平板项目编码列项。

（4）预制 F 形板、双 T 形板、单肋板和带反挑檐的雨篷板、挑檐板、遮阳板等,应按带肋板项目编码列项。

（5）预制大型墙板、大型楼板、大型屋面板等,按大型板项目编码列项。

（6）预制钢筋混凝土小型池槽、压顶、扶手、垫块、隔热板、花格等,按其他构件项目编码列项。

3. 钢筋工程

（1）现浇构件中伸出构件的锚固钢筋应并入钢筋工程量内。除设计（包括规范规定）标明的搭接外,其他施工搭接不计算工程量,在综合单价中综合考虑。

（2）现浇构件中固定位置的支撑钢筋、双层钢筋用的"铁马"在编制工程量清单时,如果设计未明确,其工程数量可为暂估量,结算时按现场签证数量计算。

（3）螺栓、铁件编制工程量清单时,如果设计未明确,其工程数量可为暂估量,实际工程量按现场签证数量计算。

4. 其他相关问题及说明

（1）预制混凝土构件或预制钢筋混凝土构件,如施工图设计标注做法"见标准图集",

项目特征注明标准图集的编码、页号及节点大样即可。

(2)现浇或预制混凝土和钢筋混凝土构件,不扣除构件内钢筋、螺栓、预埋铁件、张拉孔道所占体积,但应扣除劲性骨架的型钢所占体积。

二、清单工程量计算规则

1. 现浇混凝土构件

(1)现浇混凝土基础工程量清单项目设置、项目特征描述的内容、计量单位及工程量计算规则应按表 9.20 的规定执行。

表 9.20 现浇混凝土基础(编码:010501)

项目编码	项目名称	项目特征	计量单位	工程量计算规则	工作内容
010501001	垫层	1. 混凝土种类 2. 混凝土强度等级	m³	按设计图示尺寸,以体积计算。不扣除伸入承台基础的桩头所占体积	1. 模板及支撑制作、安装、拆除、堆放、运输及清理模内杂物、刷隔离剂等 2. 混凝土制作、运输、浇筑、振捣、养护
010501002	带形基础				
010501003	独立基础				
010501004	满堂基础				
010501005	桩承台基础				
010501006	设备基础	1. 混凝土种类 2. 混凝土强度等级 3. 灌浆材料及其强度等级			

(2)现浇混凝土柱工程量清单项目设置、项目特征描述的内容、计量单位及工程量计算规则应按表 9.21 的规定执行。

表 9.21 现浇混凝土柱(编码:010502)

项目编码	项目名称	项目特征	计量单位	工程量计算规则	工作内容
010502001	矩形柱	1. 混凝土种类 2. 混凝土强度等级	m³	按设计图示尺寸,以体积计算 1. 有梁板的柱高,应自柱基上表面(或楼板上表面)至上一层楼板上表面之间的高度计算 2. 无梁板的柱高,应自柱基上表面(或楼板上表面)至柱帽下表面之间的高度计算 3. 框架柱的柱高,应自柱基上表面至柱顶高度计算 4. 构造柱按全高计算,嵌接墙体部分(马牙槎)并入柱身体积 5. 依附柱上的牛腿和升板的柱帽,并入柱身体积计算	1. 模板及支架(撑)制作、安装、拆除、堆放、运输及清理模内杂物、刷隔离剂等 2. 混凝土制作、运输、浇筑、振捣、养护
010502002	构造柱				
010502003	异形柱	1. 柱形状 2. 混凝土种类 3. 混凝土强度等级			

(3)现浇混凝土梁工程量清单项目设置、项目特征描述的内容、计量单位及工程量计算规则应按表 9.22 的规定执行。

表 9.22　现浇混凝土梁（编码：010503）

项目编码	项目名称	项目特征	计量单位	工程量计算规则	工作内容
010503001	基础梁	1. 混凝土种类 2. 混凝土强度等级	m³	按设计图示尺寸，以体积计算。伸入墙内的梁头、梁垫并入梁体积内 1. 梁与柱连接时，梁长算至柱侧面 2. 主梁与次梁连接时，次梁长算至主梁侧面	1. 模板及支架（撑）制作、安装、拆除、堆放、运输及清理模内杂物、刷隔离剂等 2. 混凝土制作、运输、浇筑、振捣、养护
010503002	矩形梁				
010503003	异形梁				
010503004	圈梁				
010503005	过梁				
010503006	弧形、拱形梁				

（4）现浇混凝土墙工程量清单项目设置、项目特征描述的内容、计量单位及工程量计算规则应按表 9.23 的规定执行。

表 9.23　现浇混凝土墙（编码：010504）

项目编码	项目名称	项目特征	计量单位	工程量计算规则	工作内容
010504001	直形墙	1. 混凝土种类 2. 混凝土强度等级	m³	按设计图示尺寸，以体积计算，扣除门窗洞口及单个面积＞0.3m² 的孔洞所占体积，墙垛及突出墙面部分并入墙体体积计算	1. 模板及支架（撑）制作、安装、拆除、堆放、运输及清理模内杂物、刷隔离剂等 2. 混凝土制作、运输、浇筑、振捣、养护
010504002	弧形墙				
010504003	短肢剪力墙				
010504004	挡土墙				

（5）现浇混凝土板工程量清单项目设置、项目特征描述的内容、计量单位及工程量计算规则应按表 9.24 的规定执行。

表 9.24　现浇混凝土板（编码：010505）

项目编码	项目名称	项目特征	计量单位	工程量计算规则	工作内容
010505001	有梁板	1. 混凝土种类 2. 混凝土强度等级	m³	按设计图示尺寸，以体积计算，不扣除单个面积＜0.3m² 的柱、垛以及孔洞所占体积 压形钢板混凝土楼板扣除构件内压形钢板所占体积 有梁板（包括主、次梁与板）按梁、板体积之和计算，无梁板按板和柱帽体积之和计算，各类板伸入墙内的板头并入板体积内，薄壳板的肋、基梁并入薄壳体积内计算	1. 模板及支架（撑）制作、安装、拆除、堆放、运输及清理模内杂物、刷隔离剂等 2. 混凝土制作、运输、浇筑、振捣、养护
010505002	无梁板				
010505003	平板				
010505004	拱板				
010505005	薄壳板				
010505006	栏板				

项目编码	项目名称	项目特征	计量单位	工程量计算规则	工作内容
010505007	天沟(檐沟)、挑檐板			按设计图示尺寸,以体积计算	1. 模板及支架(撑)制作、安装、拆除、堆放、运输及清理模内杂物、刷隔离剂等 2. 混凝土制作、运输、浇筑、振捣、养护
010505008	雨篷、悬挑板、阳台板	1. 混凝土种类 2. 混凝土强度等级	m³	按设计图示尺寸,以墙外部分体积计算,包括伸出墙外的牛腿和雨篷反挑檐的体积	
010505009	空心板			按设计图示尺寸,以体积计算。空心板(GBF高强薄壁蜂巢芯板等)应扣除空心部分体积	
010505010	其他板			按设计图示尺寸,以体积计算	

(6) 现浇混凝土楼梯工程量清单项目设置、项目特征描述的内容、计量单位及工程量计算规则应按表 9.25 的规定执行。

表 9.25　现浇混凝土楼梯(编码:010506)

项目编码	项目名称	项目特征	计量单位	工程量计算规则	工作内容
010506001	直形楼梯	1. 混凝土种类 2. 混凝土强度等级	1. m² 2. m³	1. 以平方米计量,按设计图示尺寸,以水平投影面积计算。不扣除宽度≤500mm 的楼梯井,伸入墙内部分不计算 2. 以立方米计量,按设计图示尺寸,以体积计算	1. 模板及支架(撑)制作、安装、拆除、堆放、运输及清理模内杂物、刷隔离剂等 2. 混凝土制作、运输、浇筑、振捣、养护
010506002	弧形楼梯				

2. 预制混凝土构件

(1) 预制混凝土柱工程量清单项目设置、项目特征描述的内容、计量单位及工程量计算规则应按表 9.26 的规定执行。

表 9.26　预制混凝土柱(编码:010509)

项目编码	项目名称	项目特征	计量单位	工程量计算规则	工作内容
010509001	矩形柱	1. 图代号 2. 单件体积 3. 安装高度 4. 混凝土强度等级 5. 砂浆(细石混凝土)强度等级、配合比	1. m³ 2. 根	1. 以立方米计量,按设计图示尺寸,以体积计算 2. 以根计量,按设计图示尺寸,以数量计算	1. 模板制作、安装、拆除、堆放、运输及清理模内杂物、刷隔离剂等 2. 混凝土制作、运输、浇筑、振捣、养护 3. 构件运输、安装 4. 砂浆制作、运输 5. 接头灌缝、养护
010509002	异形柱				

（2）预制混凝土梁工程量清单项目设置、项目特征描述的内容、计量单位及工程量计算规则应按表 9.27 的规定执行。

表 9.27 预制混凝土梁（编码：010510）

项目编码	项目名称	项目特征	计量单位	工程量计算规则	工作内容
010510001	矩形梁	1. 图代号 2. 单件体积 3. 安装高度 4. 混凝土强度等级 5. 砂浆（细石混凝土）强度等级、配合比	1. m³ 2. 根	1. 以立方米计量，按设计图示尺寸，以体积计算 2. 以根计量，按设计图示尺寸，以数量计算	1. 模板制作、安装、拆除、堆放、运输及清理模内杂物、刷隔离剂等 2. 混凝土制作、运输、浇筑、振捣、养护 3. 构件运输、安装 4. 砂浆制作、运输 5. 接头灌缝、养护
010510002	异形梁				
010510003	过梁				
010510004	拱形梁				
010510005	鱼腹式吊车梁				
010510006	其他梁				

（3）预制混凝土屋架工程量清单项目设置、项目特征描述的内容、计量单位及工程量计算规则应按表 9.28 的规定执行。

表 9.28 预制混凝土屋架（编码：010511）

项目编码	项目名称	项目特征	计量单位	工程量计算规则	工作内容
010511001	折线型	1. 图代号 2. 单件体积 3. 安装高度 4. 混凝土强度等级 5. 砂浆（细石混凝土）强度等级、配合比	1. m³ 2. 榀	1. 以立方米计量，按设计图示尺寸，以体积计算 2. 以榀计量，按设计图示尺寸，以数量计算	1. 模板制作、安装、拆除、堆放、运输及清理模内杂物、刷隔离剂等 2. 混凝土制作、运输、浇筑、振捣、养护 3. 构件运输、安装 4. 砂浆制作、运输 5. 接头灌缝、养护
010511002	组合				
010511003	薄腹				
010511004	门式刚架				
010511005	天窗架				

（4）预制混凝土板工程量清单项目设置、项目特征描述的内容、计量单位及工程量计算规则应按表 9.29 的规定执行。

表 9.29 预制混凝土板（编码：010512）

项目编码	项目名称	项目特征	计量单位	工程量计算规则	工作内容
010512001	平板	1. 图代号 2. 单件体积 3. 安装高度 4. 混凝土强度等级 5. 砂浆（细石混凝土）强度等级、配合比	1. m³ 2. 块	1. 以立方米计量，按设计图示尺寸，以体积计算。不扣除单个面积≤300mm×300mm的孔洞所占体积，扣除空心板空洞体积 2. 以块计量，按设计图示尺寸，以数量计算	1. 模板制作、安装、拆除、堆放、运输及清理模内杂物、刷隔离剂等 2. 混凝土制作、运输、浇筑、振捣、养护
010512002	空心板				
010512003	槽形板				
010512004	网架板				
010512005	折线板				
010512006	大型板				
010512007	带肋板				

项目编码	项目名称	项目特征	计量单位	工程量计算规则	工作内容
010512008	沟盖板、井盖板、井圈	1. 单件体积 2. 安装高度 3. 混凝土强度等级 4. 砂浆强度等级、配合比	1. m³ 2. 块	1. 以立方米计量,按设计图示尺寸,以体积计算 2. 以块计量,按设计图示尺寸,以数量计算	3. 构件运输、安装 4. 砂浆制作、运输 5. 接头灌缝、养护

(5) 预制混凝土楼梯工程量清单项目设置、项目特征描述的内容、计量单位及工程量计算规则应按表 9.30 的规定执行。

表 9.30　预制混凝土楼梯(编码:010513)

项目编码	项目名称	项目特征	计量单位	工程量计算规则	工作内容
010513001	楼梯	1. 楼梯类型 2. 单件体积 3. 混凝土强度等级 4. 砂浆(细石混凝土)强度等级	1. m³ 2. 段	1. 以立方米计量,按设计图示尺寸,以体积计算。扣除空心踏步板空洞体积 2. 以段计量,按设计图示数量计算	1. 模板制作、安装、拆除、堆放、运输及清理模内杂物、刷隔离剂等 2. 混凝土制作、运输、浇筑、振捣、养护 3. 构件运输、安装 4. 砂浆制作、运输 5. 接头灌缝、养护

3. 钢筋工程

(1) 钢筋工程工程量清单项目设置、项目特征描述的内容、计量单位及工程量计算规则应按表 9.31 的规定执行。

表 9.31　钢筋工程(编码:010515)

项目编码	项目名称	项目特征	计量单位	工程量计算规则	工作内容
010515001	现浇构件钢筋				1. 钢筋制作、运输 2. 钢筋安装 3. 焊接(绑扎)
010515002	预制构件钢筋				
010515003	钢筋网片	钢筋种类、规格	t	按设计图示钢筋(网)长度(面积)乘以单位理论质量计算	1. 钢筋网制作、运输 2. 钢筋网安装 3. 焊接(绑扎)
010515004	钢筋笼				1. 钢筋笼制作、运输 2. 钢筋笼安装 3. 焊接(绑扎)
010515005	先张法预应力钢筋	1. 钢筋种类、规格 2. 锚具种类		按设计图示钢筋长度乘以单位理论质量计算	1. 钢筋制作、运输 2. 钢筋张拉

续表

项目编码	项目名称	项 目 特 征	计量单位	工程量计算规则	工 作 内 容
010515006	后张法预应力钢筋			按设计图示钢筋(丝束、绞线)长度乘以单位理论质量计算	
010515007	预应力钢丝			1. 低合金钢筋两端均采用螺杆锚具时,钢筋长度按孔道长度减去 0.35m 计算,螺杆另行计算	
010515008	预应力钢绞线	1. 钢筋种类、规格 2. 钢丝种类、规格 3. 钢绞线种类、规格 4. 锚具种类 5. 砂浆强度等级	t	2. 低合金钢筋一端采用镦头插片,另一端采用螺杆锚具时,钢筋长度按孔道长度计算,螺杆另行计算 3. 低合金钢筋一端采用镦头插片,另一端采用帮条锚具时,钢筋按增加 0.15m 计算;两端均采用帮条锚具时,钢筋长度按孔道长度增加 0.3m 计算 4. 低合金钢筋采用后张混凝土自锚时,钢筋长度按孔道长度增加 0.35m 计算 5. 低合金钢筋(钢绞线)采用 JM、XM、QM 型锚具,孔道长度≤20m 时,钢筋长度增加 1m 计算;孔道长度>20m 时,钢筋长度增加 1.8m 计算 6. 碳素钢丝采用锥形锚具,孔道长度≤20m 时,钢丝束长度按孔道长度增加 1m 计算;孔道长度>20m 时,钢丝束长度按孔道长度增加 1.8m 计算 7. 碳素钢丝采用镦头锚具时,钢丝束长度按孔道长度增加 0.35m 计算	1. 钢筋、钢丝、钢绞线制作、运输 2. 钢筋、钢丝、钢绞线安装 3. 预埋管孔道铺设 4. 锚具安装 5. 砂浆制作、运输 6. 孔道压浆、养护
010515009	支撑钢筋(铁马)	1. 钢筋种类 2. 规格		按钢筋长度乘以单位理论质量计算	钢筋制作、焊接、安装
010515010	声测管	1. 材质 2. 规格型号		按设计图示尺寸,以质量计算	1. 检测管截断、封头 2. 套管制作、焊接 3. 定位、固定

（2）螺栓、铁件工程量清单项目设置、项目特征描述的内容、计量单位及工程量计算规则应按表9.32的规定执行。

表9.32　螺栓、铁件（编码：010516）

项目编码	项目名称	项目特征	计量单位	工程量计算规则	工作内容
010516001	螺栓	1. 螺栓种类 2. 规格	t	按设计图示尺寸，以质量计算	1. 螺栓、铁件制作、运输 2. 螺栓、铁件安装
010516002	预埋铁件	1. 钢材种类 2. 规格 3. 铁件尺寸			
010516003	机械连接	1. 连接方式 2. 螺纹套筒种类 3. 规格	个	按数量计算	1. 钢筋套丝 2. 套筒连接

三、案例详解

【案例9.5】　计算图5.61所示现浇框架柱、梁、板混凝土及钢筋混凝土工程的工程量清单及综合单价。

【解】

（1）列项目010502001001现浇矩形柱（6-14）、010505001001现浇有梁板（6-32）、010515001001现浇混凝土钢筋 ϕ12以内（5-1）、010515001002现浇混凝土钢筋 ϕ25以内（5-2）。

（2）计算工程量（钢筋用含钢筋量计算）。

010502001001现浇矩形柱：$6\times0.4\times0.4\times(8.5+1.85-0.75)=9.22$（m³）。

010505001001现浇有梁板：18.86m³。

010515001001现浇混凝土钢筋 ϕ12以内：$0.038\times9.22+0.03\times18.67=0.910$（t）。

010515001002现浇混凝土钢筋 ϕ12～ϕ25：$0.088\times9.22+0.07\times18.67=2.118$（t）。

（3）工程量清单如表9.33所示。

表9.33　工程量清单

序号	项目编码	项目名称	项目特征	计量单位	工程数量
1	010502001001	现浇矩形柱	1. 柱高度：−1.100～8.500m 2. 混凝土强度等级：C30 3. 柱截面：400mm×400mm	m³	9.22
2	010505001001	现浇有梁板	1. 混凝土强度等级：C30 2. 板厚度：100mm 3. 板底标高：4.4m、8.4m	m³	18.86
3	010515001001	现浇混凝土钢筋	ϕ12以内	t	0.910
4	010515001002	现浇混凝土钢筋	ϕ25以内	t	2.118

（4）清单计价如表9.34所示。

表9.34　清单计价

序号	项目编号	项目名称	计量单位	工程数量	金额/元	
					综合单价	合　价
1	010502001001	现浇矩形柱	m³	9.22	506.05	4665.78
	6-14	C30矩形柱	m³	9.22	506.05	4665.78
2	010505001001	现浇有梁板	m³	18.86	430.43	8117.91
	6-32	C30有梁板	m³	18.86	430.43	8117.91
3	010515001001	现浇混凝土钢筋	t	0.910	5470.72	4978.36
	5-1	φ12以内钢筋	t	0.910	5470.72	4978.36
4	010515001002	现浇混凝土钢筋	t	2.118	4998.87	10587.61
	5-2	φ12～φ25	t	2.118	4998.87	10587.61

答：该工程的清单综合单价为：柱506.05元/m³，梁430.43元/m³，现浇混凝土 ϕ12以内钢筋5470.72元/m³，现浇混凝土 ϕ25以内钢筋4998.87元/m³。

任务六　金属结构工程

一、相关说明

（1）金属构件的切边，不规则及多边形钢板发生的损耗在综合单价中考虑。

（2）防火要求指耐火极限。

（3）钢屋架以榀计量时，按标准图设计的应注明标准图代号，按非标准图设计的项目特征必须描述单榀屋架的质量。

（4）实腹钢柱类型指十字、T、L、H形等；空腹钢柱类型指箱形、格构等；梁类型指H、L、T形、箱形、格构式等；

（5）型钢混凝土柱、梁及钢板楼板上浇筑钢筋混凝土，其混凝土和钢筋应按本规范附录E混凝土及钢筋混凝土工程中相关项目编码列项。

（6）压型钢楼板按钢板楼板项目编码列项。

（7）钢墙架项目包括墙架柱、墙架梁和连接杆件。

（8）钢支撑、钢拉条类型指单式、复式；钢檩条类型指型钢式、格构式；钢漏斗形式指方形、圆形；天沟形式指矩形沟或半圆形沟。

（9）加工铁件等小型构件，按零星钢构件项目编码列项。

（10）抹灰钢丝网加固按砌块墙钢丝网加固项目编码列项。

二、清单工程量计算规则

（1）钢网架工程量清单项目设置、项目特征描述、计量单位及工程量计算规则应按表9.35的规定执行。

表 9.35 钢网架（编码：010601）

项目编码	项目名称	项目特征	计量单位	工程量计算规则	工作内容
010601001	钢网架	1. 钢材品种、规格 2. 网架节点形式、连接方式 3. 网架跨度、安装高度 4. 探伤要求 5. 防火要求	t	按设计图示尺寸，以质量计算。不扣除孔眼的质量，焊条、铆钉等不另增加质量	1. 拼装 2. 安装 3. 探伤 4. 补刷油漆

（2）钢屋架、钢托架、钢桁架、钢架桥工程量清单项目设置、项目特征描述、计量单位及工程量计算规则应按表 9.36 的规定执行。

表 9.36 钢屋架、钢托架、钢桁架、钢架桥（编码：010602）

项目编码	项目名称	项目特征	计量单位	工程量计算规则	工作内容
010602001	钢屋架	1. 钢材品种、规格 2. 单榀质量 3. 屋架跨度、安装高度 4. 螺栓种类 5. 探伤要求 6. 防火要求	1. 榀 2. t	1. 以榀计量，按设计图示数量计算 2. 以吨计量，按设计图示尺寸，以质量计算。不扣除孔眼的质量，焊条、铆钉、螺栓等不另增加质量	
010602002	钢托架	1. 钢材品种、规格 2. 单榀质量 3. 安装高度 4. 螺栓种类 5. 探伤要求 6. 防火要求	t	按设计图示尺寸，以质量计算。不扣除孔眼的质量，焊条、铆钉、螺栓等不另增加质量	1. 拼装 2. 安装 3. 探伤 4. 补刷油漆
010602003	钢桁架				
010602004	钢架桥	1. 桥类型 2. 钢材品种、规格 3. 单榀质量 4. 安装高度 5. 螺栓种类 6. 探伤要求			

（3）钢柱工程量清单项目设置、项目特征描述、计量单位及工程量计算规则应按表 9.37 的规定执行。

表 9.37 钢柱(编码：010603)

项目编码	项目名称	项目特征	计量单位	工程量计算规则	工作内容
010603001	实腹钢柱	1. 柱类型 2. 钢材品种、规格 3. 单根柱质量 4. 螺栓种类 5. 探伤要求 6. 防火要求	t	按设计图示尺寸,以质量计算。不扣除孔眼的质量,焊条、铆钉、螺栓等不另增加质量,依附在钢柱上的牛腿及悬臂梁等并入钢柱工程量内	1. 拼装 2. 安装 3. 探伤 4. 补刷油漆
010603002	空腹钢柱				
010603003	钢管柱	1. 钢材品种、规格 2. 单根柱质量 3. 螺栓种类 4. 探伤要求 5. 防火要求		按设计图示尺寸,以质量计算。不扣除孔眼的质量,焊条、铆钉、螺栓等不另增加质量,钢管柱上的节点板、加强环、内衬管、牛腿等并入钢管柱工程量内	

（4）钢梁工程量清单项目设置、项目特征描述、计量单位及工程量计算规则应按表 9.38 的规定执行。

表 9.38 钢梁(编码：010604)

项目编码	项目名称	项目特征	计量单位	工程量计算规则	工作内容
010604001	钢梁	1. 梁类型 2. 钢材品种、规格 3. 单根质量 4. 螺栓种类 5. 安装高度 6. 探伤要求 7. 防火要求	t	按设计图示尺寸,以质量计算。不扣除孔眼的质量,焊条、铆钉、螺栓等不另增加质量,制动梁、制动板、制动桁架、车挡并入钢吊车梁工程量内	1. 拼装 2. 安装 3. 探伤 4. 补刷油漆
010604002	钢吊车梁	1. 钢材品种、规格 2. 单根质量 3. 螺栓种类 4. 安装高度 5. 探伤要求 6. 防火要求			

（5）钢板楼板、墙板工程量清单项目设置、项目特征描述、计量单位及工程量计算规则应按表 9.39 的规定执行。

表 9.39　钢板楼板、墙板（编码：010605）

项目编码	项目名称	项目特征	计量单位	工程量计算规则	工作内容
010605001	钢板楼板	1. 钢材品种、规格 2. 钢板厚度 3. 螺栓种类 4. 防火要求	m²	按设计图示尺寸，以铺设水平投影面积计算。不扣除单个面积≤0.3m² 的柱、垛及孔洞所占面积	1. 拼装 2. 安装 3. 探伤 4. 补刷油漆
010605002	钢板墙板	1. 钢材品种、规格 2. 钢板厚度、复合板厚度 3. 螺栓种类 4. 复合板夹芯材料种类、层数、型号、规格 5. 防火要求		按设计图示尺寸，以铺挂展开面积计算。不扣除单个面积≤0.3m² 的梁、孔洞所占面积，包角、包边、窗台泛水等不另加面积	

（6）钢构件工程量清单项目设置、项目特征描述、计量单位及工程量计算规则应按表 9.40 的规定执行。

表 9.40　钢构件（编码：010606）

项目编码	项目名称	项目特征	计量单位	工程量计算规则	工作内容
010606001	钢支撑、钢拉条	1. 钢材品种、规格 2. 构件类型 3. 安装高度 4. 螺栓种类 5. 探伤要求 6. 防火要求			
010606002	钢檩条	1. 钢材品种、规格 2. 构件类型 3. 单根质量 4. 安装高度 5. 螺栓种类 6. 探伤要求 7. 防火要求			
010606003	钢天窗架	1. 钢材品种、规格 2. 单榀质量 3. 安装高度 4. 螺栓种类 5. 探伤要求 6. 防火要求	t	按设计图示尺寸，以质量计算，不扣除孔眼的质量，焊条、铆钉、螺栓等不另增加质量	1. 拼装 2. 安装 3. 探伤 4. 补刷油漆
010606004	钢挡风架	1. 钢材品种、规格 2. 单榀质量 3. 螺栓种类 4. 探伤要求 5. 防火要求			
010606005	钢墙架				
010606006	钢平台	1. 钢材品种、规格 2. 螺栓种类 3. 防火要求			
010606007	钢走道				
010606008	钢梯	1. 钢材品种、规格 2. 钢梯形式 3. 螺栓种类 4. 防火要求			
010606009	钢护栏	1. 钢材品种、规格 2. 防火要求			

续表

项目编码	项目名称	项目特征	计量单位	工程量计算规则	工作内容
010606010	钢漏斗	1. 钢材品种、规格 2. 漏斗、天沟形式 3. 安装高度 4. 探伤要求	t	按设计图示尺寸,以质量计算,不扣除孔眼的质量,焊条、铆钉、螺栓等不另增加质量,依附漏斗或天沟的型钢并入漏斗或天沟工程量内	1. 拼装 2. 安装 3. 探伤 4. 补刷油漆
010606011	钢板天沟				
010606012	钢支架	1. 钢材品种、规格 2. 安装高度 3. 防火要求		按设计图示尺寸,以质量计算,不扣除孔眼的质量,焊条、铆钉、螺栓等不另增加质量	
010606013	零星钢构件	1. 构件名称 2. 钢材品种、规格			

（7）金属制品工程量清单项目设置、项目特征描述、计量单位及工程量计算规则应按表 9.41 的规定执行。

表 9.41　金属制品（编码：010607）

项目编码	项目名称	项目特征	计量单位	工程量计算规则	工作内容
010607001	成品空调金属百页护栏	1. 材料品种、规格 2. 边框材质	m²	按设计图示尺寸,以框外围展开面积计算	1. 安装 2. 校正 3. 预埋铁件及安螺栓
010607002	成品栅栏	1. 材料品种、规格 2. 边框及立柱型钢品种、规格			1. 安装 2. 校正 3. 预埋铁件 4. 安螺栓及金属立柱
010607003	成品雨篷	1. 材料品种、规格 2. 雨篷宽度 3. 晾衣杆品种、规格	1. m 2. m²	1. 以米计量,按设计图示接触边计算 2. 以平方米计量,按设计图示尺寸,以展开面积计算	1. 安装 2. 校正 3. 预埋铁件及安螺栓
010607004	金属网栏	1. 材料品种、规格 2. 边框及立柱型钢品种、规格	m²	按设计图示尺寸,以框外围展开面积计算	1. 安装 2. 校正 3. 安螺栓及金属立柱
010607005	砌块墙钢丝网加固	1. 材料品种、规格 2. 加固方式		按设计图示尺寸,以面积计算	1. 铺贴 2. 铆固
010607006	后浇带金属网				

三、案例详解

【案例 9.6】　某工程空腹钢柱如图 9.3 所示（最底层钢板为－12mm 厚）,共 2 根,加工厂制作,运输到现场拼装、安装、超声波探伤,耐火极限为二级。根据以上背景资料及现行国家标准,列出该工程空腹钢柱的分部分项工程量清单。钢材单位理论质量如表 9.42 所示。

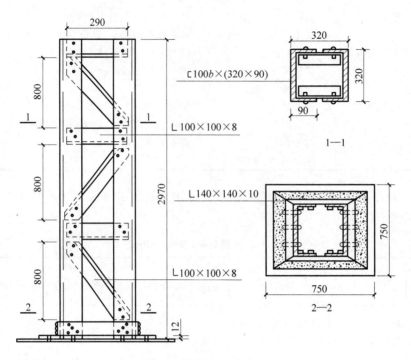

图 9.3　空腹钢柱示意图

表 9.42　钢材单位理论质量表

规　格	单位质量	备注
⌶ 100b×(320×90)	43.25kg/m	槽钢
L 100×100×8	12.28kg/m	角钢
L 140×140×10	21.49kg/m	角钢
—12	94.20kg/m²	钢板

【解】

(1) 列项目:010603002001 空腹钢柱。

(2) 计算工程量。

① ⌶ 100b×(320×90):$G_1 = 2.97 \times 2 \times 43.25 \times 2 = 513.81$(kg)。

② L 100×100×8:$G_2 = (0.29 \times 6 + \sqrt{0.8^2 + 0.29^2} \times 6) \times 12.28 \times 2 = 168.13$(kg)。

③ L 140×140×10:$G_3 = (0.32 + 0.14 \times 2) \times 4 \times 21.49 \times 2 = 103.15$(kg)。

④ —12:$G_4 = 0.75 \times 0.75 \times 94.20 \times 2 = 105.98$(kg)。

$G = G_1 + G_2 + G_3 + G_4 = 513.81 + 168.13 + 103.15 + 105.98 = 891.07$(kg)。

（3）工程量清单如表 9.43 所示。

表 9.43 工程量清单

项目编码	项目名称	项目特征描述	计量单位	工程量
010603002001	空腹钢柱	1. 柱类型：简易箱形 2. 钢材品种、规格：槽钢、角钢、钢板，规格详见图 9.3 3. 单根柱质量：0.45t 4. 螺栓种类：普通螺栓 5. 探伤要求：超声波探伤 6. 防火要求：耐火极限为二级	t	0.891

任务七 木结构工程

一、相关说明

（1）木屋架的跨度应以上、下弦中心线两交点之间的距离计算。

（2）带气楼的屋架和马尾、折角以及正交部分的半屋架，按相关屋架项目编码列项。

（3）木屋架以榀计量时，按标准图设计的应注明标准图代号，按非标准图设计的项目特征必须按《计算规范》要求予以描述。

（4）木楼梯的栏杆（栏板）、扶手，应按《计算规范》附录 Q 中的相关项目编码列项。

（5）木楼梯以米计量时，项目特征必须描述构件规格尺寸。

二、清单工程量计算规则

（1）木屋架工程量清单项目设置、项目特征描述、计量单位及工程量计算规则应按表 9.44 的规定执行。

表 9.44 木屋架（编码：010701）

项目编码	项目名称	项目特征	计量单位	工程量计算规则	工作内容
010701001	木屋架	1. 跨度 2. 材料品种、规格 3. 刨光要求 4. 拉杆及夹板种类 5. 防护材料种类	1. 榀 2. m³	1. 以榀计量，按设计图示数量计算 2. 以立方米计量，按设计图示的规格尺寸，以体积计算	1. 制作 2. 运输 3. 安装 4. 刷防护材料
010701002	钢木屋架	1. 跨度 2. 木材品种、规格 3. 刨光要求 4. 钢材品种、规格 5. 防护材料种类	榀	以榀计量，按设计图示数量计算	

（2）木构件工程量清单项目设置、项目特征描述、计量单位及工程量计算规则应按表 9.45 的规定执行。

表 9.45　木构件（编码：010702）

项目编码	项目名称	项 目 特 征	计量单位	工程量计算规则	工 作 内 容
010702001	木柱	1. 构件规格尺寸 2. 木材种类 3. 刨光要求 4. 防护材料种类	m^3	按设计图示尺寸，以体积计算	1. 制作 2. 运输 3. 安装 4. 刷防护材料
010702002	木梁			
010702003	木檩		1. m^3 2. m	1. 以立方米计量，按设计图示尺寸，以体积计算 2. 以米计量，按设计图示尺寸，以长度计算
010702004	木楼梯	1. 楼梯形式 2. 木材种类 3. 刨光要求 4. 防护材料种类	m^2	按设计图示尺寸，以水平投影面积计算。不扣除宽度≤300mm 的楼梯井，伸入墙内部分不计算
010702005	其他木构件	1. 构件名称 2. 构件规格尺寸 3. 木材种类 4. 刨光要求 5. 防护材料种类	1. m^3 2. m	1. 以立方米计量，按设计图示尺寸，以体积计算 2. 以米计量，按设计图示尺寸，以长度计算

（3）屋面木基层工程量清单项目设置、项目特征描述、计量单位及工程量计算规则应按表 9.46 的规定执行。

表 9.46　屋面木基层（编码：010703）

项目编码	项目名称	项 目 特 征	计量单位	工程量计算规则	工 作 内 容
010703001	屋面木基层	1. 椽子断面尺寸及椽距 2. 望板材料种类、厚度 3. 防护材料种类	m^2	按设计图示尺寸，以斜面积计算。不扣除房上烟囱、风帽底座、风道、小气窗、斜沟等所占面积。小气窗的出檐部分不增加面积	1. 椽子制作、安装 2. 望板制作、安装 3. 顺水条和挂瓦条制作、安装 4. 刷防护材料

三、案例讲解

【案例 9.7】　计算图 5.70 所示木结构工程的工程量清单及清单综合单价。

【解】

（1）列项目：010703001001 屋面木基层（9-42、9-52、9-55、9-59）。

（2）计算工程量。

木基层工程量：$(16.24+2\times0.3)\times(9.0+0.24+2\times0.3)\times\sqrt{1+4}\div2=185.26(m^2)$。

（3）工程量清单如表 9.47 所示。

表 9.47　工程量清单

项目编码	项目名称	项目特征描述	计量单位	工程量
010703001001	屋面木基层	1. 椽子断面尺寸及椽距：40mm×60mm@400mm 2. 望板材料种类、厚度：挂瓦条断面为 30mm×30mm@330mm；端头钉三角木，断面为 60mm×75mm 对开 3. 防护材料种类：封檐板和博风板断面为 200mm×20mm	m²	185.26

（4）清单计价如表 9.48 所示。

表 9.48　清单计价

项目编码	项目名称	计量单位	工程数量	金额/元 综合单价	金额/元 合价
010703001001	屋面木基层	m²	185.26	76.90	14247.28
9-42	方木檩条 120mm×180mm@1000mm	m³	4.39	2149.96	9438.32
9-52 换	椽子及挂瓦条	10m²	18.526	212.49	3936.59
9-55 换	檩木上钉三角木 60mm×75mm 对开	10m	3.368	45.54	153.38
9-59	封檐板、博风板不带落水线	10m	5.677	126.65	718.99

答：该屋面木基层的清单综合单价为 76.90 元/m²。

任务八　门窗工程

一、相关说明

1. 门

（1）木质门应区分镶板木门、企口木板门、实木装饰门、胶合板门、夹板装饰门、木纱门、全玻门（带木质扇框）、木质半玻门（带木质扇框）等项目，分别编码列项。

（2）木门五金应包括：折页、插销、门碰珠、弓背拉手、搭机、木螺丝、弹簧折页（自动门）、管子拉手（自由门、地弹门）、地弹簧（地弹门）、角铁、门轧头（地弹门、自由门）等。

（3）木质门带套计量按洞口尺寸，以面积计算，不包括门套的面积，但门套应计算在综合单价中。

（4）单独制作安装木门框，按木门框项目编码列项。

（5）金属门应区分金属平开门、金属推拉门、金属地弹门、全玻门（带金属扇框）、金属半玻门（带扇框）等项目，分别编码列项。

（6）铝合金门五金包括：地弹簧、门锁、拉手、门插、门铰、螺丝等。

（7）金属门五金包括：L形执手插锁（双舌）、执手锁（单舌）、门轨头、地锁、防盗门机、门眼（猫眼）、门碰珠、电子锁（磁卡锁）、闭门器、装饰拉手等。

（8）金属门以平方米计量。无设计图示洞口尺寸，按门框、扇外围面积计算。

（9）特种门应区分冷藏门、冷冻间门、保温门、变电室门、隔音门、防射线门、人防门、金库门等项目，分别编码列项。

（10）木质门、金属门、金属卷闸门、厂库房大门、特种门及其他门以樘计量，项目特征必须描述洞口尺寸；以平方米计量，项目特征可不描述洞口尺寸。其中，金属门以樘计量时，若没有洞口尺寸，必须描述门框或扇外围尺寸。

2. 窗

（1）木质窗应区分木百叶窗、木组合窗、木天窗、木固定窗、木装饰空花窗等项目，分别编码列项。以樘计量，项目特征必须描述洞口尺寸，没有洞口尺寸，必须描述窗框外围尺寸；以平方米计量，项目特征可不描述洞口尺寸及框的外围尺寸。以平方米计量，无设计图示洞口尺寸，按窗框外围以面积计算。

（2）木橱窗、木飘（凸）窗以樘计量，项目特征必须描述框截面及外围展开面积。

（3）木窗五金包括：折页、插销、风钩、木螺丝、滑轮滑轨（推拉窗）等。

（4）金属窗应区分金属组合窗、防盗窗等项目，分别编码列项。以樘计量，项目特征必须描述洞口尺寸，没有洞口尺寸，必须描述窗框外围尺寸；以平方米计量，项目特征可不描述洞口尺寸及框的外围尺寸，无设计图示洞口尺寸，按窗框外围以面积计算。

（5）金属橱窗、飘（凸）窗以樘计量，项目特征必须描述框外围展开面积。

（6）金属窗五金包括：折页、螺丝、执手、卡锁、铰拉、风撑、滑轮、滑轨、拉把、拉手、角码、牛角制等。

（7）门窗套以樘计量，项目特征必须描述洞口尺寸、门窗套展开宽度；以平方米计量，项目特征可不描述洞口尺寸、门窗套展开宽度；以米计量，项目特征必须描述门窗套展开宽度、筒子板及贴脸宽度。

（8）木门窗套适用于单独门窗套的制作、安装。

（9）窗帘若是双层，项目特征必须描述每层材质。以米计量，项目特征必须描述窗帘高度和宽度。

二、清单工程量计算规则

（1）木门工程量清单项目设置、项目特征描述、计量单位及工程量计算规则应按表 9.49 的规定执行。

表 9.49　木门（编码：010801）

项目编码	项目名称	项目特征	计量单位	工程量计算规则	工作内容
010801001	木质门	1. 门代号及洞口尺寸 2. 镶嵌玻璃品种、厚度	1. 樘 2. m²	1. 以樘计量，按设计图示数量计算 2. 以平方米计量，按设计图示洞口尺寸，以面积计算	1. 门安装 2. 玻璃安装 3. 五金安装
010801002	木质门带套				
010801003	木质连窗门				
010801004	木质防火门				

续表

项目编码	项目名称	项目特征	计量单位	工程量计算规则	工作内容
010801005	木门框	1. 门代号及洞口尺寸 2. 框截面尺寸 3. 防护材料种类	1. 樘 2. m	1. 以樘计量，按设计图示数量计算 2. 以米计量，按设计图示框的中心线，以延长米计算	1. 木门框制作、安装 2. 运输 3. 刷防护材料
010801006	门锁安装	1. 锁品种 2. 锁规格	个（套）	按设计图示数量计算	安装

（2）金属门工程量清单项目设置、项目特征描述、计量单位及工程量计算规则应按表 9.50 的规定执行。

表 9.50　金属门（编码：010802）

项目编码	项目名称	项目特征	计量单位	工程量计算规则	工作内容
010802001	金属（塑钢）门	1. 门代号及洞口尺寸 2. 门框或扇外围尺寸 3. 门框、扇材质 4. 玻璃品种、厚度	1. 樘 2. m²	1. 以樘计量，按设计图示数量计算 2. 以平方米计量，按设计图示洞口尺寸，以面积计算	1. 门安装 2. 五金安装 3. 玻璃安装
010802002	彩板门	1. 门代号及洞口尺寸 2. 门框或扇外围尺寸			
010802003	钢质防火门	1. 门代号及洞口尺寸 2. 门框或扇外围尺寸 3. 门框、扇材质			1. 门安装 2. 五金安装
010802004	防盗门				

（3）金属卷帘（闸）门工程量清单项目设置、项目特征描述、计量单位及工程量计算规则应按表 9.51 的规定执行。

表 9.51　金属卷帘（闸）门（编码：010803）

项目编码	项目名称	项目特征	计量单位	工程量计算规则	工作内容
010803001	金属卷帘（闸）门	1. 门代号及洞口尺寸 2. 门材质 3. 启动装置品种、规格	1. 樘 2. m²	1. 以樘计量，按设计图示数量计算 2. 以平方米计量，按设计图示洞口尺寸，以面积计算	1. 门运输、安装 2. 启动装置、活动小门、五金安装
010803002	防火卷帘（闸）门				

（4）厂库房大门、特种门工程量清单项目设置、项目特征描述、计量单位及工程量计算规则应按表 9.52 的规定执行。

表 9.52　厂库房大门、特种门（编码：010804）

项目编码	项目名称	项目特征	计量单位	工程量计算规则	工作内容
010804001	木板大门	1. 门代号及洞口尺寸 2. 门框或扇外围尺寸 3. 门框、扇材质 4. 五金种类、规格 5. 防护材料种类	1. 樘 2. m²	1. 以樘计量，按设计图示数量计算 2. 以平方米计量，按设计图示洞口尺寸，以面积计算	1. 门（骨架）制作、运输 2. 门、五金配件安装 3. 刷防护材料
010804002	钢木大门				
010804003	全钢板大门				
010804004	防护铁丝门			1. 以樘计量，按设计图示数量计算 2. 以平方米计量，按设计图示门框或扇，以面积计算	
010804005	金属格栅门	1. 门代号及洞口尺寸 2. 门框或扇外围尺寸 3. 门框、扇材质 4. 启动装置的品种、规格		1. 以樘计量，按设计图示数量计算 2. 以平方米计量，按设计图示洞口尺寸，以面积计算	1. 门安装 2. 启动装置、五金配件安装
010804006	钢质花饰大门	1. 门代号及洞口尺寸 2. 门框或扇外围尺寸 3. 门框、扇材质		1. 以樘计量，按设计图示数量计算 2. 以平方米计量，按设计图示门框或扇，以面积计算	1. 门安装 2. 五金配件安装
010804007	特种门			1. 以樘计量，按设计图示数量计算 2. 以平方米计量，按设计图示洞口尺寸，以面积计算	

（5）其他门工程量清单项目设置、项目特征描述、计量单位及工程量计算规则应按表 9.53 的规定执行。

表 9.53　其他门（编码：010805）

项目编码	项目名称	项目特征	计量单位	工程量计算规则	工作内容
010805001	电子感应门	1. 门代号及洞口尺寸 2. 门框或扇外围尺寸 3. 门框、扇材质 4. 玻璃品种、厚度 5. 启动装置的品种、规格 6. 电子配件品种、规格	1. 樘 2. m²	1. 以樘计量，按设计图示数量计算 2. 以平方米计量，按设计图示洞口尺寸，以面积计算	1. 门安装 2. 启动装置、五金、电子配件安装
010805002	旋转门				
010805003	电子对讲门	1. 门代号及洞口尺寸 2. 门框或扇外围尺寸 3. 门材质 4. 玻璃品种、厚度 5. 启动装置的品种、规格 6. 电子配件品种、规格			
010805004	电动伸缩门				

项目编码	项目名称	项 目 特 征	计量单位	工程量计算规则	工 作 内 容
010805005	全玻璃自由门	1. 门代号及洞口尺寸 2. 门框或扇外围尺寸 3. 框材质 4. 玻璃品种、厚度	1. 樘 2. m²	1. 以樘计量,按设计图示数量计算 2. 以平方米计量,按设计图示洞口尺寸,以面积计算	1. 门安装 2. 五金安装
010805006	镜面不锈钢饰面门	1. 门代号及洞口尺寸 2. 门框或扇外围尺寸 3. 框、扇材质 4. 玻璃品种、厚度			
010805007	复合材料门				

(6) 木窗工程量清单项目设置、项目特征描述、计量单位及工程量计算规则应按表 9.54 的规定执行。

表 9.54 木窗(编码:010806)

项目编码	项目名称	项 目 特 征	计量单位	工程量计算规则	工 作 内 容
010806001	木质窗	1. 窗代号及洞口尺寸 2. 玻璃品种、厚度	1. 樘 2. m²	1. 以樘计量,按设计图示数量计算 2. 以平方米计量,按设计图示洞口尺寸,以面积计算	1. 窗安装 2. 五金、玻璃安装
010806002	木飘(凸)窗				
010806003	木橱窗	1. 窗代号 2. 框截面及外围展开面积 3. 玻璃品种、厚度 4. 防护材料种类		1. 以樘计量,按设计图示数量计算 2. 以平方米计量,按设计图示尺寸,以框外围展开面积计算	1. 窗制作、运输、安装 2. 五金、玻璃安装 3. 刷防护材料
010806004	木纱窗	1. 窗代号及框的外围尺寸 2. 窗纱材料品种、规格		1. 以樘计量,按设计图示数量计算 2. 以平方米计量,按框的外围尺寸,以面积计算	1. 窗安装 2. 五金安装

(7) 金属窗工程量清单项目设置、项目特征描述、计量单位及工程量计算规则应按表 9.55 的规定执行。

表 9.55　金属窗(编码：010807)

项目编码	项目名称	项目特征	计量单位	工程量计算规则	工作内容
010807001	金属(塑钢、断桥)窗	1. 窗代号及洞口尺寸 2. 框、扇材质 3. 玻璃品种、厚度		1. 以樘计量，按设计图示数量计算 2. 以平方米计量，按设计图示洞口尺寸，以面积计算	1. 窗安装 2. 五金、玻璃安装
010807002	金属防火窗				
010807003	金属百叶窗	1. 窗代号及洞口尺寸 2. 框、扇材质 3. 玻璃品种、厚度		1. 以樘计量，按设计图示数量计算 2. 以平方米计量，按设计图示洞口尺寸，以面积计算	
010807004	金属纱窗	1. 窗代号及框的外围尺寸 2. 框材质 3. 窗纱材料品种、规格		1. 以樘计量，按设计图示数量计算 2. 以平方米计量，按框的外围尺寸，以面积计算	1. 窗安装 2. 五金安装
010807005	金属格栅窗	1. 窗代号及洞口尺寸 2. 框外围尺寸 3. 框、扇材质	1. 樘 2. m²	1. 以樘计量，按设计图示数量计算 2. 以平方米计量，按设计图示洞口尺寸，以面积计算	
010807006	金属(塑钢、断桥)橱窗	1. 窗代号 2. 框外围展开面积 3. 框、扇材质 4. 玻璃品种、厚度 5. 防护材料种类		1. 以樘计量，按设计图示数量计算 2. 以平方米计量，按设计图示尺寸，以框外围展开面积计算	1. 窗制作、运输、安装 2. 五金、玻璃安装，刷防护材料
010807007	金属(塑钢、断桥)飘(凸)窗	1. 窗代号 2. 框外围展开面积 3. 框、扇材质 4. 玻璃品种、厚度			1. 窗安装 2. 五金、玻璃安装
010807008	彩板窗	1. 窗代号及洞口尺寸 2. 框外围尺寸 3. 框、扇材质 4. 玻璃品种、厚度		1. 以樘计量，按设计图示数量计算 2. 以平方米计量，按设计图示洞口尺寸，或框外围以面积计算	
010807009	复合材料窗				

　　(8) 门窗套工程量清单项目设置、项目特征描述、计量单位及工程量计算规则应按表 9.56 的规定执行。

表 9.56 门窗套(编码:010808)

项目编码	项目名称	项 目 特 征	计量单位	工程量计算规则	工 作 内 容
010808001	木门窗套	1. 窗代号及洞口尺寸 2. 门窗套展开宽度 3. 基层材料种类 4. 面层材料品种、规格 5. 线条品种、规格 6. 防护材料种类	1. 樘 2. m² 3. m	1. 以樘计量,按设计图示数量计算 2. 以平方米计量,按设计图示尺寸,以展开面积计算 3. 以米计量,按设计图示中心,以延长米计算	1. 清理基层 2. 立筋制作、安装 3. 基层板安装 4. 面层铺贴 5. 线条安装 6. 刷防护材料
010808002	木筒子板	1. 筒子板宽度 2. 基层材料种类 3. 面层材料品种、规格 4. 线条品种、规格 5. 防护材料种类			
010808003	饰面夹板筒子板				
010808004	金属门窗套	1. 窗代号及洞口尺寸 2. 门窗套展开宽度 3. 基层材料种类 4. 面层材料品种、规格 5. 防护材料种类			1. 清理基层 2. 立筋制作、安装 3. 基层板安装 4. 面层铺贴 5. 刷防护材料
010808005	石材门窗套	1. 窗代号及洞口尺寸 2. 门窗套展开宽度 3. 粘结层厚度、砂浆配合比 4. 面层材料品种、规格 5. 线条品种、规格			1. 清理基层 2. 立筋制作、安装 3. 基层抹灰 4. 面层铺贴 5. 线条安装
010808006	门窗木贴脸	1. 门窗代号及洞口尺寸 2. 贴脸板宽度 3. 防护材料种类	1. 樘 2. m	以樘计量,按设计图示数量计算 以米计量,按设计图示尺寸,以延长米计算	安装
010808007	成品木门窗套	1. 门窗代号及洞口尺寸 2. 门窗套展开宽度 3. 门窗套材料品种、规格	1. 樘 2. m² 3. m	1. 以樘计量,按设计图示数量计算 2. 以平方米计量,按设计图示尺寸,以展开面积计算 3. 以米计量,按设计图示中心,以延长米计算	1. 清理基层 2. 立筋制作、安装 3. 板安装

(9)窗台板工程量清单项目设置、项目特征描述、计量单位及工程量计算规则应按表 9.57 的规定执行。

表 9.57　窗台板（编码：010809）

项目编码	项目名称	项目特征	计量单位	工程量计算规则	工作内容
010809001	木窗台板	1. 基层材料种类 2. 窗台面板材质、规格、颜色 3. 防护材料种类	m²	按设计图示尺寸，以展开面积计算	1. 基层清理 2. 基层制作、安装 3. 窗台板制作、安装 4. 刷防护材料
010809002	铝塑窗台板				
010809003	金属窗台板				
010809004	石材窗台板	1. 粘结层厚度、砂浆配合比 2. 窗台板材质、规格、颜色			1. 基层清理 2. 抹找平层 3. 窗台板制作、安装

（10）窗帘、窗帘盒、轨工程量清单项目设置、项目特征描述、计量单位及工程量计算规则应按表 9.58 的规定执行。

表 9.58　窗帘、窗帘盒、轨（编码：010810）

项目编码	项目名称	项目特征	计量单位	工程量计算规则	工作内容
010810001	窗帘	1. 窗帘材质 2. 窗帘高度、宽度 3. 窗帘层数 4. 带幔要求	1. m 2. m²	1. 以米计量，按设计图示尺寸，以成活后长度计算 2. 以平方米计量，按图示尺寸，以成活后展开面积计算	1. 制作、运输 2. 安装
010810002	木窗帘盒	1. 窗帘盒材质、规格 2. 防护材料种类	m	按设计图示尺寸，以长度计算	1. 制作、运输、安装 2. 刷防护材料
010810003	饰面夹板、塑料窗帘盒				
010810004	铝合金窗帘盒				
010810005	窗帘轨	1. 窗帘轨材质、规格 2. 轨的数量 3. 防护材料种类			

三、案例详解

【案例 9.8】 某厂房方木屋架如图 9.4 所示，共 4 榀，现场制作，不刨光，拉杆为 φ10 的圆钢，铁件刷防锈漆一遍，轮胎式起重机安装，安装高度 6m。根据以上资料及现行国家标准，列出该工程方木屋架分部分项工程量清单。

【解】

（1）列项目：010701001001 方木屋架。

（2）计算工程量。

① 下弦杆体积 $=0.15\times0.18\times6.6\times4=0.713(m^3)$

② 上弦杆体积 $=0.10\times0.12\times3.354\times2\times4=0.322(m^3)$

③ 斜撑体积 $=0.06\times0.08\times1.677\times2\times4=0.064(m^3)$

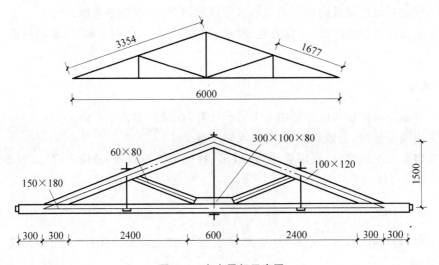

图 9.4　方木屋架示意图

④ 元宝垫木体积＝0.30×0.10×0.08×4＝0.010（m³）

体积＝0.713＋0.322＋0.064＋0.010＝1.11（m³）

（3）工程量清单如表 9.59 所示。

表 9.59　工程量清单

项目编码	项目名称	项目特征描述	计量单位	工程量
010701001001	方木屋架	跨度：6.00m 材料品种、规格：方木、规格详图 刨光要求：不刨光 拉杆种类：小 10 圆钢 防护材料种类：铁件刷防锈漆一遍	m³	1.11

任务九　屋面及防水工程

一、相关规定

1. 屋面

（1）瓦屋面若是在木基层上铺瓦，项目特征不必描述粘结层砂浆的配合比，瓦屋面铺防水层，按表 9.60 中相关项目编码列项。

（2）型材屋面、阳光板屋面、玻璃钢屋面的柱、梁、屋架，按《计算规范》附录 F 金属结构工程、附录 G 木结构工程中相关项目编码列项。

（3）屋面刚性层无钢筋，其钢筋项目特征不必描述。

（4）屋面找平层按《计算规范》附录 L 楼地面装饰工程"平面砂浆找平层"项目编码列项。

（5）屋面防水搭接及附加层用量不另行计算，在综合单价中考虑。

（6）屋面保温找坡层按《计算规范》附录 K 保温、隔热、防腐工程"保温隔热屋面"项目编码列项。

2. 墙面

（1）墙面防水搭接及附加层用量不另行计算，在综合单价中考虑。

（2）墙面变形缝，若做双面，工程量乘以系数 2。

（3）墙面找平层按《计算规范》附录 M 墙、柱面装饰与隔断、幕墙工程"立面砂浆找平层"项目编码列项。

3. 楼（地）面

（1）楼（地）面防水找平层按《计算规范》附录 L 楼地面装饰工程"平面砂浆找平层"项目编码列项。

（2）楼（地）面防水搭接及附加层用量不另行计算，在综合单价中考虑。

二、清单工程量计算规则

（1）瓦、型材及其他屋面工程量清单项目设置、项目特征描述、计量单位及工程量计算规则应按表 9.60 的规定执行。

表 9.60　瓦、型材及其他屋面（编码：010901）

项目编码	项目名称	项目特征	计量单位	工程量计算规则	工作内容
010901001	瓦屋面	1. 瓦品种、规格 2. 粘结层砂浆的配合比	m²	按设计图示尺寸，以斜面积计算。不扣除房上烟囱、风帽底座、风道、小气窗、斜沟等所占面积。小气窗的出檐部分不增加面积	1. 砂浆制作、运输、摊铺、养护 2. 安瓦、做瓦脊
010901002	型材屋面	1. 型材品种、规格 2. 金属檩条材料品种、规格 3. 接缝、嵌缝材料种类			1. 檩条制作、运输、安装 2. 屋面型材安装 3. 接缝、嵌缝
010901003	阳光板屋面	1. 阳光板品种、规格 2. 骨架材料品种、规格 3. 接缝、嵌缝材料种类 4. 油漆品种、刷漆遍数		按设计图示尺寸，以斜面积计算。不扣除屋面面积≤0.3m² 孔洞所占面积	1. 骨架制作、运输、安装、刷防护材料、油漆 2. 阳光板安装 3. 接缝、嵌缝
010901004	玻璃钢屋面	1. 玻璃钢品种、规格 2. 骨架材料品种、规格 3. 玻璃钢固定方式 4. 接缝、嵌缝材料种类 5. 油漆品种、刷漆遍数			1. 骨架制作、运输、安装、刷防护材料、油漆 2. 玻璃钢制作、安装 3. 接缝、嵌缝

续表

项目编码	项目名称	项 目 特 征	计量单位	工程量计算规则	工 作 内 容
010901005	膜结构屋面	1. 膜布品种、规格 2. 支柱（网架）钢材品种、规格 3. 钢丝绳品种、规格 4. 锚固基座做法 5. 油漆品种、刷漆遍数	m²	按设计图示尺寸，以需要覆盖的水平投影面积计算	1. 膜布热压胶接 2. 支柱（网架）制作、安装 3. 膜布安装 4. 穿钢丝绳、锚头锚固 5. 锚固基座、挖土、回填 6. 刷防护材料，油漆

（2）屋面防水及其他工程量清单项目设置、项目特征描述、计量单位及工程量计算规则应按表 9.61 的规定执行。

表 9.61　屋面防水及其他（编码：010902）

项目编码	项目名称	项 目 特 征	计量单位	工程量计算规则	工 作 内 容
010902001	屋面卷材防水	1. 卷材品种、规格、厚度 2. 防水层数 3. 防水层做法	m²	按设计图示尺寸，以面积计算 1. 斜屋顶（不包括平屋顶找坡）按斜面积计算，平屋顶按水平投影面积计算 2. 不扣除房上烟囱、风帽底座、风道、屋面小气窗和斜沟所占面积 3. 屋面的女儿墙、伸缩缝和天窗等处的弯起部分，并入屋面工程量内	1. 基层处理 2. 刷底油 3. 铺油毡卷材、接缝
010902002	屋面涂膜防水	1. 防水膜品种 2. 涂膜厚度、遍数 3. 增强材料种类			1. 基层处理 2. 刷基层处理剂 3. 铺布、喷涂防水层
010902003	屋面刚性层	1. 刚性层厚度 2. 混凝土种类 3. 混凝土强度等级 4. 嵌缝材料种类 5. 钢筋规格、型号		按设计图示尺寸，以面积计算。不扣除房上烟囱、风帽底座、风道等所占面积	1. 基层处理 2. 混凝土制作、运输、铺筑、养护 3. 钢筋制作、安装
010902004	屋面排水管	1. 排水管品种、规格 2. 雨水斗、山墙出水口品种、规格 3. 接缝、嵌缝材料种类 4. 油漆品种、刷漆遍数	m	按设计图示尺寸，以长度计算。如设计未标注尺寸，以檐口至设计室外散水上表面垂直距离计算	1. 排水管及配件安装、固定 2. 雨水斗、山墙出水口、雨水算子安装 3. 接缝、嵌缝 4. 刷漆
010902005	屋面排（透）气管	1. 排（透）气管品种、规格 2. 接缝、嵌缝材料种类 3. 油漆品种、刷漆遍数		按设计图示尺寸，以长度计算	1. 排（透）气管及配件安装、固定 2. 铁件制作、安装 3. 接缝、嵌缝 4. 刷漆

项目编码	项目名称	项目特征	计量单位	工程量计算规则	工作内容
010902006	屋面(廊、阳台)泄(吐)水管	1. 吐水管品种、规格 2. 接缝、嵌缝材料种类 3. 吐水管长度 4. 油漆品种、刷漆遍数	根(个)	按设计图示数量计算	1. 水管及配件安装、固定 2. 接缝、嵌缝 3. 刷漆
010902007	屋面天沟、檐沟	1. 材料品种、规格 2. 接缝、嵌缝材料种类	m²	按设计图示尺寸,以展开面积计算	1. 天沟材料铺设 2. 天沟配件安装 3. 接缝、嵌缝 4. 刷防护材料
010902008	屋面变形缝	1. 嵌缝材料种类 2. 止水带材料种类 3. 盖缝材料 4. 防护材料种类	m	按设计图示,以长度计算	1. 清缝 2. 填塞防水材料 3. 止水带安装 4. 盖缝制作、安装 5. 刷防护材料

（3）墙面防水、防潮工程量清单项目设置、项目特征描述、计量单位及工程量计算规则应按表 9.62 的规定执行。

表 9.62　墙面防水、防潮(编码：010903)

项目编码	项目名称	项目特征	计量单位	工程量计算规则	工作内容
010903001	墙面卷材防水	1. 卷材品种、规格、厚度 2. 防水层数 3. 防水层做法	m²	按设计图示尺寸,以面积计算	1. 基层处理 2. 刷粘结剂 3. 铺防水卷材 4. 接缝、嵌缝
010903002	墙面涂膜防水	1. 防水膜品种 2. 涂膜厚度、遍数 3. 增强材料种类			1. 基层处理 2. 刷基层处理剂 3. 铺布、喷涂防水层
010903003	墙面砂浆防水(防潮)	1. 防水层做法 2. 砂浆厚度、配合比 3. 钢丝网规格			1. 基层处理 2. 挂钢丝网片 3. 设置分格缝 4. 砂浆制作、运输 5. 摊铺、养护
010903004	墙面变形缝	1. 嵌缝材料种类 2. 止水带材料种类 3. 盖缝材料 4. 防护材料种类	m	按设计图示,以长度计算	1. 清缝 2. 填塞防水材料 3. 止水带安装 4. 盖缝制作、安装 5. 刷防护材料

（4）楼（地）面防水、防潮工程量清单项目设置、项目特征描述、计量单位及工程量计算规则应按表9.63的规定执行。

表9.63 楼（地）面防水、防潮（编码：010904）

项目编码	项目名称	项目特征	计量单位	工程量计算规则	工作内容
010904001	楼（地）面卷材防水	1. 卷材品种、规格、厚度 2. 防水层数 3. 防水层做法 4. 反边高度	m²	按设计图示尺寸，以面积计算 1. 楼（地）面防水：按主墙间净空面积计算，扣除凸出地面的构筑物、设备基础等所占面积，不扣除间壁墙及单个面积≤0.3m²的柱、垛、烟囱和孔洞所占面积 2. 楼（地）面防水反边高度≤300mm，算作地面防水，反边高度>300mm，按墙面防水计算	1. 基层处理 2. 刷粘结剂 3. 铺防水卷材 4. 接缝、嵌缝
010904002	楼（地）面涂膜防水	1. 防水膜品种 2. 涂膜厚度、遍数 3. 增强材料种类 4. 反边高度			1. 基层处理 2. 刷基层处理剂 3. 铺布、喷涂防水层
010904003	楼（地）面砂浆防水（防潮）	1. 防水层做法 2. 砂浆厚度、配合比 3. 反边高度			1. 基层处理 2. 砂浆制作、运输、摊铺、养护
010904004	楼（地）面变形缝	1. 嵌缝材料种类 2. 止水带材料种类 3. 盖缝材料 4. 防护材料种类	m	按设计图示，以长度计算	1. 清缝 2. 填塞防水材料 3. 止水带安装 4. 盖缝制作、安装 5. 刷防护材料

三、案例详解

【案例9.9】 某工程SBS改性沥青卷材防水屋面平面、剖面图如图9.5所示，其自结构层由下向上为：钢筋混凝土板上用1：12水泥珍珠岩找坡，坡度2%，最薄处60mm；保温隔热层上1：3水泥找平层反边高300mm，在找平层上刷冷底子油，加热烤铺，贴3mm厚SBS改性沥青防水卷材（反边高300mm），在防水卷材上抹1：2.5水泥砂浆找平层（反边高300mm）。不考虑嵌缝，砂浆用中砂为拌和料，女儿墙不计算，未列项目不补充。根据以上背景资料及现行国家标准，试列出该屋面找平层、保温及卷材防水分部分项工程清单。

【解】

（1）列项目：011001001001 屋面保温、010902001001 屋面卷材防水、011101006001 屋面砂浆找平层。

（2）计算工程量。

① 011001001001 屋面保温：$16 \times 9 = 144 (m^2)$。

② 010902001001 屋面卷材防水：$16 \times 9 + (16 + 9) \times 2 \times 0.3 = 159 (m^2)$。

③ 011101006001 屋面砂浆找平层：$16 \times 9 + (16 + 9) \times 2 \times 0.3 = 159 (m^2)$。

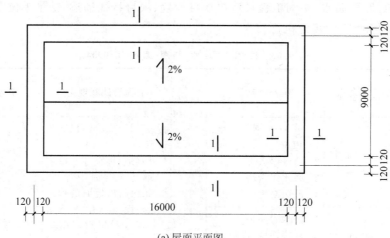

(a) 屋面平面图

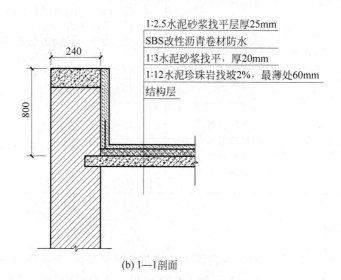

(b) 1—1剖面

图 9.5 屋面平面、剖面图

（3）工程量清单如表 9.64 所示。

表 9.64 工程量清单

序号	项目编码	项目名称	项目特征描述	计量单位	工程量
1	011001001001	屋面保温	1. 材料品种：1：12 水泥珍珠岩 2. 保温厚度：最薄处 60mm	m²	144
2	010902001001	屋面卷材防水	1. 卷材品种、规格、厚度：3mm 厚 SBS 改性沥青防水卷材 2. 防水层数：一道 3. 防水层做法：卷材底刷冷底子油、加热烤铺	m²	159

序号	项目编码	项目名称	项目特征描述	计量单位	工程量
3	011101006001	屋面砂浆找平层	找平层厚度、砂浆配合比：20mm 厚 1∶3 水泥砂浆找平层(防水底层)、25mm 厚 1∶2.5 水泥砂浆找平层(防水面层)	m²	159

任务十　保温、隔热、防腐工程

一、相关规定

(1) 保温隔热装饰面层,按《计算规范》附录 L、M、N、P、Q 中相关项目编码列项;仅做找平层,按附录 L 楼地面装饰工程"平面砂浆找平层"或附录 M 墙、柱面装饰与隔断、幕墙工程"立面砂浆找平层"项目编码列项。

(2) 柱帽保温隔热应并入天棚保温隔热工程量内。

(3) 池槽保温隔热应按其他保温隔热项目编码列项。

(4) 保温隔热方式为内保温、外保温、夹心保温。

(5) 保温柱、梁适用于不与墙、天棚相连的独立柱、梁。

(6) 防腐踢脚线,应按《计算规范》附录 L 楼地面装饰工程"踢脚线"项目编码列项。

(7) 浸渍砖砌法指平砌、立砌。

二、清单工程量计算规则

(1) 保温、隔热工程量清单项目设置、项目特征描述、计量单位及工程量计算规则应按表 9.65 的规定执行。

表 9.65　保温、隔热(编码：011001)

项目编码	项目名称	项目特征	计量单位	工程量计算规则	工 作 内 容
011001001	保温隔热屋面	1. 保温隔热材料品种、规格、厚度 2. 气层材料品种、厚度 3. 粘结材料种类、做法 4. 防护材料种类、做法	m²	按设计图示尺寸,以面积计算。扣除面积＞0.3m² 孔洞及占位面积	1. 基层清理 2. 刷粘结材料 3. 铺粘保温层 4. 铺、刷(喷)防护材料
011001002	保温隔热天棚	1. 保温隔热面层材料品种、规格、性能 2. 保温隔热材料品种、规格及厚度 3. 粘结材料种类及做法 4. 防护材料种类及做法		按设计图示尺寸,以面积计算。扣除面积＞0.3m² 上柱、垛、孔洞所占面积,与天棚相连的梁按展开面积,计算并入天棚工程量内	

项目编码	项目名称	项目特征	计量单位	工程量计算规则	工作内容
011001003	保温隔热墙面	1. 保温隔热部位 2. 保温隔热方式 3. 踢脚线、勒脚线保温做法		按设计图示尺寸，以面积计算。扣除门窗洞口以及面积>0.3m² 梁、孔洞所占面积；门窗洞口侧壁以及与墙相连的柱，并入保温墙体工程量内	1. 基层清理 2. 刷界面剂 3. 安装龙骨 4. 填贴保温材料 5. 保温板安装 6. 粘贴面层 7. 铺设增强格网、抹抗裂、防水砂浆面层 8. 嵌缝 9. 铺、刷（喷）防护材料
011001004	保温柱、梁	4. 龙骨材料品种、规格 5. 保温隔热面层材料品种、规格、性能 6. 保温隔热材料品种、规格及厚度 7. 增强网及抗裂防水砂浆种类 8. 粘结材料种类及做法 9. 防护材料种类及做法		按设计图示尺寸，以面积计算 1. 柱按设计图示柱断面保温层中心线展开长度乘以保温层高度，以面积计算，扣除面积>0.3m² 梁所占面积 2. 梁按设计图示梁断面保温层中心线展开长度乘以保温层长度，以面积计算	
011001005	保温隔热楼地面	1. 保温隔热部位 2. 保温隔热材料品种、规格、厚度 3. 隔气层材料品种、厚度 4. 粘结材料种类、做法 5. 防护材料种类、做法	m²	按设计图示尺寸，以面积计算。扣除面积>0.3m² 柱、垛、孔洞等所占面积。门洞、空圈、暖气包槽、壁龛的开口部分不增加面积	1. 基层清理 2. 刷粘结材料 3. 铺粘保温层 4. 铺、刷（喷）防护材料
011001006	其他保温隔热	1. 保温隔热部位 2. 保温隔热方式 3. 隔气层材料品种、厚度 4. 保温隔热面层材料品种、规格、性能 5. 保温隔热材料品种、规格及厚度 6. 粘结材料种类及做法 7. 增强网及抗裂防水砂浆种类 8. 防护材料种类及做法		按设计图示尺寸，以展开面积计算。扣除面积>0.3m² 孔洞及占位面积	1. 基层清理 2. 刷界面剂 3. 安装龙骨 4. 填贴保温材料 5. 保温板安装 6. 粘贴面层 7. 铺设增强格网、抹抗裂防水砂浆面层 8. 嵌缝 9. 铺、刷（喷）防护材料

（2）防腐面层工程量清单项目设置、项目特征描述、计量单位及工程量计算规则应按表 9.66 的规定执行。

表 9.66 防腐面层(编码:011002)

项目编码	项目名称	项目特征	计量单位	工程量计算规则	工作内容
011002001	防腐混凝土面层	1. 防腐部位 2. 面层厚度 3. 混凝土种类 4. 胶泥种类、配合比	m²	按设计图示尺寸,以面积计算 1. 平面防腐:扣除凸出地面的构筑物、设备基础等以及面积>0.3m²孔洞、柱、垛等所占面积,门洞、空圈、暖气包槽、壁龛的开口部分不增加面积 2. 立面防腐:扣除门、窗、洞口以及面积>0.3m²孔洞、梁所占面积,门、窗、洞口侧壁、垛突出部分按展开面积并入墙面积内	1. 基层清理 2. 基层刷稀胶泥 3. 混凝土制作、运输、摊铺、养护
011002002	防腐砂浆面层	1. 防腐部位 2. 面层厚度 3. 砂浆、胶泥种类、配合比			1. 基层清理 2. 基层刷稀胶泥 3. 砂浆制作、运输、摊铺、养护
011002003	防腐胶泥面层	1. 防腐部位 2. 面层厚度 3. 胶泥种类、配合比			1. 基层清理 2. 胶泥调制、摊铺
011002004	玻璃钢防腐面层	1. 防腐部位 2. 玻璃钢种类 3. 贴布材料的种类、层数 4. 面层材料品种			1. 基层清理 2. 刷底漆、刮腻子 3. 胶浆配制、涂刷 4. 粘布、涂刷面层
011002005	聚氯乙烯板面层	1. 防腐部位 2. 面层材料品种、厚度 3. 粘结材料种类			1. 基层清理 2. 配料、涂胶 3. 聚氯乙烯板铺设
011002006	块料防腐面层	1. 防腐部位 2. 块料品种、规格 3. 粘结材料种类 4. 勾缝材料种类			1. 基层清理 2. 铺贴块料 3. 胶泥调制、勾缝
011002007	池、槽块料防腐面层	1. 防腐池、槽名称、代号 2. 块料品种、规格 3. 粘结材料种类 4. 勾缝材料种类		按设计图示尺寸,以展开面积计算	1. 基层清理 2. 铺贴块料 3. 胶泥调制、勾缝

(3) 其他防腐工程量清单项目设置、项目特征描述、计量单位及工程量计算规则应按表 9.67 的规定执行。

表 9.67 其他防腐(编码:011003)

项目编码	项目名称	项目特征	计量单位	工程量计算规则	工作内容
011003001	隔离层	1. 隔离层部位 2. 隔离层材料品种 3. 隔离层做法 4. 粘贴材料种类	m²	按设计图示尺寸,以面积计算 1. 平面防腐:扣除凸出地面的构筑物、设备基础等以及面积>0.3m²孔洞、柱、垛等所占面积,门洞、空圈、暖气包槽、壁龛的开口部分不增加面积 2. 立面防腐:扣除门、窗、洞口以及面积>0.3m²孔洞、梁所占面积,门、窗、洞口侧壁、突出部分按展开面积并入墙面积内	1. 基层清理、刷油 2. 煮沥青 3. 胶泥调制 4. 隔离层铺设

续表

项目编码	项目名称	项目特征	计量单位	工程量计算规则	工作内容
011003002	砌筑沥青浸渍砖	1. 砌筑部位 2. 浸渍砖规格 3. 胶泥种类 4. 浸渍砖砌法	m³	按设计图示尺寸,以体积计算	1. 基层清理 2. 胶泥调制 3. 浸渍砖铺砌
011003003	防腐涂料	1. 涂刷部位 2. 基层材料类型 3. 刮腻子的种类、遍数 4. 涂料品种、刷涂遍数	m²	按设计图示尺寸,以面积计算 1. 平面防腐:扣除凸出地面的构筑物、设备基础等以及面积>0.3m²孔洞、柱、垛等所占面积,门洞、空圈、暖气包槽、壁龛的开口部分不增加面积 2. 立面防腐:扣除门、窗、洞口以及面积>0.3m²孔洞、梁所占面积,门、窗、洞口侧壁、垛突出部分按展开面积并入墙面积内	1. 基层清理 2. 刮腻子 3. 刷涂料

三、案例详解

【案例 9.10】 根据项目五案例 5.26 的题意。请计算耐酸池的工程量清单。

【解】

(1)列项目:011002006001 平面耐酸瓷砖、011002006002 立面耐酸瓷砖。

(2)计算工程量(见项目五案例 5.26 相关工程量)。

011002006001 平面耐酸瓷砖:135.00m²。

011002006002 立面耐酸瓷砖:121.61m²。

(3)工程量清单如表 9.68 所示。

表 9.68   工程量清单

序号	项目编码	项目名称	项目特征	计量单位	工程数量
1	011002006001	平面耐酸瓷砖	1. 防腐部位:池底 2. 块料:230mm×113mm×65mm 耐酸瓷砖 3. 找平层:25mm 耐酸沥青砂浆 4. 结合层:6mm 耐酸沥青胶泥 5. 勾缝:树脂胶泥勾缝,宽度 3mm	m²	135.00
2	011002006002	立面耐酸瓷砖	1. 防腐部位:池壁 2. 块料:230mm×113mm×65mm 耐酸瓷砖 3. 找平层:25mm 耐酸沥青砂浆 4. 结合层:6mm 耐酸沥青胶泥 5. 勾缝:树脂胶泥勾缝,宽度 3mm		121.61

【案例 9.11】 项目五案例 5.26 的题意,计算耐酸池工程的清单综合单价。

【解】

(1) 列项:011002006001 平面耐酸瓷砖(11-159)、011002006002 立面耐酸瓷砖(11-159)。

(2) 计算工程量。

011002006001 平面耐酸瓷砖:135.00m²。

011002006002 立面耐酸瓷砖:121.61m²。

(3) 清单计价如表 9.69 所示。

表 9.69 清单计价

序号	项目编码	项 目 名 称	计量单位	工程数量	金额/元	
					综合单价	合 价
1	011002006001	平面耐酸瓷砖	m²	135.00	360.73	48697.88
	11-159	耐酸沥青胶泥结合层,树脂胶泥勾缝,耐酸瓷砖 230mm×113mm×65mm	10m²	13.50	3607.25	48697.88
2	011002006002	立面耐酸瓷砖	m²	121.61	360.73	43867.77
	11-159	耐酸沥青胶泥结合层,树脂胶泥勾缝,耐酸瓷砖 230mm×113mm×65mm	10m²	12.161	3607.25	43867.77

答:该工程的清单综合单价分别为,池底贴耐酸瓷砖 360.73 元/m²,池壁贴耐酸瓷砖 360.73 元/m²。

任务十一　楼地面装饰工程

一、相关规定

(1) 整体面层。

① 水泥砂浆面层处理是拉毛还是提浆压光,应在面层做法要求中描述。

② 平面砂浆找平层只适用于仅做找平层的平面抹灰。

③ 间壁墙指墙厚≤120mm 的墙。

④ 楼地面混凝土垫层另按表 9.19 中垫层项目编码列项,除混凝土外的其他材料垫层按表 9.17 中垫层项目编码列项。

(2) 块料面层工作内容中的磨边指施工现场磨边,与后面章节工作内容中涉及的磨边含义同。

(3) 如涉及找平层,按找平层项目编码列项。

(4) 石材、块料与粘结材料的结合面刷防渗材料的种类在防护材料种类中描述。

(5) 在描述碎石材项目的面层材料特征时,可不用描述规格、颜色。

(6) 楼梯、台阶牵边和侧面镶贴块料面层,不大于 0.5m² 的少量分散的楼地面镶贴块料面层,应按本表执行。

二、清单工程量计算规则

（1）整体面层及找平层工程量清单项目的设置、项目特征描述的内容、计量单位及工程量计算规则应按表 9.70 的规定执行。

表 9.70　整体面层及找平层（编码：011101）

项目编码	项目名称	项目特征	计量单位	工程量计算规则	工作内容
011101001	水泥砂浆楼地面	1. 找平层厚度、砂浆配合比 2. 素水泥浆遍数 3. 面层厚度、砂浆配合比 4. 面层做法要求	m²	按设计图示尺寸，以面积计算。扣除凸出地面构筑物、设备基础、室内铁道、地沟等所占面积，不扣除间壁墙及≤0.3m² 柱、垛、附墙烟囱及孔洞所占面积。门洞、空圈、暖气包槽、壁龛的开口部分不增加面积	1. 基层清理 2. 抹找平层 3. 抹面层 4. 材料运输
011101002	现浇水磨石楼地面	1. 找平层厚度、砂浆配合比 2. 面层厚度、水泥石子浆配合比 3. 嵌条材料种类、规格 4. 石子种类、规格、颜色 5. 颜料种类、颜色 6. 图案要求 7. 磨光、酸洗、打蜡要求			1. 基层清理 2. 抹找平层 3. 面层铺设 4. 嵌缝条安装 5. 磨光、酸洗打蜡 6. 材料运输
011101003	细石混凝土楼地面	1. 找平层厚度、砂浆配合比 2. 面层厚度、混凝土强度等级			1. 基层清理 2. 抹找平层 3. 面层铺设 4. 材料运输
011101004	菱苦土楼地面	1. 找平层厚度、砂浆配合比 2. 面层厚度 3. 打蜡要求			1. 基层清理 2. 抹找平层 3. 面层铺设 4. 打蜡 5. 材料运输
011101005	自流坪楼地面	1. 找平层砂浆配合比、厚度 2. 界面剂材料种类 3. 中层漆材料种类、厚度 4. 面漆材料种类、厚度 5. 面层材料种类			1. 基层处理 2. 抹找平层 3. 涂界面剂 4. 涂刷中层漆 5. 打磨、吸尘 6. 镘自流平面漆（浆） 7. 拌合自流平浆料 8. 铺面层
011101006	平面砂浆找平层	找平层厚度、砂浆配合比		按设计图示尺寸，以面积计算	1. 基层清理 2. 抹找平层 3. 材料运输

（2）工程量清单项目的设置、项目特征描述的内容、计量单位及工程量计算规则应按表 9.71 的规定执行。

表 9.71　块料面层（编码：011102）

项目编码	项目名称	项目特征	计量单位	工程量计算规则	工作内容
011102001	石材楼地面	1. 找平层厚度、砂浆配合比 2. 结合层厚度、砂浆配合比 3. 面层材料品种、规格、颜色 4. 嵌缝材料种类 5. 防护层材料种类 6. 酸洗、打蜡要求	m²	按设计图示尺寸，以面积计算。门洞、空圈、暖气包槽、壁龛的开口部分并入相应的工程量内	1. 基层清理 2. 抹找平层 3. 面层铺设、磨边 4. 嵌缝 5. 刷防护材料 6. 酸洗、打蜡 7. 材料运输
011102002	碎石材楼地面				
011102003	块料楼地面				

（3）橡塑面层工程量清单项目的设置、项目特征描述的内容、计量单位及工程量计算规则应按表 9.72 的规定执行。

表 9.72　橡塑面层（编码：011103）

项目编码	项目名称	项目特征	计量单位	工程量计算规则	工作内容
011103001	橡胶板楼地面	1. 粘结层厚度、材料种类 2. 面层材料品种、规格、颜色 3. 压线条种类	m²	按设计图示尺寸，以面积计算。门洞、空圈、暖气包槽、壁龛的开口部分并入相应的工程量内	1. 基层清理 2. 面层铺贴 3. 压缝条装钉 4. 材料运输
011103002	橡胶板卷材楼地面				
011103003	塑料板楼地面				
011103004	塑料卷材楼地面				

（4）其他材料面层工程量清单项目的设置、项目特征描述的内容、计量单位及工程量计算规则应按表 9.73 的规定执行。

表 9.73　其他材料面层（编码：011104）

项目编码	项目名称	项目特征	计量单位	工程量计算规则	工作内容
011104001	地毯楼地面	1. 面层材料品种、规格、颜色 2. 防护材料种类 3. 粘结材料种类 4. 压线条种类	m²	按设计图示尺寸，以面积计算。门洞、空圈、暖气包槽、壁龛的开口部分并入相应的工程量内	1. 基层清理 2. 铺贴面层 3. 刷防护材料 4. 装钉压条 5. 材料运输
011104002	竹、木（复合）地板	1. 龙骨材料种类、规格、铺设间距 2. 基层材料种类、规格 3. 面层材料品种、规格、颜色 4. 防护材料种类			1. 基层清理 2. 龙骨铺设 3. 基层铺设 4. 面层铺贴 5. 刷防护材料 6. 材料运输
011104003	金属复合地板				
011104004	防静电活动地板	1. 支架高度、材料种类 2. 面层材料品种、规格、颜色 3. 防护材料种类			1. 基层清理 2. 固定支架安装 3. 活动面层安装 4. 刷防护材料 5. 材料运输

（5）踢脚线工程量清单项目的设置、项目特征描述的内容、计量单位及工程量计算规则应按表 9.74 的规定执行。

表 9.74　踢脚线（编码：011105）

项目编码	项目名称	项目特征	计量单位	工程量计算规则	工作内容
011105001	水泥砂浆踢脚线	1. 踢脚线高度 2. 底层厚度、砂浆配合比 3. 面层厚度、砂浆配合比	1. m² 2. m	1. 以平方米计量，按设计图示长度乘以高度，以面积计算 2. 以米计量，按延长米计算	1. 基层清理 2. 底层和面层抹灰 3. 材料运输
011105002	石材踢脚线	1. 踢脚线高度 2. 粘贴层厚度、材料种类 3. 面层材料品种、规格、颜色 4. 防护材料种类			1. 基层清理 2. 底层抹灰 3. 面层铺贴、磨边 4. 擦缝 5. 磨光、酸洗、打蜡 6. 刷防护材料 7. 材料运输
011105003	块料踢脚线				
011105004	塑料板踢脚线	1. 踢脚线高度 2. 粘结层厚度、材料种类 3. 面层材料种类、规格、颜色			1. 基层清理 2. 基层铺贴 3. 面层铺贴 4. 材料运输
011105005	木质踢脚线	1. 踢脚线高度 2. 基层材料种类、规格 3. 面层材料品种、规格、颜色			
011105006	金属踢脚线				
011105007	防静电踢脚线				

（6）楼梯面层工程量清单项目的设置、项目特征描述的内容、计量单位及工程量计算规则应按表 9.75 的规定执行。

表 9.75　楼梯面层（编码：011106）

项目编码	项目名称	项目特征	计量单位	工程量计算规则	工作内容
011106001	石材楼梯面层	1. 找平层厚度、砂浆配合比 2. 粘结层厚度、材料种类 3. 面层材料品种、规格、颜色 4. 防滑条材料种类、规格 5. 勾缝材料种类 6. 防护材料种类 7. 酸洗、打蜡要求	m²	按设计图示尺寸，以楼梯（包括踏步、休息平台及≤500mm 的楼梯井）水平投影面积计算。楼梯与楼地面相连时，算至梯口梁内侧边沿；无梯口梁者，算至最上一层踏步边沿加 300mm	1. 基层清理 2. 抹找平层 3. 面层铺贴、磨边 4. 贴嵌防滑条 5. 勾缝 6. 刷防护材料 7. 酸洗、打蜡 8. 材料运输
011106002	块料楼梯面层				
011106003	拼碎块料面层				

续表

项目编码	项目名称	项目特征	计量单位	工程量计算规则	工作内容
011106004	水泥砂浆楼梯面层	1. 找平层厚度、砂浆配合比 2. 面层厚度、砂浆配合比 3. 防滑条材料种类、规格			1. 基层清理 2. 抹找平层 3. 抹面层 4. 抹防滑条 5. 材料运输
011106005	现浇水磨石楼梯面层	1. 找平层厚度、砂浆配合比 2. 面层厚度、水泥石子浆配合比 3. 防滑条材料种类、规格 4. 石子种类、规格、颜色 5. 颜料种类、颜色 6. 磨光、酸洗打蜡要求	m²	按设计图示尺寸,以楼梯(包括踏步、休息平台及≤500mm的楼梯井)水平投影面积计算。楼梯与楼地面相连时,算至梯口梁内侧边沿;无梯口梁者,算至最上一层踏步边沿加300mm	1. 基层清理 2. 抹找平层 3. 抹面层 4. 贴嵌防滑条 5. 磨光、酸洗、打蜡 6. 材料运输
011106006	地毯楼梯面层	1. 基层种类 2. 面层材料品种、规格、颜色 3. 防护材料种类 4. 粘结材料种类 5. 固定配件材料种类、规格			1. 基层清理 2. 铺贴面层 3. 固定配件安装 4. 刷防护材料 5. 材料运输
011106007	木板楼梯面层	1. 基层材料种类、规格 2. 面层材料品种、规格、颜色 3. 粘结材料种类 4. 防护材料种类			1. 基层清理 2. 基层铺贴 3. 面层铺贴 4. 刷防护材料 5. 材料运输
011106008	橡胶板楼梯面层	1. 粘结层厚度、材料种类 2. 面层材料品种、规格、颜色 3. 压线条种类			1. 基层清理 2. 面层铺贴 3. 压缝条装钉 4. 材料运输
011106009	塑料板楼梯面层				

(7)台阶装饰工程量清单项目的设置、项目特征描述的内容、计量单位及工程量计算规则应按表 9.76 的规定执行。

表 9.76 台阶装饰(编码:011107)

项目编码	项目名称	项目特征	计量单位	工程量计算规则	工作内容
011107001	石材台阶面	1. 找平层厚度、砂浆配合比 2. 粘结材料种类 3. 面层材料品种、规格、颜色 4. 勾缝材料种类 5. 防滑条材料种类、规格 6. 防护材料种类	m²	按设计图示尺寸,以台阶(包括最上层踏步边沿加 300mm)水平投影面积计算	1. 基层清理 2. 抹找平层 3. 面层铺贴 4. 贴嵌防滑条 5. 勾缝 6. 刷防护材料 7. 材料运输
011107002	块料台阶面				
011107003	拼碎块料台阶面				

续表

项目编码	项目名称	项目特征	计量单位	工程量计算规则	工作内容
011107004	水泥砂浆台阶面	1. 找平层厚度、砂浆配合比 2. 面层厚度、砂浆配合比 3. 防滑条材料种类	m²	按设计图示尺寸,以台阶(包括最上层踏步边沿加300mm)水平投影面积计算	1. 基层清理 2. 抹找平层 3. 抹面层 4. 抹防滑条 5. 材料运输
011107005	现浇水磨石台阶面	1. 找平层厚度、砂浆配合比 2. 面层厚度、水泥石子浆配合比 3. 防滑条材料种类、规格 4. 石子种类、规格、颜色 5. 颜料种类、颜色 6. 磨光、酸洗、打蜡要求			1. 清理基层 2. 抹找平层 3. 抹面层 4. 贴嵌防滑条 5. 打磨、酸洗、打蜡 6. 材料运输
011107006	剁假石台阶面	1. 找平层厚度、砂浆配合比 2. 面层厚度、砂浆配合比 3. 剁假石要求			1. 清理基层 2. 抹找平层 3. 抹面层 4. 剁假石 5. 材料运输

（8）零星装饰项目工程量清单项目的设置、项目特征描述的内容、计量单位及工程量计算规则应按表9.77的规定执行。

表9.77　零星装饰项目(编码：011108)

项目编码	项目名称	项目特征	计量单位	工程量计算规则	工作内容
011108001	石材零星项目	1. 工程部位			1. 清理基层 2. 抹找平层 3. 面层铺贴、磨边勾缝 4. 刷防护材料 5. 酸洗、打蜡 6. 材料运输
011108002	拼碎石材零星项目	2. 找平层厚度、砂浆配合比 3. 贴结合层厚度、材料种类			
011108003	块料零星项目	4. 面层材料品种、规格、颜色 5. 勾缝材料种类 6. 防护材料种类 7. 酸洗、打蜡要求	m²	按设计图示尺寸,以面积计算	
011108004	水泥砂浆零星项目	1. 工程部位 2. 找平层厚度、砂浆配合比 3. 面层厚度、砂浆厚度			1. 清理基层 2. 抹找平层 3. 抹面层 4. 材料运输

三、案例详解

【**案例9.12**】　根据项目六中案例6.1的题意,计算楼地面工程的工程量清单。

【解】

（1）列项目：011102003001 块料楼地面、011105003001 块料踢脚线、011107002001 块料台阶面。

（2）计算工程量。

块料楼地面：$(45-0.24-0.12)\times(15-0.24)+1.2\times0.12+1.2\times0.24+1.8\times0.6=660.40(m^2)$。

块料踢脚线（长度见项目六中案例 6.1 中有关工程量）：$146.64\times0.15=22.00(m^2)$。

块料台阶面（同项目六中案例 6.1 中有关工程量）：$0.9\times1.8=1.62(m^2)$。

（3）工程量清单如表 9.78 所示。

表 9.78 工程量清单

序号	项目编码	项目名称	项 目 特 征	计量单位	工程数量
1	011102003001	块料楼地面	1. 找平层：20 厚 1∶3 水泥砂浆 2. 结合层：5 厚 1∶2 水泥砂浆 3. 面层：500mm×500mm 镜面同质地砖 4. 酸洗打蜡、成品保护	m²	660.40
2	011105003001	块料踢脚线	1. 找平层：20 厚 1∶3 水泥砂浆 2. 结合层：5 厚 1∶2 水泥砂浆 3. 面层：500mm×500mm 镜面同质地砖	m²	22.00
3	011107002001	块料台阶面	1. 找平层：15 厚 1∶3 水泥砂浆 2. 结合层：5 厚 1∶2 水泥砂浆 3. 面层：500mm×500mm 镜面同质地砖 4. 酸洗打蜡、成品保护	m²	1.62

【案例 9.13】 根据项目六案例 6.1 的题意，按计价表计算楼地面工程的清单综合单价。

【解】

（1）列项目：011102003001 块料楼地面（地砖地面 13-85、地面酸洗打蜡 13-110、成品保护 18-75）、011105003001 块料踢脚线（地砖踢脚线 13-95）、011107002001 块料台阶面（台阶地砖面 13-93、台阶酸洗打蜡 13-111、成品保护 18-75）。

（2）计算工程量。

地砖地面、酸洗打蜡、成品保护工程量：660.40m²。

台阶地砖面、酸洗打蜡、成品保护工程量（见项目六中案例 6.1 中有关工程量）：2.43m²。

踢脚线工程量（长度见项目六中案例 6.1 中有关工程量）：$146.64\times0.15=22.00(m^2)$。

（3）清单计价如表 9.79 所示。

表 9.79 清单计价

序号	项目编码	项 目 名 称	计量单位	工程数量	金额/元	
					综合单价	合 价
1	011102003001	块料楼地面	m²	660.40	104.56	69053.49
	13-85	地砖地面	10m²	66.006	970.83	64080.60
	13-110	地面酸洗打蜡	10m²	66.006	57.02	3763.66
	18-75	成品保护	10m²	66.006	18.32	1209.23
2	011105003001	块料踢脚线	m	22.00	136.89	3011.55
	13-95	地砖踢脚线	10m	14.664	205.37	3011.55
3	011107002001	块料台阶面	m²	1.62	205.50	332.91
	13-93	台阶地砖面	10m²	0.243	1272.24	309.15
	13-111	台阶酸洗打蜡	10m²	0.243	79.47	19.31
	18-75	成品保护	10m²	0.243	18.32	4.45

答：同质地砖楼地面的清单综合单价为 104.56 元/m²，地砖踢脚线的清单综合单价为 136.89 元/m²，同质地砖台阶面的清单综合单价为 205.37 元/m²。

任务十二　墙、柱面装饰与隔断、幕墙工程

一、相关规定

（1）墙面抹灰。

① 立面砂浆找平项目适用于仅做找平层的立面抹灰。

② 墙面抹石灰砂浆、水泥砂浆、混合砂浆、聚合物水泥砂浆、麻刀石灰浆、石膏灰浆等按本表中墙面一般抹灰编码列项；墙面水刷石、斩假石、干粘石、假面砖等按墙面装饰抹灰编码列项。

③ 飘窗凸出外墙面增加的抹灰并入外墙工程量内。

④ 有吊顶天棚的内墙面抹灰，抹至吊顶以上部分在综合单价中考虑。

（2）柱（梁）面抹灰。

① 砂浆找平项目适用于仅做找平层的柱（梁）面抹灰。

② 柱（梁）面抹石灰砂浆、水泥砂浆、混合砂浆、聚合物水泥砂浆、麻刀石灰浆、石膏灰浆等，按本表中柱（梁）面一般抹灰编码列项；柱（梁）面水刷石、斩假石、干粘石、假面砖等，按柱（梁）面装饰抹灰项目编码列项。

（3）零星抹灰。

① 零星项目抹石灰砂浆、水泥砂浆、混合砂浆、聚合物水泥砂浆、麻刀石灰浆、石膏灰浆等按本表中零星项目一般抹灰编码列项；水刷石、斩假石、干粘石、假面砖等，按零星项目装饰抹灰编码列项。

② 墙、柱（梁）面≤0.5m² 的少量分散的抹灰，按零星抹灰项目编码列项。

（4）墙面块料面层及柱（梁）面镶贴块料。

① 墙面块料面层安装方式可描述为砂浆或粘结剂粘贴、挂贴、干挂等，不论哪种安装

方式,都要详细描述与组价相关的内容。

　　② 柱梁面干挂石材的钢骨架按表 9.83 中相应项目编码列项。

　　(5) 墙面块料面层、柱(梁)面镶贴块料及镶贴零星块料在描述碎块项目的面层材料特征时,可不用描述规格、颜色;石材、块料与粘接材料的结合面刷防渗材料的种类,在防护材料种类中描述。

　　(6) 零星项目干挂石材的钢骨架按表 9.83 相应项目编码列项。

　　(7) 墙柱面≤0.5m² 的少量分散的镶贴块料面层,按本表中零星项目执行。

　　(8) 幕墙钢骨架按表 9.83 中干挂石材钢骨架编码列项。

二、清单工程量计算规则

　　(1) 墙面抹灰工程量清单项目的设置、项目特征描述的内容、计量单位及工程量计算规则应按表 9.80 的规定执行。

表 9.80　墙面抹灰(编码:011201)

项目编码	项目名称	项目特征	计量单位	工程量计算规则	工作内容
011201001	墙面一般抹灰	1. 墙体类型 2. 底层厚度、砂浆配合比 3. 面层厚度、砂浆配合比 4. 装饰面材料种类 5. 分格缝宽度、材料种类	m²	按设计图示尺寸,以面积计算。扣除墙裙、门窗洞口及单个>0.3m² 的孔洞面积,不扣除踢脚线、挂镜线和墙与构件交接处的面积,门窗洞口和孔洞的侧壁及顶面不增加面积。附墙柱、梁、垛、烟囱侧壁并入相应的墙面面积内	1. 基层清理 2. 砂浆制作、运输 3. 底层抹灰 4. 抹面层 5. 抹装饰面 6. 勾分格缝
011201002	墙面装饰抹灰				
011201003	墙面勾缝	1. 勾缝类型 2. 勾缝材料种类			1. 基层清理 2. 砂浆制作、运输 3. 勾缝
011201004	立面砂浆找平层	1. 基层类型 2. 找平层砂浆厚度、配合比		1. 外墙抹灰面积按外墙垂直投影面积计算 2. 外墙裙抹灰面积按其长度乘以高度计算 3. 内墙抹灰面积按主墙间的净长乘以高度计算 (1) 无墙裙的,高度按室内楼地面至天棚底面计算 (2) 有墙裙的,高度按墙裙顶至天棚底面计算 (3) 有吊顶天棚抹灰,高度算至天棚底 4. 内墙裙抹灰面按内墙净长乘以高度计算	1. 基层清理 2. 砂浆制作、运输 3. 抹灰找平

（2）柱（梁）面抹灰工程量清单项目的设置、项目特征描述的内容、计量单位及工程量计算规则应按表 9.81 的规定执行。

表 9.81　柱（梁）面抹灰（编码：011202）

项目编码	项目名称	项目特征	计量单位	工程量计算规则	工作内容
011202001	柱、梁面一般抹灰	1. 柱（梁）体类型 2. 底层厚度、砂浆配合比 3. 面层厚度、砂浆配合比 4. 装饰面材料种类 5. 分格缝宽度、材料种类	m²	1. 柱面抹灰：按设计图示柱断面周长乘以高度，以面积计算 2. 梁面抹灰：按设计图示梁断面周长乘以长度，以面积计算	1. 基层清理 2. 砂浆制作、运输 3. 底层抹灰 4. 抹面层 5. 勾分格缝
011202002	柱、梁面装饰抹灰				
011202003	柱、梁面砂浆找平	1. 柱（梁）体类型 2. 找平的砂浆厚度、配合比			1. 基层清理 2. 砂浆制作、运输 3. 抹灰找平
011202004	柱面勾缝	1. 勾缝类型 2. 勾缝材料种类		按设计图示柱断面周长乘以高度，以面积计算	1. 基层清理 2. 砂浆制作、运输 3. 勾缝

（3）零星抹灰工程量清单项目的设置、项目特征描述的内容、计量单位及工程量计算规则应按表 9.82 的规定执行。

表 9.82　零星抹灰（编码：011203）

项目编码	项目名称	项目特征	计量单位	工程量计算规则	工作内容
011203001	零星项目一般抹灰	1. 基层类型、部位 2. 底层厚度、砂浆配合比 3. 面层厚度、砂浆配合比 4. 装饰面材料种类 5. 分格缝宽度、材料种类	m²	按设计图示尺寸，以面积计算	1. 基层清理 2. 砂浆制作、运输 3. 底层抹灰 4. 抹面层 5. 抹装饰面 6. 勾分格缝
011203002	零星项目装饰抹灰				
011203003	零星项目砂浆找平	1. 基层类型、部位 2. 找平的砂浆厚度、配合比			1. 基层清理 2. 砂浆制作、运输 抹灰找平

（4）墙面块料面层工程量清单项目的设置、项目特征描述的内容、计量单位及工程量计算规则应按表 9.83 的规定执行。

（5）柱（梁）面镶贴块料工程量清单项目的设置、项目特征描述的内容、计量单位及工程量计算规则应按表 9.84 的规定执行。

（6）镶贴零星块料工程量清单项目的设置、项目特征描述的内容、计量单位及工程量计算规则应按表 9.85 的规定执行。

表 9.83 墙面块料面层（编码：011204）

项目编码	项目名称	项目特征	计量单位	工程量计算规则	工作内容
011204001	石材墙面	1. 墙体类型 2. 安装方式 3. 面层材料品种、规格、颜色 4. 缝宽、嵌缝材料种类 5. 防护材料种类 6. 磨光、酸洗、打蜡要求	m^2	按镶贴表面积计算	1. 基层清理 2. 砂浆制作、运输 3. 粘结层铺贴 4. 面层安装 5. 嵌缝 6. 刷防护材料 7. 磨光、酸洗、打蜡
011204002	拼碎石材墙面				
011204003	块料墙面				
011204004	干挂石材钢骨架	1. 骨架种类、规格 2. 防锈漆品种及遍数	t	按设计图示，以质量计算	1. 骨架制作、运输、安装 2. 刷漆

表 9.84 柱（梁）面镶贴块料（编码：011205）

项目编码	项目名称	项目特征	计量单位	工程量计算规则	工作内容
011205001	石材柱面	1. 柱截面类型、尺寸 2. 安装方式 3. 面层材料品种、规格、颜色 4. 缝宽、嵌缝材料种类 5. 防护材料种类 6. 磨光、酸洗、打蜡要求	m^2	按镶贴表面积计算	1. 基层清理 2. 砂浆制作、运输 3. 粘结层铺贴 4. 面层安装 5. 嵌缝 6. 刷防护材料 7. 磨光、酸洗、打蜡
011205002	块料柱面				
011205003	拼碎块柱面				
011205004	石材梁面	1. 安装方式 2. 面层材料品种、规格、颜色 3. 缝宽、嵌缝材料种类 4. 防护材料种类 5. 磨光、酸洗、打蜡要求			
011205005	块料梁面				

表 9.85 镶贴零星块料（编码：011206）

项目编码	项目名称	项目特征	计量单位	工程量计算规则	工作内容
011206001	石材零星项目	1. 基层类型、部位 2. 安装方式 3. 面层材料品种、规格、颜色 4. 缝宽、嵌缝材料种类 5. 防护材料种类 6. 磨光、酸洗、打蜡要求	m^2	按镶贴表面积计算	1. 基层清理 2. 砂浆制作、运输 3. 面层安装 4. 嵌缝 5. 刷防护材料 6. 磨光、酸洗、打蜡
011206002	块料零星项目				
011206003	拼碎块零星项目				

　　（7）墙饰面工程量清单项目的设置、项目特征描述的内容、计量单位及工程量计算规则应按表 9.86 的规定执行。

表 9.86　墙饰面（编码：011207）

项目编码	项目名称	项目特征	计量单位	工程量计算规则	工作内容
011207001	墙面装饰板	1. 龙骨材料种类、规格、中距 2. 隔离层材料种类、规格 3. 基层材料种类、规格 4. 面层材料品种、规格、颜色 5. 压条材料种类、规格	m²	按设计图示墙净长乘以净高，以面积计算。扣除门窗洞口及单个＞0.3m²的孔洞所占面积	1. 基层清理 2. 龙骨制作、运输、安装 3. 钉隔离层 4. 基层铺钉 5. 面层铺贴
011207002	墙面装饰浮雕	1. 基层类型 2. 浮雕材料种类 3. 浮雕样式		按设计图示尺寸，以面积计算	1. 基层清理 2. 材料制作、运输 3. 安装成型

（8）柱（梁）饰面工程量清单项目的设置、项目特征描述的内容、计量单位及工程量计算规则应按表 9.87 的规定执行。

表 9.87　柱（梁）饰面（编码：011208）

项目编码	项目名称	项目特征	计量单位	工程量计算规则	工作内容
011208001	柱（梁）面装饰	1. 龙骨材料种类、规格、中距 2. 隔离层材料种类 3. 基层材料种类、规格 4. 面层材料品种、规格、颜色 5. 压条材料种类、规格	m²	按设计图示饰面外围尺寸，以面积计算。柱帽、柱墩并入相应柱饰面工程量内	1. 清理基层 2. 龙骨制作、运输、安装 3. 钉隔离层 4. 基层铺钉 5. 面层铺贴
011208002	成品装饰柱	1. 柱截面、高度尺寸 2. 柱材质	1. 根 2. m	1. 以根计量，按设计数量计算 2. 以米计量，按设计长度计算	柱运输、固定、安装

（9）幕墙工程量清单项目的设置、项目特征描述的内容、计量单位及工程量计算规则应按表 9.88 的规定执行。

表 9.88　幕墙（编码：011209）

项目编码	项目名称	项目特征	计量单位	工程量计算规则	工作内容
011209001	带骨架幕墙	1. 骨架材料种类、规格、中距 2. 面层材料品种、规格、颜色 3. 面层固定方式 4. 隔离带、框边封闭材料品种、规格 5. 嵌缝、塞口材料种类	m²	按设计图示框外围尺寸，以面积计算。与幕墙同种材质的窗所占面积不扣除	1. 骨架制作、运输、安装 2. 面层安装 3. 隔离带、框边封闭 4. 嵌缝、塞口 5. 清洗

项目编码	项目名称	项 目 特 征	计量单位	工程量计算规则	工 作 内 容
011209002	全玻（无框玻璃）幕墙	1. 玻璃品种、规格、颜色 2. 粘结塞口材料种类 3. 固定方式		按设计图示尺寸，以面积计算。带肋全玻幕墙按展开面积计算	1. 幕墙安装 2. 嵌缝、塞口 3. 清洗

（10）隔断工程量清单项目的设置、项目特征描述的内容、计量单位及工程量计算规则应按表 9.89 的规定执行。

表 9.89　隔断（编码：011210）

项目编码	项目名称	项 目 特 征	计量单位	工程量计算规则	工 作 内 容
011210001	木隔断	1. 骨架、边框材料种类、规格 2. 隔板材料品种、规格、颜色 3. 嵌缝、塞口材料品种 4. 压条材料种类		按设计图示框外围尺寸，以面积计算。不扣除单个≤0.3m² 的孔洞所占面积；浴厕门的材质与隔断相同时，门的面积并入隔断面积内	1. 骨架及边框制作、运输、安装 2. 隔板制作、运输、安装 3. 嵌缝、塞口 4. 装钉压条
011210002	金属隔断	1. 骨架、边框材料种类、规格 2. 隔板材料品种、规格、颜色 3. 嵌缝、塞口材料品种	m²		1. 骨架及边框制作、运输、安装 2. 隔板制作、运输、安装 3. 嵌缝、塞口
011210003	玻璃隔断	1. 边框材料种类、规格 2. 玻璃品种、规格、颜色 3. 嵌缝、塞口材料品种		按设计图示框外围尺寸，以面积计算。不扣除单个≤0.3m² 的孔洞所占面积	1. 边框制作、运输、安装 2. 玻璃制作、运输、安装 3. 嵌缝、塞口
011210004	塑料隔断	1. 边框材料种类、规格 2. 隔板材料品种、规格、颜色 3. 嵌缝、塞口材料品种			1. 骨架及边框制作、运输、安装 2. 隔板制作、运输、安装 3. 嵌缝、塞口
011210005	成品隔断	1. 隔断材料品种、规格、颜色 2. 配件品种、规格	1. m² 2. 间	1. 以平方米计量，按设计图示框外围尺寸，以面积计算 2. 以间计量，按设计间的数量计算	1. 隔断运输、安装 2. 嵌缝、塞口
011210006	其他隔断	1. 骨架、边框材料种类、规格 2. 隔板材料品种、规格、颜色 3. 嵌缝、塞口材料品种	m²	按设计图示框外围尺寸，以面积计算。不扣除单个≤0.3m² 的孔洞所占面积	1. 骨架及边框安装 2. 隔板安装 3. 嵌缝、塞口

三、案例详解

【案例 9.14】　如图 9.6 所示,墙面和柱面均采用湿挂花岗岩(采用 1：2.5 水泥砂浆灌缝 50mm 厚,花岗岩板 25mm 厚),柱面采用 6 拼,石材面进行酸洗打蜡(门窗洞口不考虑装饰)。计算墙、柱面工程的工程量清单。

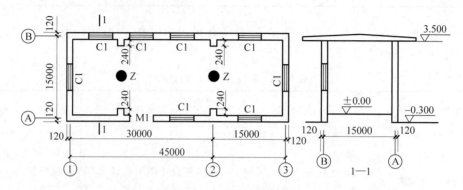

图 9.6　墙、柱面工程图

【解】

(1) 列项目：011204001001 花岗岩墙面、011205001001 花岗岩柱面。

(2) 计算工程量。

① 花岗岩墙面。

内表面：$[(45-0.24-2\times0.05+15-0.24-2\times0.075)\times2+8\times0.24]\times3.5-1.2\times1.5\times8-1.2\times2=404.81(m^2)$。

外表面：$(45.24+2\times0.05+15.24+2\times0.075)\times2\times3.8-1.2\times1.5\times8-1.2\times2=444.75(m^2)$。

小计：849.56m²。

② 花岗岩柱面。

$$3.14\times(0.6+2\times0.075)\times3.5\times2=16.49(m^2)$$

(3) 工程量清单如表 9.90 所示。

表 9.90　工程量清单

序号	项目编码	项目名称	项目特征	计量单位	工程数量
1	011204001001	花岗岩墙面	1. 面层材料：现场确定 2. 砖墙面上采用 1：2.5 水泥砂浆灌缝 50mm 厚,面层酸洗打蜡	m²	849.56
2	011205001001	花岗岩柱面	1. 面层材料：现场确定 2. 混凝土柱面上采用 1：2.5 水泥砂浆灌缝 50mm 厚,面层酸洗打蜡	m²	16.49

【案例 9.15】　根据上题题意,按计价表计算墙、柱面工程的清单综合单价。

【解】

(1) 列项目：011204001001 花岗岩墙面（墙面湿挂花岗岩 14-122）、011205001001 花岗岩柱面（圆柱面湿挂花岗岩 14-125）。

(2) 计算工程量（见案例 9.14）。

花岗岩墙面工程量：849.56m²。

花岗岩柱面工程量：16.49m²。

(3) 清单计价如表 9.91 所示。

表 9.91　清单计价

序号	项目编码	项目名称	计量单位	工程数量	金额/元	
					综合单价	合价
1	011204001001	花岗岩墙面	m²	849.56	363.18	308542.79
	14-122	墙面湿挂花岗岩	10m²	84.956	3631.80	308542.79
2	011205001001	花岗岩柱面	m²	16.49	393.29	6485.30
	14-125	圆柱面湿挂花岗岩	10m²	1.649	3932.87	6485.30

答：花岗岩墙面的清单综合单价为 363.18 元/m²，花岗岩柱面的清单综合单价为 393.87 元/m²。

任务十三　天棚抹灰

一、相关规定

采光天棚骨架不包括在天棚抹灰工程中，应单独按金属结构工程相关项目编码列项。

二、清单工程量计算规则

(1) 天棚抹灰工程量清单项目的设置、项目特征描述的内容、计量单位及工程量计算规则应按表 9.92 的规定执行。

表 9.92　天棚抹灰（编码：011301）

项目编码	项目名称	项目特征	计量单位	工程量计算规则	工作内容
011301001	天棚抹灰	1. 基层类型 2. 抹灰厚度、材料种类 3. 砂浆配合比	m²	按设计图示尺寸，以水平投影面积计算。不扣除间壁墙、垛、柱、附墙烟囱、检查口和管道所占的面积，带梁天棚的梁两侧抹灰面积并入天棚面积内，板式楼梯底面抹灰按斜面积计算，锯齿形楼梯底板抹灰按展开面积计算	1. 基层清理 2. 底层抹灰 3. 抹面层

(2) 天棚吊顶工程量清单项目的设置、项目特征描述的内容、计量单位及工程量计算规则应按表 9.93 的规定执行。

表 9.93　天棚吊顶（编码：011302）

项目编码	项目名称	项目特征	计量单位	工程量计算规则	工作内容
011302001	吊顶天棚	1. 吊顶形式、吊杆规格、高度 2. 龙骨材料种类、规格、中距 3. 基层材料种类、规格 4. 面层材料品种、规格 5. 压条材料种类、规格 6. 嵌缝材料种类 7. 防护材料种类	m²	按设计图示尺寸，以水平投影面积计算。天棚面中的灯槽及跌级、锯齿形、吊挂式、藻井式天棚面积不展开计算。不扣除间壁墙、检查口、附墙烟囱、柱垛和管道所占面积，扣除单个 > 0.3m² 的孔洞、独立柱及与天棚相连的窗帘盒所占的面积	1. 基层清理、吊杆安装 2. 龙骨安装 3. 基层板铺贴 4. 面层铺贴 5. 嵌缝 6. 刷防护材料
011302002	格栅吊顶	1. 龙骨材料种类、规格、中距 2. 基层材料种类、规格 3. 面层材料品种、规格 4. 防护材料种类		按设计图示尺寸，以水平投影面积计算	1. 基层清理 2. 安装龙骨 3. 基层板铺贴 4. 面层铺贴 5. 刷防护材料
011302003	吊筒吊顶	1. 吊筒形状、规格 2. 吊筒材料种类 3. 防护材料种类			1. 基层清理 2. 吊筒制作安装 3. 刷防护材料
011302004	藤条造型悬挂吊顶	1. 骨架材料种类、规格 2. 面层材料品种、规格			1. 基层清理 2. 龙骨安装 3. 铺贴面层
011302005	织物软雕吊顶				
011302006	装饰网架吊顶	网架材料品种、规格			1. 基层清理 2. 网架制作安装

（3）采光天棚工程量清单项目的设置、项目特征描述的内容、计量单位及工程量计算规则应按表 9.94 的规定执行。

表 9.94　采光天棚（编码：011303）

项目编码	项目名称	项目特征	计量单位	工程量计算规则	工作内容
011303001	采光天棚	1. 骨架类型 2. 固定类型、固定材料品种、规格 3. 面层材料品种、规格 4. 嵌缝、塞口材料种类	m²	按框外围展开面积计算	1. 清理基层 2. 面层制作、安装 3. 嵌缝、塞口 4. 清洗

（4）天棚其他装饰工程量清单项目的设置、项目特征描述的内容、计量单位及工程量计算规则应按表 9.95 的规定执行。

表 9.95 天棚其他装饰(编码：011304)

项目编码	项目名称	项目特征	计量单位	工程量计算规则	工作内容
011304001	灯带(槽)	1. 灯带形式、尺寸 2. 格栅片材料品种、规格 3. 安装固定方式	m²	按设计图示尺寸，以框外围面积计算	安装、固定
011304002	送风口、回风口	1. 风口材料品种、规格 2. 安装固定方式 3. 防护材料种类	个	按设计图示数量计算	1. 安装、固定 2. 刷防护材料

三、案例详解

【案例 9.16】 某装饰企业承担某一层房屋的内装饰。其中，天棚为装配式 U 形不上人型轻钢龙骨，方格为 400mm×600mm；吊筋用 $\phi6$，面层用纸面石膏板，地面至天棚面层净高为 3m。天棚面的阴、阳角线暂不考虑。平面尺寸及简易做法如图 9.7 所示。计算天棚工程的工程量清单。

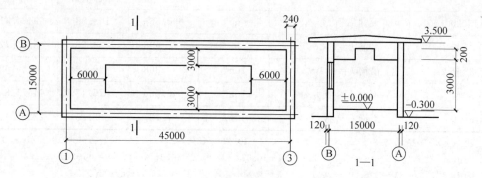

图 9.7 天棚工程

【解】

(1) 列项目：011302001001 天棚吊顶。

(2) 计算工程量。

天棚吊顶工程量：$(45-0.24)\times(15-0.24)=660.66(\text{m}^2)$。

(3) 工程量清单如表 9.96 所示。

表 9.96 工程量清单

项目编码	项目名称	项目特征	计量单位	工程数量
011302001001	天棚吊顶	1. 天棚吊筋：$\phi6$ 2. 龙骨：装配式 U 形不上人轻钢龙骨 400mm×600mm 3. 面层：纸面石膏板 4. 凹凸型吊顶	m²	660.66

【案例 9.17】 根据上题题意,按计价表计算天棚工程的清单综合单价(已知装饰企业的管理费率为 42%,利润率为 15%)。

【解】

(1) 列项:011302001001 天棚吊顶(吊筋 1 15-33、吊筋 2 15-33、不上人轻钢龙骨 15-8、纸面石膏板 14-55)。

(2) 计算工程量。

吊筋 1:$(45-0.24-12)\times(15-0.24-6)=286.98(m^2)$。

吊筋 2:$(45-0.24)\times(15-0.24)-286.98=373.68(m^2)$。

不上人轻钢龙骨:$(45-0.24)\times(15-0.24)=660.66(m^2)$。

$\qquad 286.98\div660.66=43.4\% > 15\%$(为复杂型天棚吊顶)

纸面石膏板:$660.66+0.2\times(45-12.24+15-6.24)\times2=677.27(m^2)$。

(3) 清单计价如表 9.97 所示。

表 9.97　清单计价

项目编码	项目名称	计量单位	工程数量	金额/元	
				综合单价	合　价
011302001001	天棚吊顶	m²	660.66	105.08	69424.41
15-33 换 1	吊筋 $h=0.3m$	m²	28.698	34.28	983.77
15-33 换 2	吊筋 $h=0.5m$	10m²	37.368	39.33	1469.68
15-8 换	不上人轻钢龙骨	10m²	66.066	676.17	44671.85
14-55 换	纸面石膏板	10m²	67.727	329.25	22299.11

注:① 15-33 换 1,$49.87-0.7\times13\times0.22\times8.84+10.52\times(42\%-25\%+15\%-12\%)=34.28$(元/10 m²)。

② 15-33 换 2,$49.87-0.5\times13\times0.22\times8.84+10.52\times(42\%-25\%+15\%-12\%)=39.33$(元/10m²)。

③ 15-8 换,$639.87+(178.50+3.40)\times(42\%-25\%+15\%-12\%)=676.17$(元/10m²)。

④ 14-55 换,$306.47+113.90\times(42\%-25\%+15\%-12\%)=329.25$(元/10m²)。

答:天棚吊顶的清单综合单价为 105.08 元/m²。

任务十四　油漆、涂料、裱糊工程

一、相关规定

(1) 门油漆。

① 木门油漆应区分木大门、单层木门、双层(一玻一纱)木门、双层(单裁口)木门、全玻自由门、半玻自由门、装饰门及有框门或无框门等项目,分别编码列项。

② 金属门油漆应区分平开门、推拉门、钢制防火门等项目,分别编码列项。

(2) 窗油漆。

① 木窗油漆应区分单层木窗、双层(一玻一纱)木窗、双层框扇(单裁口)木窗、双层框三层(二玻一纱)木窗、单层组合窗、双层组合窗、木百叶窗、木推拉窗等项目,分别编码

列项。

② 金属窗油漆应区分平开窗、推拉窗、固定窗、组合窗、金属隔栅窗等项目,分别编码列项。

（3）门窗油漆以平方米计量,项目特征可不必描述洞口尺寸。

（4）木扶手应区分带托板与不带托板,分别编码列项。若是木栏杆带扶手,木扶手不应单独列项,应包含在木栏杆油漆中。

（5）喷刷墙面涂料部位要注明内墙或外墙。

二、清单工程量计算规则

（1）门油漆工程量清单项目设置、项目特征描述的内容、计量单位及工程量计算规则应按表 9.98 的规定执行。

表 9.98 门油漆（编码：011401）

项目编码	项目名称	项目特征	计量单位	工程量计算规则	工作内容
011401001	木门油漆	1. 门类型 2. 门代号及洞口尺寸 3. 腻子种类	1. 樘 2. m²	1. 以樘计量,按设计图示数量计量 2. 以平方米计量,按设计图示洞口尺寸,以面积计算	1. 基层清理 2. 刮腻子 3. 刷防护材料、油漆
011401002	金属门油漆	4. 刮腻子遍数 5. 防护材料种类 6. 油漆品种、刷漆遍数			1. 除锈、基层清理 2. 刮腻子 3. 刷防护材料、油漆

（2）窗油漆工程量清单项目设置、项目特征描述的内容、计量单位及工程量计算规则应按表 9.99 的规定执行。

表 9.99 窗油漆（编码：011402）

项目编码	项目名称	项目特征	计量单位	工程量计算规则	工作内容
011402001	木窗油漆	1. 窗类型 2. 窗代号及洞口尺寸 3. 腻子种类	1. 樘 2. m²	1. 以樘计量,按设计图示数量计量 2. 以平方米计量,按设计图示洞口尺寸,以面积计算	1. 基层清理 2. 刮腻子 3. 刷防护材料、油漆
011402002	金属窗油漆	4. 刮腻子遍数 5. 防护材料种类 6. 油漆品种、刷漆遍数			1. 除锈、基层清理 2. 刮腻子 3. 刷防护材料、油漆

（3）木扶手及其他板条、线条油漆工程量清单项目设置、项目特征描述的内容、计量单位及工程量计算规则应按表 9.100 的规定执行。

表 9.100　木扶手及其他板条、线条油漆（编码：011403）

项目编码	项目名称	项目特征	计量单位	工程量计算规则	工作内容
011403001	木扶手油漆	1. 断面尺寸 2. 腻子种类 3. 刮腻子遍数 4. 防护材料种类 5. 油漆品种、刷漆遍数	m	按设计图示尺寸，以长度计算	1. 基层清理 2. 刮腻子 3. 刷防护材料、油漆
011403002	窗帘盒油漆				
011403003	封檐板、顺水板油漆				
011403004	挂衣板、黑板框油漆				
011403005	挂镜线、窗帘棍、单独木线油漆				

（4）木材面油漆工程量清单项目设置、项目特征描述的内容、计量单位及工程量计算规则应按表 9.101 的规定执行。

表 9.101　木材面油漆（编码：011404）

项目编码	项目名称	项目特征	计量单位	工程量计算规则	工作内容
011404001	木护墙、木墙裙油漆	1. 腻子种类 2. 刮腻子遍数 3. 防护材料种类 4. 油漆品种、刷漆遍数	m²	按设计图示尺寸，以面积计算	1. 基层清理 2. 刮腻子 3. 刷防护材料、油漆
011404002	窗台板、筒子板、盖板、门窗套、踢脚线油漆				
011404003	清水板条天棚、檐口油漆				
011404004	木方格吊顶天棚油漆				
011404005	吸音板墙面、天棚面油漆				
011404006	暖气罩油漆				
011404007	其他木材面				
011404008	木间壁、木隔断油漆				
011404009	玻璃间壁露明墙筋油漆			按设计图示尺寸，以单面外围面积计算	
011404010	不栅栏、不栏杆（带扶手）油漆				
011404011	衣柜、壁柜油漆			按设计图示尺寸，以油漆部分展开面积计算	
011404012	梁柱饰面油漆				
011404013	零星木装修油漆				
011404014	木地板油漆			按设计图示尺寸，以面积计算。空洞、空圈、暖气包槽、壁龛的开口部分并入相应的工程量内	1. 基层清理 2. 刮腻子 3. 刷防护材料、油漆
011404015	木地板烫硬蜡面	1. 硬蜡品种 2. 面层处理要求			1. 基层清理 2. 烫蜡

（5）金属面油漆工程量清单项目设置、项目特征描述的内容、计量单位及工程量计算规则应按表 9.102 的规定执行。

表 9.102 金属面油漆（编码：011405）

项目编码	项目名称	项目特征	计量单位	工程量计算规则	工作内容
011405001	金属面油漆	1. 构件名称 2. 腻子种类 3. 刮腻子要求 4. 防护材料种类 5. 油漆品种、刷漆遍数	1. t 2. m²	1. 以吨计量，按设计图示尺寸，以质量计算 2. 以平方米计量，按设计展开面积计算	1. 基层清理 2. 刮腻子 3. 刷防护材料、油漆

（6）抹灰面油漆工程量清单项目设置、项目特征描述的内容、计量单位及工程量计算规则应按表 9.103 的规定执行。

表 9.103 抹灰面油漆（编码：011406）

项目编码	项目名称	项目特征	计量单位	工程量计算规则	工作内容
011406001	抹灰面油漆	1. 基层类型 2. 腻子种类 3. 刮腻子遍数 4. 防护材料种类 5. 油漆品种、刷漆遍数 6. 部位	m²	按设计图示尺寸，以面积计算	1. 基层清理 2. 刮腻子 3. 刷防护材料、油漆
011406002	抹灰线条油漆	1. 线条宽度、道数 2. 腻子种类 3. 刮腻子遍数 4. 防护材料种类 5. 油漆品种、刷漆遍数	m	按设计图示尺寸，以长度计算	
011406003	满刮腻子	1. 基层类型 2. 腻子种类 3. 刮腻子遍数	m²	按设计图示尺寸，以面积计算	1. 基层清理 2. 刮腻子

（7）喷刷涂料工程量清单项目设置、项目特征描述的内容、计量单位及工程量计算规则应按表 9.104 的规定执行。

表 9.104　喷刷涂料（编码：011407）

项目编码	项目名称	项目特征	计量单位	工程量计算规则	工作内容
011407001	墙面喷刷涂料	1. 基层类型 2. 喷刷涂料部位 3. 腻子种类	m²	按设计图示尺寸，以面积计算	1. 基层清理 2. 刮腻子 3. 刷、喷涂料
011407002	天棚喷刷涂料	1. 刮腻子要求 2. 涂料品种、喷刷遍数			
011407003	空花格、栏杆刷涂料	1. 腻子种类 2. 刮腻子遍数 3. 涂料品种、刷喷遍数		按设计图示尺寸，以单面外围面积计算	
011407004	线条刷涂料	1. 基层清理 2. 线条宽度 3. 刮腻子遍数 4. 刷防护材料、油漆	m	按设计图示尺寸，以长度计算	
011407005	金属构件刷防火涂料	1. 喷刷防火涂料构件名称 2. 防火等级要求 3. 涂料品种、喷刷遍数	1. m² 2. t	1. 以吨计量，按设计图示尺寸，以质量计算 2. 以平方米计量，按设计展开面积计算	1. 基层清理 2. 刷防护材料、油漆
011407006	木材构件喷刷防火涂料		m²	以平方米计量，按设计图示尺寸，以面积计算	1. 基层清理 2. 刷防火材料

（8）裱糊工程量清单项目设置、项目特征描述的内容、计量单位及工程量计算规则应按表 9.105 的规定执行。

表 9.105　裱糊（编码：011408）

项目编码	项目名称	项目特征	计量单位	工程量计算规则	工作内容
011408001	墙纸裱糊	1. 基层类型 2. 裱糊部位 3. 腻子种类	m²	按设计图示尺寸，以面积计算	1. 基层清理 2. 刮腻子 3. 面层铺粘 4. 刷防护材料
011408002	织锦缎裱糊	4. 刮腻子遍数 5. 粘结材料种类 6. 防护材料种类 7. 面层材料品种、规格、颜色			

三、案例详解

【案例 9.18】　对本项目案例 9.16 中的顶棚纸面石膏板刷乳胶漆（土建三类），工作内容为：板缝自粘胶带 700m、清油封底、满批腻子二遍、乳胶漆二遍。计算油漆工程的工程量清单。

【解】

（1）列项目：011407002001 天棚面乳胶漆。

（2）计算工程量。

吊筋 1：$(45-0.24-12)\times(15-0.24-6)=286.98(m^2)$。

吊筋 2：$(45-0.24)\times(15-0.24)-286.98=373.68(m^2)$。

轻钢龙骨：$(45-0.24)\times(15-0.24)=660.66(m^2)$。

$$286.98\div660.66=43.4\%>15\%（为复杂型天棚吊顶）$$

纸面石膏板：$660.66+0.2\times(45-12.24+15-6.24)\times2=677.27(m^2)$。

$$油漆面积＝天棚面层面积＝677.27m^2$$

（3）工程量清单如表 9.106 所示。

表 9.106　工程量清单

项目编码	项目名称	项目特征	计量单位	工程数量
011407002001	天棚面乳胶漆	1. 基层类型：纸面石膏板 2. 喷刷涂料部位：天棚面层 3. 刮腻子要求：满批腻子二遍 4. 涂料品种、喷刷遍数：乳胶漆二遍 5. 板缝自黏胶带 700m	m^2	677.27

【案例 9.19】　根据上题的题意，按计价表计算油漆工程的清单综合单价。

【解】

（1）列项目：011407002001 天棚面乳胶漆（天棚自粘胶带 17-175、清油封底 17-174、天棚面满批腻子二遍 17-166、天棚面乳胶漆二遍 17-182—17-185）。

（2）计算工程量。

$$天棚面层面积＝677.27m^2$$

（3）清单计价如表 9.107 所示。

表 9.107　清单计价

项目编码	项目名称	计量单位	工程数量	金额/元	
				综合单价	合价
011407002001	天棚面乳胶漆	m^2	677.27	42.38	28704.60
17-175	天棚自粘胶带	10m	70	77.11	5397.70
17-174	清油封底	$10m^2$	67.727	43.68	2958.32
17-166	天棚面满批腻子二遍	$10m^2$	67.727	96.19	6514.66
17-182—17-185	天棚面乳胶漆二遍	$10m^2$	67.727	204.26	13833.92

答：天棚面乳胶漆的清单综合单价为 42.38 元/m²。

任务十五 其他装饰工程

一、清单工程量计算规则

（1）柜类、货架工程量清单项目设置、项目特征描述的内容、计量单位及工程量计算规则应按表 9.108 的规定执行。

表 9.108 柜类、货架（编码：011501）

项目编码	项目名称	项目特征	计量单位	工程量计算规则	工作内容
011501001	柜台				
011501002	酒柜				
011501003	衣柜				
011501004	存包柜				
011501005	鞋柜				
011501006	书柜				
011501007	厨房壁柜				
011501008	木壁柜	1. 台柜规格 2. 材料种类、规格 3. 五金种类、规格 4. 防护材料种类 5. 油漆品种、刷漆遍数	1. 个 2. m 3. m³	1. 以个计量，按设计图示数量计量 2. 以米计量，按设计图示尺寸，以延长米计算 3. 以立方米计量，按设计图示尺寸，以体积计算	1. 台柜制作、运输、安装（安放） 2. 刷防护材料、油漆 3. 五金件安装
011501009	厨房低柜				
011501010	厨房吊柜				
011501011	矮柜				
011501012	吧台背柜				
011501013	酒吧吊柜				
011501014	酒吧台				
011501015	展台				
011501016	收银台				
011501017	试衣间				
011501018	货架				
011501019	书架				
011501020	服务台				

（2）压条、装饰线工程量清单项目设置、项目特征描述的内容、计量单位及工程量计算规则应按表 9.109 的规定执行。

表 9.109　压条、装饰线（编码：011502）

项目编码	项目名称	项目特征	计量单位	工程量计算规则	工作内容
011502001	金属装饰线	1. 基层类型 2. 线条材料品种、规格、颜色 3. 防护材料种类	m	按设计图示尺寸,以长度计算	1. 线条制作、安装 2. 刷防护材料
011502002	木质装饰线				
011502003	石材装饰线				
011502004	石膏装饰线				
011502005	镜面玻璃线				
011502006	铝塑装饰线				
011502007	塑料装饰线				
011502008	GRC 装饰线	1. 基层类型 2. 线条规格 3. 线条安装部位 4. 填充材料种类			线条制作安装

（3）扶手、栏杆、栏板装饰工程量清单项目的设置、项目特征描述的内容、计量单位及工程量计算规则应按表 9.110 的规定执行。

表 9.110　扶手、栏杆、栏板装饰（编码：011503）

项目编码	项目名称	项目特征	计量单位	工程量计算规则	工作内容
011503001	金属扶手、栏杆、栏板	1. 扶手材料种类、规格 2. 栏杆材料种类、规格 3. 栏板材料种类、规格、颜色 4. 固定配件种类 5. 防护材料种类	m	按设计图示,以扶手中心线长度（包括弯头长度）计算	1. 制作 2. 运输 3. 安装 4. 刷防护材料
011503002	硬木扶手、栏杆、栏板				
011503003	塑料扶手、栏杆、栏板				
011503004	GRC 栏杆、扶手	1. 栏杆的规格 2. 安装间距 3. 扶手类型规格 4. 填充材料种类			
011503005	金属靠墙扶手	1. 扶手材料种类、规格 2. 固定配件种类 3. 防护材料种类			
011503006	硬木靠墙扶手				
011503007	塑料靠墙扶手				
011503008	玻璃栏板	1. 栏杆玻璃的种类、规格、颜色 2. 固定方式 3. 固定配件种类			

（4）暖气罩工程量清单项目设置、项目特征描述的内容、计量单位及工程量计算规则应按表 9.111 的规定执行。

表 9.111 暖气罩（编码：011504）

项目编码	项目名称	项目特征	计量单位	工程量计算规则	工作内容
011504001	饰面板暖气罩	1. 暖气罩材质 2. 防护材料种类	m²	按设计图示尺寸，以垂直投影面积（不展开）计算	1. 暖气罩制作、运输、安装 2. 刷防护材料
011504002	塑料板暖气罩				
011504003	金属暖气罩				

（5）浴厕配件工程量清单项目设置、项目特征描述的内容、计量单位及工程量计算规则应按表 9.112 的规定执行。

表 9.112 浴厕配件（编码：011505）

项目编码	项目名称	项目特征	计量单位	工程量计算规则	工作内容
011505001	洗漱台	1. 材料品种、规格、颜色 2. 支架、配件品种、规格	1. m² 2. 个	1. 按设计图示尺寸，以台面外接矩形面积计算。不扣除孔洞、挖弯、削角所占面积，挡板、吊沿板面积并入台面面积内 2. 按设计图示数量计算	1. 台面及支架运输、安装 2. 杆、环、盒、配件安装 3. 刷油漆
011505002	晒衣架		个	按设计图示数量计算	1. 台面及支架制作、运输、安装 2. 杆、环、盒、配件安装 3. 刷油漆
011505003	帘子杆				
011505004	浴缸拉手				
011505005	卫生间扶手				
011505006	毛巾杆（架）		套		
011505007	毛巾环		副		
011505008	卫生纸盒		个		
011505009	肥皂盒				
011505010	镜面玻璃	1. 镜面玻璃品种、规格 2. 框材质、断面尺寸 3. 基层材料种类 4. 防护材料种类	m²	按设计图示尺寸，以边框外围面积计算	1. 基层安装 2. 玻璃及框制作、运输、安装
011505011	镜箱	1. 箱体材质、规格 2. 玻璃品种、规格 3. 基层材料种类 4. 防护材料种类 5. 油漆品种、刷漆遍数	个	按设计图示数量计算	1. 基层安装 2. 箱体制作、运输、安装 3. 玻璃安装 4. 刷防护材料、油漆

（6）雨篷、旗杆工程量清单项目设置、项目特征描述的内容、计量单位及工程量计算规则应按表 9.113 的规定执行。

表 9.113 雨篷、旗杆(编码:011506)

项目编码	项目名称	项目特征	计量单位	工程量计算规则	工作内容
011506001	雨篷吊挂饰面	1. 基层类型 2. 龙骨材料种类、规格、中距 3. 面层材料品种、规格 4. 吊顶(天棚)材料品种、规格 5. 嵌缝材料种类 6. 防护材料种类	m²	按设计图示尺寸,以水平投影面积计算	1. 底层抹灰 2. 龙骨基层安装 3. 面层安装 4. 刷防护材料、油漆
011506002	金属旗杆	1. 旗杆材料、种类、规格 2. 旗杆高度 3. 基础材料种类 4. 基座材料种类 5. 基座面层材料、种类、规格	根	按设计图示数量计算	1. 土石挖、填、运 2. 基础混凝土浇筑 3. 旗杆制作、安装 4. 旗杆台座制作、饰面
011506003	玻璃雨篷	1. 玻璃雨篷固定方式 2. 龙骨材料种类、规格、中距 3. 玻璃材料品种、规格 4. 嵌缝材料种类 5. 防护材料种类	m²	按设计图示尺寸,以水平投影面积计算	1. 龙骨基层安装 2. 面层安装 3. 刷防护材料、油漆

(7)招牌、灯箱工程量清单项目设置、项目特征描述的内容、计量单位及工程量计算规则应按表 9.114 的规定执行。

表 9.114 招牌、灯箱(编码:011507)

项目编码	项目名称	项目特征	计量单位	工程量计算规则	工作内容
011507001	平面、箱式招牌	1. 箱体规格 2. 基层材料种类 3. 面层材料种类 4. 防护材料种类	m²	按设计图示尺寸,以正立面边框外围面积计算。复杂形的凸凹造型部分不增加面积	1. 基层安装 2. 箱体及支架制作、运输、安装 3. 面层制作、安装 4. 刷防护材料、油漆
011507002	竖式标箱				
011507003	灯箱				
011507004	信报箱	1. 箱体规格 2. 基层材料种类 3. 面层材料种类 4. 保护材料种类 5. 户数	个	按设计图示数量计算	

(8)美术字工程量清单项目设置、项目特征描述的内容、计量单位及工程量计算规则应按表 9.115 的规定执行。

表 9.115　美术字（编码：011508）

项目编码	项目名称	项目特征	计量单位	工程量计算规则	工作内容
011508001	泡沫塑料字	1. 基层类型			1. 字制作、运输、
011508002	有机玻璃字	2. 镂字材料品种、颜色			安装
011508003	木质字	3. 字体规格	个	按设计图示数量计算	2. 刷油漆
011508004	金属字	4. 固定方式			
011508005	吸塑字	5. 油漆品种、刷漆遍数			

二、案例详解

【案例 9.20】　如图 9.7 所示天棚与墙相接处采用 600mm×600mm 红松阴角线，凹凸处阴角采用 15mm×15mm 阴角线，线条均为成品，安装完成后采用清漆油漆三遍。计算其他工程的工程量清单。

【解】

(1) 列项目：011502002001 成品阴角线（15mm×15mm 阴角线）、011502002002 成品阴角线（60mm×60mm 红松阴角线）。

(2) 计算工程量。

15mm×15mm 阴角线工程量：83.04m。

60mm×60mm 红松阴角线工程量：119.04m。

(3) 工程量清单如表 9.116 所示。

表 9.116　工程量清单

序号	项目编码	项目名称	项目特征	计量单位	工程数量
1	011502002001	成品阴角线	1. 规格：15mm×15mm，成品 2. 油漆：刷底油、色油、清漆三遍	m	83.04
2	011502002002	成品阴角线	1. 规格：60mm×60mm，成品 2. 油漆：刷底油、色油、清漆三遍	m	119.04

【案例 9.21】　根据上题题意，按计价表计算其他工程的清单综合单价。

【解】

(1) 列项目：011502002001 成品阴角线（15mm×15mm 阴角线 18-19、清漆三遍 17-23）、011502002002 成品阴角线（60mm×60mm 红松阴角线 18-21、清漆三遍 17-23）。

(2) 计算工程量。

15mm×15mm 阴角线：83.04m。

60mm×60mm 红松阴角线：119.04m。

15mm×15mm 阴角线油漆：83.04×0.35＝29.06(m)。

60mm×60mm 红松阴角线油漆：119.04×0.35＝41.66(m)。

(3) 清单计价如表 9.117 所示。

表 9.117　清单计价

序号	项目编码	项 目 名 称	计量单位	工程数量	金额/元	
					综合单价	合价
1	011502002001	成品阴角线	m	83.04	11.34	941.45
	18-19 换	15mm×15mm 阴角线	100m	0.8304	622.56	516.97
	17-23	清漆三遍	10m	2.906	146.07	424.48
2	011502002002	成品阴角线	m	119.04	14.78	1759.29
	18-21	60mm×60mm 红松阴角线	100m	1.1904	966.70	1150.76
	17-23	清漆三遍	10m	4.166	146.07	608.53

注：18-19 换，458.64＋0.68×175.95×1.37＝622.56(元/100m)。

答：阴角线 15mm×15mm 的清单综合单价为 11.34 元/m，阴角线 60mm×60mm 的清单综合单价为 14.78 元/m。

项目十 Chapter 10

清单计价其他相关规定

一、一般规定

1. 计价方式

（1）使用国有资金投资的建设工程发承包，必须采用工程量清单计价。

（2）非国有资金投资的建设工程，宜采用工程量清单计价。

（3）不采用工程量清单计价的建设工程，应执行《清单规范》除工程量清单等专门件规定外的其他规定。

（4）工程量清单应采用综合单价计价。

（5）措施项目中的安全文明施工费必须按国家或省级、行业建设主管部门的规定计算，不得作为竞争性费用。

（6）规费和税金必须按国家或省级、行业建设主管部门的规定计算，不得作为竞争性费用。

2. 发包人提供材料和工程设备

（1）发包人提供的材料和工程设备（以下简称甲供材料）应在招标文件中按照相关规定填写《发包人提供材料和工程设备一览表》，写明甲供材料的名称、规格、数量、单价、交货方式、交货地点等。

承包人投标时，甲供材料单价应计入相应项目的综合单价中；签约后，发包人应按合同约定扣除甲供材料款，不予支付。

（2）承包人应根据合同工程进度计划的安排，向发包人提交甲供材料交货的日期计划。发包人应按计划提供。

（3）发包人提供的甲供材料如规格、数量或质量不符合合同要求，或由于发包人原因发生交货日期延误、交货地点及交货方式变更等情况的，发包人应承担由此增加的费用和（或）工期延误，并应向承包人支付合理利润。

（4）发承包双方对甲供材料的数量发生争议不能达成一致的，应按照相关工程的计价定额同类项目规定的材料消耗计算。

（5）若发包人要求承包人采购已在招标文件中确定为甲供材料的，材料价格应由发承包双方根据市场调查确定,并应另行签订补充协议。

3. 承包人提供材料和工程设备

(1)除合同约定的发包人提供的甲供材料外,合同工程所需的材料和工程设备应由承包人提供,承包人提供的材料和工程设备均应由承包人负责采购、运输和保管。

(2)承包人应按合同约定,将采购材料和工程设备的供货人及品种、规格、数量和供货时间等提交发包人确认,并负责提供材料和工程设备的质量证明文件,满足合同约定的质量标准。

(3)对承包人提供的材料和工程设备经检测不符合合同约定的质量标准,发包人应立即要求承包人更换,由此增加的费用和(或)工期延误应由承包人承担。对发包人要求检测承包人已具有合格证明的材料、工程设备,但经检测证明该项材料、工程设计符合合同约定的质量标准,发包人应承担由此增加的费用和(或)工期延误,并向承包人支付合理利润。

4. 计价风险

(1)建设工程发承包双方,必须在招标文件、合同中明确计价中的风险内容及其范围,不得采用无限风险、所有风险或类似语句规定计价中的风险内容及范围。

(2)由于下列因素出现,影响合同价款调整的,应由发包人承担。

① 国家法律、法规、规章和政策发生变化。

② 省级或行业建设主管部门发布的人工费调整,但承包人对人工费或人工单价的报价高于发布的除外。

③ 由政府定价或政府指导价管理的原材料等价格进行了调整。

④ 承包人原因导致工期延误的,应按相关的规定执行。

(3)由于市场物价波动影响合同价款的,应由发承包双方合理分摊,按规范填写《承包人提供主要材料和工程设备一览表》作为合同附件;当合同中没有约定,发承包双方发生争议时,应按相关规定调整合同价款。

(4)由于承包人使用机械设备、施工技术以及组织管理水平等自身原因造成施工费用增加的,应由承包人全部承担。

(5)当不可抗力发生,影响合同价款时,应按相关规定执行。

二、招标控制价

1. 一般规定

(1)国有资金投资的建设工程招标,招标人必须编制招标控制价。

(2)招标控制价应由具有编制能力的招标人或受其委托具有相应资质的工程造价咨询人编制和复核。

(3)工程造价咨询人接受招标人委托编制招标控制价,不得再就同一工程接受投标人委托编制投标报价。

（4）招标控制价应按照相关的规定编制，不应上调或下浮。

（5）当招标控制价超过批准的概算时，招标人应将其报原概算审批部门审核。

（6）招标人应在发布招标文件时公布招标控制价，同时应将招标控制价及有关资料报送工程所在地或有该工程管辖权的行业管理部门工程造价管理机构备查。

2. 编制与复核

（1）招标控制价应根据下列依据编制与复核。

① 《建设工程工程量清单计价规范》（GB 50500—2013）（以下简称《清单规范》）。

② 国家或省级、行业建设主管部门颁发的计价定额和计价办法。

③ 建设工程设计文件及相关资料。

④ 拟定的招标文件及招标工程清单。

⑤ 与建设项目相关的标准、规范、技术资料。

⑥ 施工现场情况、工程特点及常规施工方案。

⑦ 工程造价管理机构发布的工程造价信息。当工程造价信息没有发布时，参照市场价。

⑧ 其他的相关资料。

（2）综合单价中包括招标文件中划分的应由投标人承担的风险范围及其费用。招标文件中没有明确的，如是工程造价咨询人编制，应提请招标人明确；如是招标人编制，应予明确。

（3）分部、分项工程和措施项目中的单价项目，应根据拟定的招标文件和招标工程量清单项目中的特征描述及有关要求确定综合单价计算。

（4）措施项目中的总价项目应根据拟定的招标文件和常规施工方案按相关的规定计价。

（5）其他项目应按下列规定计价。

① 暂列金额应按招标工程量清单中列出的金额填写。

② 暂估价中的材料、工程设备单价应按招标工程量清单中列出的单价计入综合单价。

③ 暂估价中的专业工程金额应按招标工程量清单中列出的金额填写。

④ 计日工应按招标工程量清单中列出的项目根据工程特点和有关计价依据确定综合单价计算。

⑤ 总承包服务费应根据招标工程量清单列出的内容和要求估算。

（6）规费和税金应按《清单规范》相关规定计算。

3. 投诉与处理

（1）投标人经复核认为招标人公布的招标控制价未按照《清单规范》的规定进行编制的，应在招标控制价公布后 5 天内向招投标监督机构和工程造价管理机构投诉。

（2）投诉人投诉时，应当提交由单位盖章和法定代表人或其委托人签名或盖章的书面投诉。投诉书应包括下列内容。

① 投诉人与被投诉人的名称、地址及有效联系方式。

② 投诉的招标工程名称、具体事项及理由。

③ 投诉依据及有关证明材料。

④ 相关的请求及主张。

(3) 投诉人不得进行虚假、恶意投诉,阻碍招投标活动的正常进行。

(4) 工程造价管理机构在接到投诉书后应在 2 个工作日内进行审查,对有下列情况之一的,不予受理。

① 投诉人不是所投诉招标工程招标文件的收受人。

② 投诉书提交的时间不符合规范和规定的。

③ 投诉书不符合规范和规定的。

④ 投诉事项已进入行政复议或行政诉讼程序的。

(5) 工程造价管理机构应在不晚于结束审查的次日将是否受理投诉的决定书面通知投诉人、被投诉人以及负责该工程招投标监督的招投标管理机构。

(6) 工程造价管理机构受理投诉后,应立即对招标控制价进行复查,组织投诉人、被投诉人或其委托的招标控制价编制人等单位人员对投诉问题逐一核对。有关当事人应当予以配合,并应保证所提供资料的真实性。

(7) 工程造价管理机构应当在受理投诉的 10 天内完成复查,特殊情况下可适当延长,并做出书面结论通知投诉人、被投诉人及负责该工程招投标监督的招投标管理机构。

(8) 当招标控制价复查结论与原公布的招标控制价误差大于±3%时,应当责成招标人改正。

(9) 招标人根据招标控制价复查结论需要重新公布招标控制价的,其最终公布的时间至招标文件要求提交投标文件截止时间不足 15 天的,应相应延长投标文件的截止时间。

三、投标报价

1. 一般规定

(1) 投标价应由投标人或受其委托具有相应资质的工程造价咨询人编制。

(2) 投标人应依据规范中的相关规定自主确定投标报价。

(3) 投标报价不得低于工程成本。

(4) 投标人必须按招标工程量清单填报价格。项目编码、项目名称、项目特征、计量单位、工程量必须与招标工程量清单一致。

(5) 投标人的投标报价高于招标控制价的应予废标。

2. 编制与复核

(1) 投标报价应根据下列依据编制和复核。

①《建设工程工程量清单计价规范》(GB 50500—2013)。

② 国家或省级、行业建设主管部门颁发的计价办法。

③ 企业定额,国家或省级、行业建设主管部门颁发的计价定额和计价办法。

④ 招标文件、招标工程量清单及其补充通知、答疑纪要。

⑤ 建设工程设计文件及相关资料。

⑥ 施工现场情况、工程特点及投标时拟定的施工组织设计或施工方案。

⑦ 与建设项目相关的标准、规范等技术资料。

⑧ 市场价格信息或工程造价管理机构发布的工程造价信息。

⑨ 其他的相关资料。

(2) 综合单价中包括招标文件中划分的应由投标人承担的风险范围及其费用,招标文件中没有明确的,应提请招标人明确。

(3) 分部分项工程和措施项目中的单价项目,应根据招标文件和招标工程量清单项目中的特征描述确定综合单价计算。

(4) 措施项目中的总价项目金额应根据招标文件及投标时拟定的施工组织设计或施工程方案,按规范中的相关规定自主确定。其中,安全文明施工费应按照规定确定。

(5) 其他项目应按下列规定报价。

① 暂列金额应按招标工程量清单中列出的金额填写。

② 材料、工程设备暂估价应按招标工程量清单中列出的单价计入综合单价。

③ 专业工程暂估价应按招标工程量清单中列出的金额填写。

④ 计日工应按招标工程量清单中列出的项目和数量,自主确定综合单价并计算计日工金额。

⑤ 总承包服务费应根据招标工程量清单中列出的内容和提出的要求自主确定。

(6) 规费和税金应按规定确定。

(7) 招标工程量清单与计价表中列明的所有需要填写单价和合价的项目,投标人均应填写且只允许有一个报价。未填写单价和合价的项目,可视为此项费用已包含在已标价工程量清单中其他项目的单价和合价之中。当竣工结算时,此项目不得重新报价予以调整。

(8) 投标总价应当与分部、分项工程程费、措施项目费、其他项目费和规费、税金的合计金额一致。

四、合同价款约定

1. 一般规定

(1) 实行招标的工程合同价款应在中标通知书发出之日起 30 天内,由发承包双方依据招标文件和中标人的投标文件在书面合同中约定。合同约定不得违背招标、投标文件中关于工期、造价、质量等方面的实质性内容。招标文件与中标人投标文件不一致的地方,应以投标文件为准。

(2) 不实行招标的工程合同价款,应在发承包双方认可的工程价款基础上,由发承包双方在合同中约定。

(3) 实行工程量清单计价的工程,应采用单价合同;建设规模较小,技术难度较低,工期较短,且施工图设计已审查批准的建设工程可采用总价合同;紧急抢险、救灾以及施工技术特别复杂的建设工程可采用成本加酬金合同。

2. 约定内容

(1) 发承包双方应在合同条款中对下列事项进行约定。

① 预付工程款的数额、支付时间及抵扣方式。

② 安全文明施工措施的支付计划,使用要求等。

③ 工程计量与支付工程进度款的方式、数额及时间。

④ 工程价款的调整因素、方法、程序、支付及时间。

⑤ 施工索赔与现场签证的程序、金额确认与支付时间。

⑥ 承担计价风险的内容、范围以及超出约定内容、范围的调整办法。

⑦ 工程竣工价款结算编制与核对、支付及时间。

⑧ 工程质量保证金的数额、预留方式及时间。

⑨ 违约责任以及发生合同价款争议的解决方法及时间。

⑩ 与履行合同、支付价款有关的其他事项等。

(2) 合同中没有按照规范要求约定或约定不明的,若发承包双方在合同履行中发生争议,由双方协商确定;当协商不能达成一致时,应按规范中的规定执行。

五、工程计量

1. 一般规定

(1) 工程量必须按照相关工程现行国家计量规范规定的工程量计算规则计算。

(2) 工程计量可选择按月或按工程进度分段计量,具体计量周期应在合同中约定。

(3) 因承包人原因造成的超出合同工程范围施工或返工的工程量,发包人不予计量。

(4) 成本加酬金合同应按规定计量。

2. 单价合同的计量

(1) 工程量必须以承包人完成合同工程应予计量的工程量确定。

(2) 施工中进行工程计量,当发现招标工程量清单中出现缺项、工程量偏差,或因工程变更引起工程量增减时,应按承包人在履行合同义务中完成的工程量计算。

(3) 承包人应当按照合同约定的计量周期和时间向发包人提交当期已完工程量报告。发包人应在收到报告后7天内核实,并将核实计量结果通知承包人。发包人未在约定时间内进行核实的,承包人提交的计量报告中所列的工程量应视为承包人实际完成的工程量。

(4) 发包人认为需要进行现场计量核实时,应在计量前24小时通知承包人,承包人应为计量提供便利条件并派人参加。当双方均同意核实结果时,双方应在上述记录上签字确认。承包人收到通知后不派人参加计量,视为认可发包人的计量核实结果。发包人不按照约定时间通知承包人,致使承包人未能派人参加计量,计量核实结果无效。

（5）当承包人认为发包人核实后的计量结果有误时，应在收到计量结果通知后的 7 天内向发包人提出书面意见，并应附上其认为正确的计量结果和详细的计算资料。发包人收到书面意见后，应在 7 天内对承包人的计量结果进行复核后通知承包人。承包人对复核计量结果仍有异议的，按照合同约定的争议解决办法处理。

（6）承包人完成已标价工程量清单中每个项目的工程量并经发包人核实无误后，发承包双方应对每个项目的历次计量报表进行汇总，以核实最终结算工程量，并应在汇总表上签字确认。

3. 总价合同的计量

（1）采用工程量清单方式招标形成的总价合同，其工程量应按照规范中的规定计算。

（2）采用经审定批准的施工图纸及其预算方式发包形成的总价合同，除按照工程变更规定的工程量增减外，总价合同各项目的工程量应为承包人用于结算的最终工程量。

（3）总价合同约定的项目计量应以合同工程经审定批准的施工工程图纸为依据，发承包双方应在合同中约定工程计量的形象目标或时间节点进行计量。

（4）承包人应在合同约定的每个计量周期内对已完成的工程进行计量，并向发包人提交达到工程形象目标完成的工程量和有关计量资料的报告。

（5）发包人应在收到报告后 7 天内对承包人提交的上述资料进行复核，以确定实际完成的工程量和工程形象目标。对其有异议的，应通知承包人进行共同复核。

六、合同价款调整

1. 一般规定

（1）下列事项（但不限于）发生，发承包双方应当按照合同约定调整合同价款。

① 法律法规变化。

② 工程变更。

③ 项目特征不符。

④ 工程量清单缺项。

⑤ 工程量偏差。

⑥ 计日工。

⑦ 物价变化。

⑧ 暂估价。

⑨ 不可抗力。

⑩ 提前竣工（赶工补偿）。

⑪ 误期赔偿。

⑫ 索赔。

⑬ 现场签证。

⑭ 暂列金额。

⑮ 发承包双方约定的其他调整事项。

（2）出现合同价款调增事项（不含工程量偏差、计日工、现场签证、索赔）后的 14 天内，承包人应向发包人提交合同价款调增报告并附上相关资料；承包人在 14 天内未提交合同价款调增报告的，应视为承包人对该事项不存在调整价款请求。

（3）出现合同价款调减事项（不含工程量偏差、索赔）后的 14 天内，发包人应向承包人提交合同价款调减报告并附相关资料；发包人在 14 天内未提交合同价款调减报告的，应视为发包人对该事项不存在调整价款请求。

（4）发（承）包人应在收到承（发）包人合同价款调增（减）报告及相关资料之日起 14 天内对其核实，予以确认的应书面通知承（发）包人。当有疑问时，应向承（发）包人提出协商意见。发（承）包人在收到合同价款调增（减）报告之日起 14 天内未确认也未提出协商意见的，应视为承（发）包人提交的合同价款调增（减）报告已被发（承）包人认可。发（承）包人提出协商意见的，承（发）包人应在收到协商意见后的 14 天内对其核实，予以确认的应书面通知发（承）包人。承（发）包人在收到发（承）包人的协商意见后 14 天内既不确认也未提出不同意见的，应视为发（承）包人提出的意见已被承（发）包人认可。

（5）发包人与承包人对合同价款调整的不同意见不能达成一致的，只要对发承包双方履约不产生实质影响，双方应继续履行合同义务，直到其按照合同约定的争议解决方式得到处理。

（6）经发承包双方确认调整的合同价款，作为追加（减）合同价款，应与工程进度款或结算款同期支付。

2. 法律法规变化

（1）招标工程以投标截止日前 28 天、非招标工程以合同签订前 28 天为基准日，其后因国家的法律、法规、规章和政策发生变化引起工程造价增减变化的，发承包双方应按照省级或行业建设主管部门或其授权的工程造价管理机构据此发布的规定调整合同价款。

（2）因承包人原因导致工期延误的，按规范规定的调整时间，在合同工程原定竣工时间之后，合同价款调增的不予调整，合同价款调减的予以调整。

3. 工程变更

（1）因工程变更引起已标价工程量清单项目或其工程数量发生变化时，应按照下列规定调整。

① 已标价工程量清单中有适用于变更工程项目的，应采用该项目的单价；但当工程变更导致该清单项目的工程数量发生变化，且工程量偏差超过 15% 时，该项目单价应按规定调整。

② 已标价工程量清单中没有适用但有类似于变更工程项目的，可在合理范围内参照类似项目的单价。

③ 已标价工程量清单中没有适用也没有类似于变更工程项目的，应由承包人根据变更工程资料、计量规则和计价办法、工程造价管理机构发布的信息价格和承包人报价浮动率提出变更工程项目的单价，并应报发包人确认后调整。承包人报价浮动率可按下列公式计算。

招标工程：承包人报价浮动率 $L=(1-$ 中标价/招标控制价$)\times100\%$。

非招标工程：承包人报价浮动率 $L=(1-$ 报价/施工程图预算$)\times100\%$。

④ 已标价工程量清单中没有适用也没有类似于变更工程项目，且工程造价管理机构发布的信息价格缺价的，应由承包人根据变更工程资料、计量规则、计价办法和通过市场调查等取得有合法依据的市场价格提出变更工程项目的单价，并应报发包人确认后调整。

（2）工程变更引起施工工程方案改变并使措施项目发生变化时，承包人提出调整措施项目费的，应事先将拟实施的方案提交发包人确认，并应详细说明与原方案措施项目相比的变化情况。拟实施的方案经发承包双方确认后执行，并应按照下列规定调整措施项目费。

① 安全文明施工费应按照实际发生变化的措施项目依据规范中的规定计算。

② 采用单价计算的措施项目费，应按照实际发生变化的措施项目，按规范中的规定确定单价。

③ 按总价（或系数）计算的措施项目费，按照实际发生变化的措施项目调整，但应考虑承包人报价浮动因素，即调整金额按照实际调整金额乘以规范规定的承包人报价浮动率计算。如果承包人未先将拟实施的方案提交给发包人确认，则应视为工程变更不引起措施项目费的调整或承包人放弃调整措施项目费的权利。

当发包人提出的工程变更因非承包人原因删减了合同中的某项原定工作或工程，致使承包人发生的费用或（和）得到的收益不能被包括在其他已支付或应支付的项目中，也未被包含在任何替代的工作或工程中时，承包人有权提出并应得到合理的费用及利润补偿。

4. 项目特征不符

（1）发包人在招标工程量清单中对项目特征的描述，应被认为是准确的和全面的，并且与实际施工要求相符合。承包人应按照发包人提供的招标工程量清单，根据项目特征描述的内容及有关要求实施合同工程，直到项目被改变为止。

（2）承包人应按照发包人提供的设计图纸实施合同工程，若在合同履行期间出现设计图纸（含设计变更）与招标工程量清单任一项的特征描述不符，且该变化引起该项目工程造价增减变化的，应按照实际施工项的特征，按规范相关条款的规定重新确定相应工程量清单项目的综合单价，并调整合同价款。

5. 工程量清单缺项

（1）合同履行期间，由于招标工程量清单中缺项，新增分部、分项工程清单项目的，应按规范中的规定确定单价，并调整合同价款。

（2）新增分部、分项工程清单项目后，引起措施项目发生变化的，应按照规范中的规定，在承包人提交的实施方案被发包人批准后调整合同价款。

（3）由于招标工程量清单中措施项目缺项，承包人应将新增措施项目实施方案提交发包人批准后，按照规范规定调整合同价款。

6. 工程量偏差

（1）合同履行期间，当应予计算的实际工程量与招标工程量清单出现偏差，且符合规范规定时，发承包双方应调整合同价款。

（2）对于任一招标工程量清单项目，当因规定的工程量偏差和工程变更等原因导致工程量偏差超过 15% 时，可进行调整。当工程量增加 15% 以上时，增加部分的工程量的综合单价应予调低；当工程量减少 15% 以上时，减少后剩余部分的工程量的综合单价应予调高。

（3）当工程量出现规范中涉及的变化，且该变化引起相关措施项目相应发生变化时，按系数或单一总价方式计价的，工程量增加的措施项目费调增，工程量减少的措施项目费调减。

7. 计日工

（1）发包人通知承包人以计日工方式实施的零星工作，承包人应予执行。

（2）采用计日工计价的任何一项变更工作，在该项变更的实施过程中，承包人应按合同约定提交下列报表和有关凭证送发包人复核。

① 工作名称、内容和数量。

② 投入该工作所有人员的姓名、工种、级别和耗用工时。

③ 投入该工作的材料名称、类别和数值。

④ 投入该工作的施工设备型号、台数和耗用台时。

⑤ 发包人要求提交的其他资料和凭证。

（3）任一计日工项目持续进行时，承包人应在该项工作实施结束后的 24 小时内向发包人提交有计日工记录汇总的现场签证报告一式 5 份。发包人在收到承包人提交现场签证报告后的 2 天内予以确认并将其中一份返还给承包人，作为计日工程计价和支付的依据。发包人逾期未确认也未提出修改意见的，应视为承包人提交的现场签证报告已被发包人认可。

（4）任一计日工项目实施结束后，承包人应按照确认的计日工现场签证报告核实该类项的工程数量，并应根据核实的工程数量和承包人已标价工程量清单中的计日工程单价计算，提出应付价款；已标价工程量清单中没有该类计日工程单价的，由发承包双方按规范规定商定计日工单价计算。

（5）每个支付期末，承包人应按照规范规定向发包人提交本期间所有计日工记录的签证汇总表，并应说明本期间自己认为有权得到的计日工金额，调整合同价款，列入进度款支付。

8. 物价变化

（1）合同履行期间，因人工、材料、工程设备、机械台班价格波动影响合同价款时，应根据合同约定，按规范调整合同价款。

（2）承包人采购材料和工程设备的，应在合同中约定主要材料、工程设备价格变化的范围或幅度；当没有约定，且材料、工程设备单价变化超过 5％时，超过部分的价格应按照规范计算调整材料、工程设备费。

（3）发生合同工程工期延误的，应按照下列规定确定合同履行期的价格调整。

① 因非承包人原因导致工期延误的，计划进度日期后续工程的价格，应采用计划进度日期与实际进度工期两者的较高者。

② 因承包人原因导致工期延误的，计划进度日期后续工程的价格，应采用计划进度工期与实际进度日期两者的较低者。

（4）发包人供应材料和工程设备的，应由发包人按照实际变化调整，列入合同工程的工程造价内。

9. 暂估价

（1）发包人在招标工程量清单中给定暂估价的材料、工程设备属于依法必须招标的，应由发承包双方以招标的方式选择供应商，确定价格，并应以此为依据取代暂估价，调整合同价款。

（2）发包人在招标工程量清单中给定暂估价的材料、工程设备不属于依法必须招标的，应由承包人按照合同约定采购，经发包人确认单价后取代暂估价，调整合同价款。

（3）发包人在工程量清单中给定暂估价的专业工程不属于依法必须招标的，应按照规范相应条款的规定确定专业工程价款，并应以此为依据取代专业工程暂估价，调整合同价款。

（4）发包人在招标工程量清单中给定暂估价的专业工程，依法必须招标的，应当由发承包双方依法组织招标选择专业分包人，并接受有管辖权的建设工程招标、投标管理机构的监督，还应符合下列要求。

① 除合同另有约定外，承包人不参加投标的专业工程发包招标，应由承包人作为招标人，但拟定的招标文件、评标工作、评标结果应报送发包人批准。与组织招标工作有关的费用应当被认为已经包括在承包人的签约合同价（投标总报价）中。

② 承包人参加投标的专业工程发包招标，应由发包人作为招标人，与组织招标工作有关的费用由发包人承担。同等条件下，应优先选择承包人中标。

③ 应以专业工程发包中标价为依据取代专业工程暂估价，调整合同价款。

10. 不可抗力

（1）因不可抗力事件导致的人员伤亡、财产损失及其费用增加，发承包双方应按下列原则分别承担并调整合同价款和工期。

① 合同工程本身的损害、因工程损害导致第三方人员伤亡和财产损失以及运至施工场地用于施工的材料和待安装的设备的损害，应由发包人承担。

② 发包人、承包人人员伤亡应由其所在单位负责，并应承担相应费用。

③ 承包人的施工机械设备损坏及停工损失，应由承包人承担。

④ 停工期间，承包人应发包人要求留在施工场地的必要的管理人员及保卫人员的费用应由发包人承担。

⑤ 工程所需清理、修复费用,应由发包人承担。

(2) 因不可抗力因素解除后复工的,若不能按期竣工,应合理延长工期。发包人要求赶工的,赶工费用应由发包人承担。

(3) 因不可抗力因素解除合同的,应按规范中的规定办理。

11. 提前竣工(赶工补偿)

(1) 招标人应依据相关工程的工期定额合理计算工期,压缩的工期天数不得超过定额工期的 20%;超过者,应在招标文件中明示增加赶工费用。

(2) 发包人要求合同工程提前竣工的,应征得承包人同意后,与承包人商定采取加快工程进度的措施,并应修订合同工程进度计划。发包人应承担承包人由此增加的提前竣工(赶工补偿)费用。

(3) 发承包双方应在合同中约定提前竣工每日历天应补偿的额度,此项费用应作为增加合同价款列入竣工结算文件中,应与结算款一并支付。

12. 误期赔偿

(1) 承包人未按照合同约定施工,导致实际进度迟于计划进度的,承包人应加快进度,实现合同工期。合同工程发生误期,承包人应赔偿发包人由此造成的损失,并应按照合同约定向发包人支付误期赔偿费。即使承包人支付误期赔偿费,也不能免除承包人按照合同约定应承担的任何责任和应履行的任何义务。

(2) 发承包双方应在合同中约定误期赔偿费,并应明确每日历天应赔的额度。误期赔偿费应列入竣工结算文件中,并应在结算款中扣除。

(3) 在工程竣工之前,合同工程内的某单项(位)工程已通过了竣工验收,且该单项(位)工程接收证书中表明的竣工日期并未延误,而是合同工程的其他部分产生了工期延误时,误期赔偿费应按照已颁发工程接收证书的单项(位)工程造价占合同价款的比例幅度予以扣减。

13. 索赔

(1) 当合同一方向另一方提出索赔时,应有正当的索赔理由和有效证据,并应符合合同的相关约定。

(2) 根据合同约定,承包人认为非承包人原因发生的事件造成了承包人的损失,应按下列程序向发包人提出索赔。

① 承包人应在知道或应当知道索赔事件发生后 28 天内,向发包人提交索赔意向通知书,说明发生索赔事件的事由。承包人逾期未发出索赔意向通知书的,丧失索赔的权利。

② 承包人应在发出索赔意向通知书后 28 天内,向发包人正式提交索赔通知书。索赔通知书应详细说明索赔理由和要求,并应附必要的记录和证明材料。

③ 索赔事件具有连续影响的,承包人应继续提交延续索赔通知,说明连续影响的实际情况和记录。

④ 在索赔事件影响结束后的 28 天内,承包人应向发包人提交最终索赔通知书,说明最终索赔要求,并应附必要的记录和证明材料。

(3) 承包人索赔应按下列程序处理。

① 发包人收到承包人的索赔通知书后,应及时查验承包人的记录和证明材料。

② 发包人应在收到索赔通知书或有关索赔的进一步证明材料后的 28 天内,将索赔处理结果答复承包人,如果发包人逾期未做出答复,视为承包人索赔要求已被发包人认可。

③ 承包人接受索赔处理结果的,索赔款项应作为增加合同价款,在当期进度款中支付;承包人不接受索赔处理结果的,应按合同约定的争议解决方式办理。

(4) 承包人要求赔偿时,可以选择下列一项或几项方式获得赔偿。

① 延长工期。

② 要求发包人支付实际发生的额外费用。

③ 要求发包人支付合理的预期利润。

④ 要求发包人按合同的约定支付违约金。

(5) 当承包人的费用索赔与工期索赔要求相关联时,发包人在做出费用索赔的批准决定时,应结合工程延期,综合做出费用赔偿和工程延期的决定。

(6) 发承包双方在按合同约定办理了竣工结算后,应被认为承包人已无权再提出竣工结算前所发生的任何索赔。承包人在提交的最终结清申请中,只限于提出竣工结算后的索赔,提出索赔的期限应自发承包双方最终结清时终止。

(7) 根据合同约定,发包人认为由于承包人的原因造成发包人的损失,宜按承包人索赔的程序进行索赔。

(8) 发包人要求赔偿时,可以选择下列一项或几项方式获得赔偿。

① 延长质量缺陷修复期限。

② 要求承包人支付实际发生的额外费用。

③ 要求承包人按合同的约定支付违约金。

(9) 承包人应付给发包人的索赔金额可从拟支付给承包人的合同价款中扣除,或由承包人以其他方式支付给发包人。

14. 现场签证

(1) 承包人应发包人要求完成合同以外的零星项目、非承包人责任事件等工作的,发包人应及时以书面形式向承包人发出指令,并应提供所需的相关资料;承包人在收到指令后,应及时向发包人提出现场签证要求。

(2) 承包人应在收到发包人指令后的 7 天内向发包人提交现场签证报告,发包人应在收到现场签证报告后的 48 小时内对报告内容进行核实,予以确认或提出修改意见。发包人在收到承包人现场签证报告后的 48 小时内未确认也未提出修改意见的,应视为承包人提交的现场签证报告已被发包人认可。

(3) 现场签证的工作如已有相应的计日工单价,现场签证中应列明完成该类项目所需的人工、材料、工程设备和施工机械台班的数量。如现场签证的工作没有相应的计日工单价,应在现场签证报告中列明完成该签证工作所需的人工、材料设备和施工机械台班的数量及单价。

(4)合同工程发生现场签证事项,未经发包人签证确认,承包人便擅自施工的,除非征得发包人书面同意,否则发生的费用应由承包人承担。

(5)现场签证工作完成后的 7 天内,承包人应按照现场签证内容计算价款,报送发包人确认后,作为增加合同价款,与进度款同期支付。

(6)在施工过程中,当发现合同工程内容因场地条件、地质水文、发包人要求等不一致时,承包人应提供所需的相关资料,并提交发包人签证认可,作为合同价款调整的依据。

15. 暂列金额

(1)已签约合同价中的暂列金额应由发包人掌握使用。

(2)发包人按照规范中的规定支付后,暂列金额余额应归发包人所有。

七、合同价款期中支付

1. 预付款

(1)承包人应将预付款专用于合同工程。

(2)包工包料工程的预付款的支付比例不得低于签约合同价(扣除暂列金额)的 10%,不宜高于签约合同价(扣除暂列金额)的 30%。

(3)承包人应在签订合同或向发包人提供与预付款等额的预付款保函后向发包人提交预付款支付申请。

(4)发包人应在收到支付申请的 7 天内进行核实,向承包人发出预付款支付证书,并在签发支付证书后的 7 天内向承包人支付预付款。

(5)发包人没有按合同约定按时支付预付款的,承包人可催告发包人支付;发包人在预付款期满后的 7 天内仍未支付的,承包人可在付款期满后的第 8 天起暂停施工。发包人应承担由此增加的费用和延误的工期,并应向承包人支付合理利润。

(6)预付款应从每一个支付期应支付给承包人的工程进度款中扣回,直到扣回的金额达到合同约定的预付款金额为止。

(7)承包人的预付款保函的担保金额根据预付款扣回的数额相应递减,但在预付款全部扣回之前一直保持有效。发包人应在预付款扣完后的 14 天内将预付款保函退还给承包人。

2. 安全文明施工费

(1)安全文明施工费包括的内容和使用范围,应符合国家有关文件和计量规范的规定。

(2)发包人应在工程开工后的 28 天内预付不低于当年施工进度计划的安全文明施工费总额的 60%,其余部分应按照提前安排的原则进行分解,并应与进度款同期支付。

(3)发包人没有按时支付安全文明施工费的,承包人可催告发包人支付;发包人在付款期满后的 7 天内仍未支付的,若发生安全事故,发包人应承担相应责任。

(4) 承包人对安全文明施工费应专款专用,在财务账目中应单独列项备查,不得挪作他用,否则发包人有权要求其限期改正;逾期未改正的,造成的损失和延误的工期应由承包人承担。

3. 进度款

(1) 发承包双方应按照合同约定的时间、程序和方法,根据工程计量结果,办理期中价款结算,支付进度款。

(2) 进度款支付周期应与合同约定的工程计量周期一致。

(3) 已标价工程量清单中的单价项目,承包人应按工程计量确认的工程量与综合单价计算;综合单价发生调整的,以发承包双方确认调整的综合单价计算进度款。

(4) 已标价工程量清单中的总价项目和按照规范中规定形成的总价合同,承包人应按合同中约定的进度款支付分解,分别列入进度款支付申请中的安全文明施工费和本周期应支付的总价项目的金额中。

(5) 发包人提供的甲供材料金额,应按照发包人签约提供的单价和数量从进度款支付中扣除,列入本周期应扣减的金额中。

(6) 承包人现场签证和得到发包人确认的索赔金额应列入本周期应增加的金额中。

(7) 进度款的支付比例按照合同约定,按期中结算价款总额计算,不低于 60%,不高于 90%。

(8) 承包人应在每个计量周期到期后的 7 天内向发包人提交已完工程进度款支付申请一式四份,详细说明此周期认为有权得到的款额,包括分包人已完工程的价款。支付申请应包括下列内容。

① 累计已完成的合同价款。

② 累计已实际支付的合同价款。

③ 本周期合计完成的合同价款。

• 本周期已完成单价项目的金额。

• 本周期应支付的总价项目的金额。

• 本周期已完成的计日工价款。

• 本周期应支付的安全文明施工费。

• 本周期应增加的金额。

④ 本周期合计应扣减的金额。

• 本周期应扣减的预付款。

• 本周期应扣减的金额。

⑤ 本周期实际应支付的合同价款。

(9) 发包人应在收到承包人进度款支付申请后的 14 天内,根据计量结果和合同约定对申请内容予以核实,确认后向承包人出具进度款支付证书。若发承包双方对部分清单项目的计量结果出现争议,发包人应对无争议部分的工程计量结果向承包人出具进度款支付证书。

（10）发包人应在签发进度款支付证书后的 14 天内,按照支付证书列明的金额向承包人支付进度款。

（11）若发包人逾期未签发进度款支付证书,则视为承包人提交的进度款支付申请已被发包人认可,承包人可向发包人发出催告付款的通知。发包人应在收到通知后的 14 天内,按照承包人支付申请的金额向承包人支付进度款。

（12）发包人未按照规范中的规定支付进度款的,承包人可催告发包人支付,并有权获得延迟支付的利息;发包人在付款期满后的 7 天内仍未支付的,承包人可在付款期满后的第 8 天起暂停施工。发包人应承担由此增加的费用和延误的工期,向承包人支付合理利润,并应承担违约责任。

（13）发现已签发的任何支付证书有错、漏或重复的数额,发包人有权予以修正,承包人也有权提出修正申请。经发承包双方复核同意修正的,应在本次到期的进度款中支付或扣除。

八、竣工结算与支付

1．一般规定

（1）工程完工后,发承包双方必须在合同规定时间内办理工程竣工结算。

（2）工程竣工结算应由承包人或受其委托具有相应资质的工程造价咨询人编制,并应由发包人或受其委托具有相应资质的工程造价咨询人核对。

（3）当发承包双方或一方对工程造价咨询人出具的竣工结算文件有异议时,可向工程造价管理机构投诉,申请对其进行执业质量鉴定。

（4）工程造价管理机构对投诉的竣工结算文件进行质量鉴定,宜按规范中的相关规定进行。

（5）竣工程结算办理完毕,发包人应将竣工结算文件报送工程所在地或有该工程管辖权的行业管理部门的工程造价管理机构备案,竣工结算文件应作为工程竣工验收备案、交付使用的必备文件。

2．编制与复核

（1）工程竣工结算应根据下列依据编制和复核。

① 《建设工程工程量清单计价规范》(GB 50500—2013)。

② 工程合同。

③ 发承包双方实施过程中已确认的工程量及其结算的合同价款。

④ 发承包双方实施过程中已确认调整后追加(减)的合同价款。

⑤ 建设工程设计文件及相关资料。

⑥ 投标文件。

⑦ 其他依据。

（2）分部、分项工程项目和措施项目中的单价项目应依据发承包双方确认的工程量与已标价工程量清单的综合单价计算;发生调整的,应以发承包双方确认调整的综合单价计算。

（3）措施项目中的总价项目应依据已标价工程量清单的项目和金额计算；发生调整的，应以发承包双方确认调整的金额计算，其中安全文明施工费应按规范中的规定计算。

（4）其他项目应按下列规定计价。

① 计日工程应按发包人实际签证确认的事项计算。

② 暂估价应按规范中的规定计算。

③ 总承包服务费应依据已标价工程量清单金额计算；发生调整的，应以发承包双方确认调整的金额计算。

④ 索赔费用应依据发承包双方确认的索赔事项和金额计算。

⑤ 现场签证费用应依据发承包双方签证资料确认的金额计算。

⑥ 暂列金额应减去合同价款调整（包括索赔、现场签证）金额计算。如有余额，归发包人。

（5）规费和税金应按规范中的规定计算。规费中的工程排污费应按工程所在地环境保护部门规定的标准缴纳后按实计入。

（6）发承包双方在合同工程实施过程中已经确认的工程计量结果和合同价款，在竣工结算办理中应直接进入结算。

3. 竣工结算

（1）合同工程完工后，承包人应在经发承包双方确认的合同工程期中价款结算的基础上汇总编制完成竣工结算文件，应在提交竣工验收申请的同时向发包人提交竣工结算文件。承包人未在合同约定的时间内提交竣工结算文件，经发包人催告后 14 天内仍未提交或没有明确答复的，发包人有权根据已有资料编制竣工结算文件，作为办理竣工结算和支付结算款的依据，承包人应予以认可。

（2）发包人应在收到承包人提交的竣工结算文件后的 28 天内核对。发包人经核实，认为承包人还应进一步补充资料和修改结算文件，应在上述时限内向承包人提出核实意见，承包人在收到核实意见后的 28 天内应按照发包人提出的合理要求补充资料，修改竣工结算文件，并应再次提交给发包人复核后批准。

（3）发包人应在收到承包人再次提交的竣工程结算文件后的 28 天内予以复核，将复核结果通知承包人，并应遵守下列规定。

① 发包人、承包人对复核结果无异议的，应在 7 天内在竣工结算文件上签字确认，竣工结算办理完毕。

② 发包人或承包人对复核结果认为有误的，无异议部分按规定办理不完全竣工结算；有异议部分由发承包双方协商解决；协商不成的，应按照合同约定的争议解决方式处理。

（4）发包人在收到承包人竣工工程结算文件后的 28 天内，不核对竣工结算或未提出核对意见的，应视为承包人提交的竣工结算文件已被发包人认可，竣工结算办理完毕。

（5）承包人在收到发包人提出的核实意见后的 28 天内，不确认也未提出异议的，应视为发包人提出的核实意见已被承包人认可，竣工结算办理完毕。

（6）发包人委托工程造价咨询人核对竣工结算的,工程造价咨询人应在28天内核对完毕,核对结论与承包人竣工结算文件不一致的,应提交给承包人复核;承包人应在14天内将同意核对结论或不同意见的说明提交工程造价咨询人。工程造价咨询人收到承包人提出的异议后,应再次复核。复核无异议的,应按规定办理;复核后仍有异议的,按相关条款的规定办理。

承包人逾期未提出书面异议的,应视为工程造价咨询人核对的竣工结算文件已经承包人认可。

（7）对发包人或发包人委托的工程造价咨询人指派的专业人员与承包人指派的专业人员经核对后无异议并签名确认的竣工结算文件,除非发、承包人能提出具体、详细的不同意见,发、承包人都应在竣工结算文件上签名确认,如其中一方拒不签认的,按下列规定办理。

① 若发包人拒不签名的,承包人可不提供竣工程验收备案资料,并有权拒绝与发包人或其上级部门委托的工程造价咨询人重新核对竣工结算文件。

② 若承包人拒不签名的,发包人要求办理竣工验收备案的,承包人不得拒绝提供竣工验收资料;否则,由此造成的损失,承包人承担相应责任。

（8）合同工程竣工结算核对完成,发承包双方签字确认后,发包人不得要求承包人与另一个或多个工程造价咨询人重复核对竣工结算。

（9）发包人对工程质量有异议,拒绝办理工程竣工结算的,已竣工验收或已竣工未验收但实际投入使用的工程,其质量争议应按该工程保修合同执行,竣工结算应按合同约定办理;已竣工未验收但未实际投入使用的工程以及停工、停建工程的质量争议,双方应就有争议的部分委托有资质的检测鉴定机构进行检测,并应根据检测结果确定解决方案,或按工程质量监督机构的处理决定执行后办理竣工结算,无争议部分的竣工结算应按合同约定办理。

4. 结算款支付

（1）承包人应根据办理的竣工结算文件向发包人提交竣工结算款支付申请。申请应包括下列内容。

① 竣工结算合同价款总额。

② 累计已实际支付的合同价款。

③ 应预留的质量保证金。

④ 实际应支付的竣工结算款金额。

（2）发包人应在收到承包人提交竣工程结算款支付申请后7天内予以核实,向承包人签发竣工结算支付证书。

（3）发包人签发竣工结算支付证书后的14天内,应按照竣工结算交付证书列明的金额向承包人支付结算款。

（4）发包人在收到承包人提交的竣工结算款支付申请后7天内不予核实,不向承包人签发竣工结算支付证书的,视为承包人的竣工结算款支付申请已被发包人认可;发包人应在收到承包人提交的竣工结算款支付申请7天后的14天内,按照承包人提交的竣工结算款支付申请列明的金额向承包人支付结算款。

（5）发包人未按照规定支付竣工结算款的，承包人可催告发包人支付，并有权获得延迟支付的利息。发包人在竣工结算支付证书签发后或者在收到承包人提交的竣工程结算款支付申请7天后的56天内仍未支付的，除法律另有规定外，承包人可与发包人协商将该工程折价，也可直接向人民法院申请将该工程依法拍卖。承包人应就该工程折价或拍卖的价款优先受偿。

5. 质量保证金

（1）发包人应按照合同约定的质量保证金比例从结算款中预留质量保证金。

（2）承包人未按照合同约定履行属于自身责任的工程缺陷修复义务的，发包人有权从质量保证金中扣除用于缺陷修复的各项支出。经查验，工程缺陷属于发包人原因造成的，应由发包人承担查验和缺陷修复的费用。

（3）在合同约定的缺陷责任期终止后，发包人应按照规定将剩余的质量保证金返还给承包人。

6. 最终结清

（1）缺陷责任期终止后，承包人应按照合同约定向发包人提交最终结清支付申请。发包人对最终结清支付申请有异议的，其有权要求承包人进行修正和提供补充资料。承包人修正后，应再次向发包人提交修正后的最终结清支付申请。

（2）发包人应在收到最终结清支付申请后的14天内予以核实，并应向承包人签发最终结清支付证书。

（3）发包人应在签发最终结清支付证书后的14天内，按照最终结清支付证书列明的金额向承包人支付最终结清款。

（4）发包人未在约定的时间内核实，又未提出具体意见的，应视为承包人提交的最终结清支付申请已被发包人认可。

（5）发包人未按期最终结清支付的，承包人可催告发包人支付，并有权获得延迟支付的利息。

（6）最终结清时，承包人被预留的质量保证金不足以抵减发包人工程缺陷修复费用的，承包人应承担不足部分的补偿责任。

（7）承包人对发包人支付的最终结清款有异议的，应按照合同约定的争议解决方式处理。

参 考 文 献

[1] 住建部. GB 50500—2013 建设工程工程量清单计价规范[S]. 北京：中国计划出版社, 2013.

[2] 住建部. GB 50854—2013 房屋建筑与装饰工程量计算规范[S]. 北京：中国计划出版社, 2013.

[3] 住建部. GB/T 50353—2013 建筑工程建筑面积计算规范[S]. 北京：中国计划出版社, 2013.

[4] 《建设工程工程量清单计价规范》编制组. 建设工程计价计量规范辅导[M]. 北京：中国计划出版社, 2013.

[5] 江苏省住房和城乡建设厅. 江苏省建筑与装饰工程计价定额[S]. 2014 版. 南京：江苏凤凰科学技术出版社, 2014.

[6] 刘钟莹, 茅剑. 建筑工程工程量清单计价[M]. 2 版. 南京：东南大学出版社, 2010.

[7] 唐明怡, 石志锋. 建筑工程定额与预算[M]. 2 版. 北京：中国水利水电出版社, 知识产权出版社, 2011.

[8] 赵勤贤. 装饰工程计量与计价[M]. 3 版. 大连：大连理工大学出版社, 2014.

[9] 踪万振. 从零开始学造价——建筑工程[M]. 南京：东南大学出版社, 2014.

[10] 踪万振. 从零开始学造价——装饰工程[M]. 南京：东南大学出版社, 2014.